Karl-Heinz Wehking
und 4 Mitautoren

Laufende Seile

Laufende Seile

Bemessung und Überwachung

Prof. Dr.-Ing. Dr. h. c. Karl-Heinz Wehking

Dipl.-Ing. Stefan Hecht
Dipl.-Ing. Dirk Moll
Dr.-Ing. Gregor Novak
Dipl.-Ing. Roland Verreet

Mit 121 Bildern und 44 Tabellen

5., überarbeitete und erweiterte Auflage

Kontakt & Studium
Band 673

Herausgeber:
Prof. Dr.-Ing. Dr. h.c. Wilfried J. Bartz
Dipl.-Ing. Hans-Joachim Mesenholl
Dipl.-Ing. Elmar Wippler

Bibliografische Information Der Deutschen Bibliothek

Die Deutsche Bibliothek verzeichnet diese Publikation
in der Deutschen Nationalbibliografie;
detaillierte bibliografische Daten sind im Internet über
http://www.dnb.de abrufbar.

Bibliographic Information published by Die Deutsche Bibliothek

Die Deutsche Bibliothek lists this publication
in the Deutsche Nationalbibliografie;
detailed bibliographic data are available on the internet at
http://www.dnb.de

ISBN 978-3-8169-3363-2

5., überarbeitete und erweiterte Auflage 2018
4. Auflage 2012
3., völlig neu bearbeitete Auflage 2005
2., völlig neu bearbeitete Auflage 1998
1. Auflage 1989

Bei der Erstellung des Buches wurde mit großer Sorgfalt vorgegangen; trotzdem lassen sich Fehler nie vollständig ausschließen. Verlag und Autoren können für fehlerhafte Angaben und deren Folgen weder eine juristische Verantwortung noch irgendeine Haftung übernehmen.
Für Verbesserungsvorschläge und Hinweise auf Fehler sind Verlag und Autoren dankbar.

Tel.: +49 (0) 71 59-92 65-0, Fax: +49 (0) 71 59-92 65-20
E-Mail: expert@expertverlag.de, Internet: www.expertverlag.de

Printed in Germany

Herausgeber-Vorwort

Bei der Bewältigung der Zukunftsaufgaben kommt der beruflichen Weiterbildung eine Schlüsselstellung zu. Im Zuge des technischen Fortschritts und angesichts der zunehmenden Konkurrenz müssen wir nicht nur ständig neue Erkenntnisse aufnehmen, sondern auch Anregungen schneller als die Wettbewerber zu marktfähigen Produkten entwickeln.

Erstausbildung oder Studium genügen nicht mehr – lebenslanges Lernen ist gefordert! Berufliche und persönliche Weiterbildung ist eine Investition in die Zukunft:

- Sie dient dazu, Fachkenntnisse zu erweitern und auf den neuesten Stand zu bringen
- sie entwickelt die Fähigkeit, wissenschaftliche Ergebnisse in praktische Problemlösungen umzusetzen
- sie fördert die Persönlichkeitsentwicklung und die Teamfähigkeit.

Diese Ziele lassen sich am besten durch die Teilnahme an Seminaren und durch das Studium geeigneter Fachbücher erreichen.

Die Fachbuchreihe *Kontakt & Studium* wird in Zusammenarbeit zwischen der Technischen Akademie Esslingen und dem expert verlag herausgegeben.

Mit über 700 Themenbänden, verfasst von über 2.800 Experten, erfüllt sie nicht nur eine seminarbegleitende Funktion. Ihre eigenständige Bedeutung als eines der kompetentesten und umfangreichsten deutschsprachigen technischen Nachschlagewerke für Studium und Praxis wird von der Fachpresse und der großen Leserschaft gleichermaßen bestätigt. Herausgeber und Verlag freuen sich über weitere kritisch-konstruktive Anregungen aus dem Leserkreis.

Möge dieser Themenband vielen Interessenten helfen und nützen.

Dipl.-Ing. Hans-Joachim Mesenholl — Dipl.-Ing. Matthias Wippler

Vorwort

Laufende Seile sind wesentlicher Bestandteil von Seiltrieben in fördertechnischen Anlagen und Maschinen, wie Kranen, Aufzügen, Seilbahnen, Hebezeugen etc., und auch von modernen, seilgestützten Materialflusselementen, z.B. von Hub-Einrichtungen. Die lebendigen, aktuellen Forschungen und Entwicklungen im Bereich der laufenden Seile sind geprägt von neuen Anwendungen, alternativen Tragmitteln und neuartigen Seilwerkstoffen. Ein Stillstand auf diesem traditionellen Feld ist demnach nicht zu erwarten. Vielmehr werden in der Zukunft zu den traditionellen auch vermehrt neuartige Fragestellungen z.B. aus dem Bereich der hochfesten Faserseile an die Seilforschung und Seilanwendung herangetragen.

Laufende Seile haben häufig sicherheitstechnisch wichtige Aufgaben zu erfüllen. Sie tragen zum Beispiel in vielen Einsatzfällen Personen, oder sie tragen Lasten, die über Personen geführt werden können. Wegen ihrer endlichen Lebensdauer ist ein sicherer Betrieb nur gewährleistet, wenn die Seile sorgfältig überwacht und beim Erkennen der Ablegereife rechtzeitig ersetzt werden.

Die Globalisierung der Märkte schreitet voran und nach der Bildung des europäischen Binnenmarkts wurden die Harmonisierungen der unterschiedlichen nationalen technischen Regeln notwendig, um Handelshemmnisse zu beseitigen bzw. erst gar nicht entstehen zu lassen. Für den Bereich der Seile ist dieser Harmonisierungsprozess im Normungsbereich praktisch abgeschlossen. In allen Kapiteln dieses Buches wird bereits durchgängig auf die internationalen Richtlinien und Normen in voller Breite eingegangen und es werden die neuen Begriffe und Kürzel verwendet.

Für die Auslegung der Seiltriebe nach den technischen Regeln sind für die verschiedenen fördertechnischen Maschinen bei der internationalen Normungsarbeit angepasste Dimensionierungsregeln für die Seiltriebe entstanden, die vorgestellt und entsprechend kommentiert werden. Die Auslegung der Seiltriebe nach der Seillebensdauer basierend auf der Methode von Prof. Feyrer ist durch die neuesten Erkenntnisse des Instituts für Fördertechnik und Logistik (IFT) der Uni Stuttgart z.B. im Bereich der Lebensdauer und Ablegereifeerkennung bei Schrägzug, bei Mehrlagenwicklungen im Kranbau etc. erweitert worden.

Der Handhabung, Montage und Pflege von Seilen im Betrieb ist wie gewohnt ein eigenes, umfangreiches Kapitel mit vielen Praxisbeispielen gewidmet.

Das am häufigsten in verschiedensten Anwendungsfällen eingesetzte Tragmittel ist bisher noch mit Abstand das Stahldrahtseil. In jüngerer Zeit kommen vermehrt hochfeste, laufende Faserseile in verschiedenen sicherheitsrelevanten Anwendungen, wie in Treibscheibenaufzügen, bereits zur Anwendung. Über die bisher durchgeführten wissenschaftlichen Untersuchungen zu laufenden Faserseilen, die Parallelen, aber auch die Defizite der hochfesten Fasereile zu laufenden Stahldrahtseilen, die im Wesentlichen derzeit aus fehlenden experimentellen Reihenuntersuchungen resultieren, wird berichtet. Die zerstörungsfreie Inspektion der Seile und damit verbunden die rechtzeitige Erkennung der Ablegereife ist wesentlicher Bestandteil im Sicherheitskonzept von Seiltrieben. Das IFT blickt auf eine lange Tradition in der zerstörungsfreien, magnetischen Seilprüfung für Seilbahnen, Krane, Brücken etc. und der Verfahrens und Geräteentwicklung zurück. Die Entwicklung der magnetinduktiven Seilprüfgeräte des IFT, die weltweit über die Mesomatic GmbH vertrieben werden, ist kontinuierlich weiterentwickelt worden bis hin zu einer automatisierten rechnergestützten Datenerfassung und Drahtbruchauswertung. Neben diesen magnetinduktiven Seilprüfgeräten wird ein vom IFT entwickeltes visuelles Seilprüfgerät über die Winspect GmbH vertrieben, welches ebenfalls kontinuierlich weiterentwickelt wird. Auf die zerstörungsfreie Seilprüfung mit einem Schwerpunkt auf der magnetinduktiven und visuellen Seilprüfung ohne die wichtigen anderen Verfahren zu vernachlässigen wird umfassend eingegangen.

Einige Autoren, die an der 4. Auflage mitgewirkt hatten, standen leider nicht mehr zur Verfügung. Es ist aber gelungen, erfahrene Autoren neu zu verpflichten. Den früheren Autoren sei für ihre langjährige Zusammenarbeit an diesem Fachbuch herzlichst gedankt, ebenso allen „aktiven" Autoren für die Überarbeitungen und die zum Teil vollständigen Neuerstellungen ihrer Beiträge. Besonderen Dank gilt meinem Kollegen Prof. Feyrer, der 1989 die Idee zu diesem Buch hatte und von dem ich die Herausgeberschaft übernommen habe. Auch bei der Überarbeitung zur 5. Auflage zeigte sich erneut eine vertrauensvolle und konstruktive Zusammenarbeit zwischen Autoren, Verlag und Koordinator in bemerkenswert angenehmer Weise.

K.H. Wehking

Inhaltsverzeichnis

1 Drahtseile Grundlagen

Karl-Heinz Wehking, Dirk Moll

1.1 Vorbemerkungen

Drahtseile sind in der Förder-, Materialfluss- und Bautechnik ein unverzichtbares Konstruktionselement. Die hohe Festigkeit der Seildrähte und der „redundante“ Seilaufbau aus Einzeldrähten, die gegeneinander verschiebbar sind, erlauben den vielfältigen Einsatz gerade auch in sicherheitstechnisch anspruchsvollen Anwendungen. Eine wesentliche Eigenschaft der Drahtseile ist der Lauf über Seilscheiben mit relativ kleinem Durchmesser mit der Forderung nach ausreichender Lebensdauer und rechtzeitiger, zuverlässiger Erkennung der Ablegereife.

1.2 Drahtseilnormung

Im Zuge der europäischen Normenarbeit ist eine neue umfassende Normenreihe DIN EN 12385-1 bis 10, „Drahtseile aus Stahldraht“ zu den Anforderungen, Begriffen und dem Einsatz von Drahtseilen entstanden, die zahlreiche deutsche Normen wie z.B. die DIN 3051 „Drahtseile aus Stahldrähten“ seit Anfang 2003 abgelöst hat. Weitere wichtige Normen und technische Regeln sind

ISO 4344	„Steel wire ropes for lifts",
ISO 2408	"Steel wire ropes for general purposes",
DIN EN 13411-1 bis 8	„Endverbindungen für Drahtseile aus Stahldraht",
DIN EN 13414-1 bis 3	„Anschlagseile aus Stahldrahtseilen“ und
VDI 2358	„Drahtseile für Fördermittel“.

Wichtige Bemessungsregeln für Drahtseile national und international sind

DIN EN 13001-3-2	„Krane – Konstruktion allgemein – Grenzzustände und Sicherheitsnachweis von Drahtseilen in Seiltrieben“,
ISO 16625	„Cranes – Selection of wire ropes,
DIN ISO 4309	„Krane – Drahtseile – Wartung und Instandhaltung, Inspektion und Ablage“,
DIN EN 81	„Sicherheitsregeln für die Konstruktion und den Einbau von Aufzügen“,
DIN EN 12927-1 bis 8	„Sicherheitsanforderungen für Seilbahnen für den Personenverkehr – Seile“
ISO 3154	„Stranded wire ropes for mine hoisting“.

Stahldrähte sind z.B. genormt in

ISO 2232	„Drawn wire for general purpose non-alloy steel wire ropes“,
ISO 4101	“Drawn steel wire for elevator ropes”,
ISO 6984	“Non-alloy steel wire for stranded wire ropes for mine hoisting”,
DIN EN 10264-1 bis 4	„Stahldraht und Drahterzeugnisse – Stahldraht für Seile“ und
DIN EN 10244-1 bis 6	„Stahldraht und Drahterzeugnisse – Überzüge aus Nichteisenmetall auf Stahldraht“.

1.3 Einteilung der Drahtseile

Drahtseile werden nach ihrem Verwendungszweck und ihren Konstruktionsmerkmalen unterschieden.

1.3.1 Einteilung nach dem Verwendungszweck

Laufende Seile:
Sie werden über Seilrollen, Treibscheiben und Trommeln bewegt und nehmen dabei deren Krümmung an. Zu dieser Gruppe gehören Hubseile und Verstellseile in Kranen und Bagger; ferner Aufzugseile, Zugseile von Seilbahnen sowie Förderseile und Windenseile des Bergbaus.

Stehende Seile:
Sie laufen nicht über Rollen, ihre Enden sind in Festpunkten verankert. Zu dieser Gruppe gehören Abspannseile für Masten und Ausleger, Führungsseile in Aufzugschächten und in Schächten des Bergbaus.

Tragseile:
Sie sind Seile, auf denen Rollen von Fördermitteln laufen. Der Krümmungsradius eines Tragseiles unter einer Laufrolle ist immer größer als der Laufrollenradius. Zu dieser Gruppe gehören Tragseile von Seilbahnen, Kabelkranen und Kabelschrappern.

Anschlagseile:
Sie stellen die Verbindung zwischen einer Last und dem Hebezug her. Sie dienen zum Anhängen oder zum Umschlingen der zu hebenden Lasten.

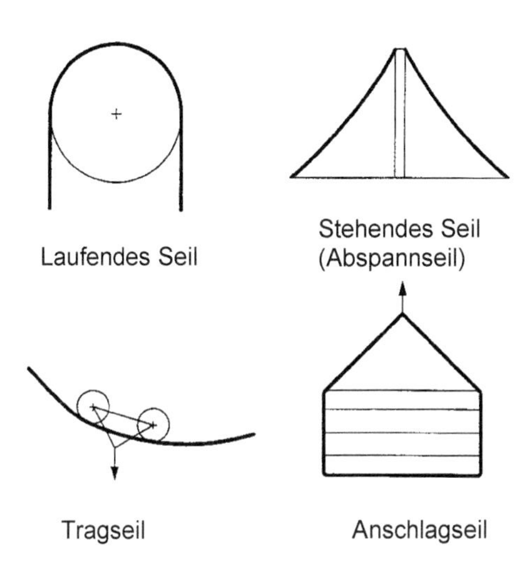

Bild 1.1: Einteilung der Drahtseile nach ihrem Verwendungszweck

1.3.2 Einteilung nach Konstruktionsmerkmalen

Tabelle 1.1: Einteilung der Seile nach Konstruktionsmerkmalen, DIN EN 12385-2

<table>
<tr><td colspan="6">Seilarten</td></tr>
<tr><td rowspan="11">Rundseil</td><td rowspan="3">Spiralseil (Rundlitze)</td><td rowspan="3">einfach verseilt</td><td>(offenes) Spiralseil</td><td>-</td><td>-</td></tr>
<tr><td rowspan="2">verschlossenes Spiralseil</td><td>halbverschlossenes Spiralseil</td><td>-</td></tr>
<tr><td>vollverschlossenes Spiralseil</td><td>-</td></tr>
<tr><td rowspan="6">Litzenseil</td><td rowspan="6">zweifach verseilt</td><td rowspan="3">Rundlitzenseil</td><td>einlagiges Rundlitzenseil</td><td>-</td></tr>
<tr><td rowspan="2">mehrlagiges Rundlitzenseil</td><td>Spiral-Rundlitzenseil</td></tr>
<tr><td>Parallel-Rundlitzenseil</td></tr>
<tr><td rowspan="3">Formlitzenseil</td><td>Dreikantlitzenseil</td><td>-</td></tr>
<tr><td rowspan="2">Flachlitzenseil</td><td>einlagiges Flachlitzenseil</td></tr>
<tr><td>mehrlagiges Flachlitzenseil</td></tr>
<tr><td>Kabelschlagseil</td><td>dreifach verseilt</td><td>-</td><td>-</td><td>-</td></tr>
<tr><td>Flechtseil</td><td>geflochten</td><td>-</td><td>-</td><td>-</td></tr>
<tr><td rowspan="2">Flachseil</td><td>-</td><td>einfach genäht</td><td colspan="3">-</td></tr>
<tr><td>-</td><td>doppelt genäht</td><td colspan="3">-</td></tr>
</table>

1.4 Bauelemente der Drahtseile

Nachfolgend wird der Seilaufbau von überwiegend als „laufende Seile" eingesetzten Konstruktionen beschrieben.

1.4.1 Seilaufbau

Ein Rundlitzenseil besteht aus Drähten, die im ersten Arbeitsgang zu Litzen verseilt werden (Einfachverseilung) und im zweiten Arbeitsgang zum Seil geschlagen werden (Zweifachverseilung).

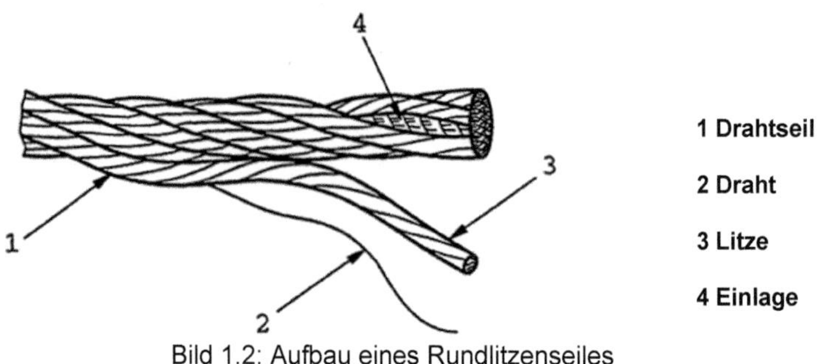

Bild 1.2: Aufbau eines Rundlitzenseiles

1.4.2 Drähte

Drähte haben üblicherweise einen kreisförmigen Querschnitt; man bezeichnet sie als Runddrähte. Für besondere Zwecke sind andere Querschnittsformen möglich, z.B. Z-Drähte, Taillendrähte, Keildrähte, Dreikantdrähte, Vierkantdrähte, Flachdrähte und Ovaldrähte.

Drähte aus unlegiertem Kohlenstoffstahl

Seildrähte werden im Allgemeinen aus unlegiertem Kohlenstoffstahl mit einem Kohlenstoffgehalt von etwa 0,4 ... 0,9 % durch Kaltverformung hergestellt. Als Ausgangsmaterial dient Walzdraht nach DIN EN ISO 16120 mit einem Durchmesser von 5 bis 10 mm. Festigkeit und Eigenschaften der Drähte werden im wesentlichen durch den Kohlenstoffgehalt des Stahles, durch den Verformungsgrad und durch die innerhalb der Kaltverformung eingeschalteten Wärmebehandlungen (Patentierungen) bestimmt. Weitere Legierungs- und Spurenelemente können die Eigenschaften des Drahtes verändern und müssen hinsichtlich ihrer Anteile beachtet werden.

Mit steigendem Kohlenstoffgehalt und mit steigender Verformung nimmt die Festigkeit des Drahtes zu, wobei die Dehnung, die Biege- und die Verwindungsfähigkeit dagegen abnehmen.

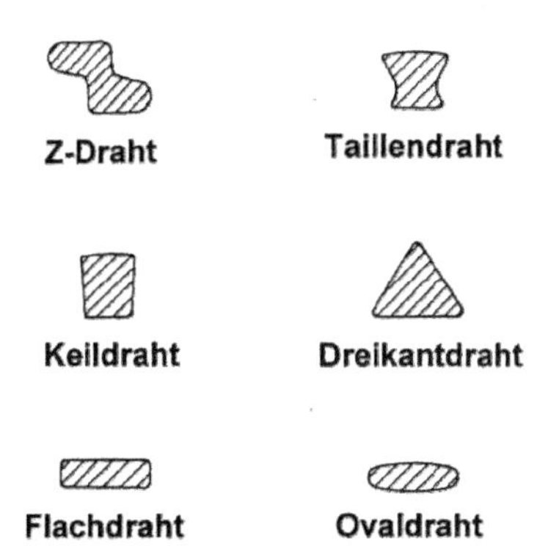

Bild 1.3: Drähte und Querschnittsformen

Drähte aus legierten Stählen
Bei besonderen Forderungen hinsichtlich der Korrosions- oder der Hitzebeständigkeit, einer hohen Kaltzähigkeit oder einer geringen Magnetisierbarkeit, kommen legierte Drähte zum Einsatz. Als Legierungselement werden z.B. Chrom, Nickel, Molybdän und Titan benutzt. Die Zugfestigkeit dieser Drähte ist im Allgemeinen geringer als die der Drähte aus unlegierten Stählen gleichen Durchmessers. Ebenso sind die Biege- und Verwindezahlen niedriger als bei unlegierten Kohlenstoffdrähten.

Drahtoberflächen
Die Oberfläche von Drähten ist im Allgemeinen blank, d.h. ohne Überzug. Zum Schutz gegen Korrosion kann die Drahtoberfläche verzinkt werden. Man unterscheidet zwischen normalverzinkt (nozn) und dickverzinkt (dizn). Für Spezialzwecke sind andere Oberflächenbeschichtungen geläufig, z.B. verzinnt bei bestimmten Seilen für die Luftfahrt, vermessingt, verbronzt und verkupfert z.B. als Haftvermittler in Artikeln der Kautschukindustrie, aluminiert bei besonderen Anforderungen an den Korrosionsschutz bei „stehenden Seilen". Auch nichtmetallische Überzüge sind möglich, z.B. extrudierte oder gesinterte organische Überzüge.

Die verschiedenen Arten von Überzügen und die allgemeinen Regeln sind in DIN EN 10244-1 bis 6 und DIN EN 10245-1 bis 5 veröffentlicht.

1.4.3 Litzen

Litzen bestehen aus einer oder mehreren Lagen von Drähten, die schraubenlinienförmig um eine Einlage verseilt sind. Im Allgemeinen besteht die Einlage aus einem Runddraht, Formdrähte oder Rund- bzw. Formdrahtkombinationen sind jedoch ebenso möglich. In Ausnahmefällen kann die Einlage auch aus Faserstoff oder Kunststoff bestehen.

Rundlitze - einlagig

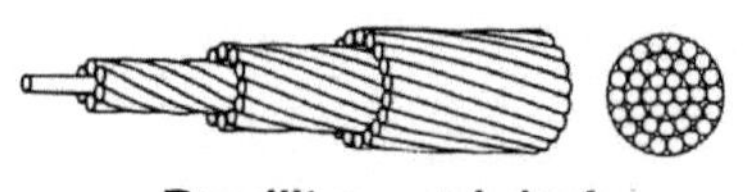

Rundlitze - mehrlagig

Bild 1.4: Einlagige und mehrlagige Rundlitzen

In der Regel haben alle Drahtlagen bei einer mehrlagigen Litze die gleiche Verseilrichtung, die auch „Schlagrichtung" genannt wird. Bei mehrlagigen Litzen für Sonderzwecke (z.B. für Bowdenzüge) können die Verseilrichtungen der einzelnen Drahtlagen jeweils gewechselt werden.

1.4.4 Einlagen

Eine Einlage – im Sprachgebrauch auch Seele genannt wird für jedes Rundlitzenseil benötigt. Die Litzen werden darum schraubenlinienförmig verseilt. Seileinlagen können aus Faserstoffen, aus Stahldrähten oder aus einer Kombination beider Werkstoffe bestehen.

Fasereinlagen
müssen immer verseilt sein. Sie bestehen aus Naturfasern oder aus Chemiefasern. Die technischen Bedingungen für Fasereinlagen sind z.B. in ISO 4345 festgelegt. Nach dieser Norm muss eine zweifach verseilte Fasereinlage bei Seilen > 8 mm ∅ verwendet werden.

Stahleinlagen
bestehen aus verseilten Drähten. Wenn sie zu einer Rundlitze verseilt sind, entsteht eine „Stahllitzeneinlage". Wenn die Einlage aus einem Litzenseil besteht, nennt man sie „Stahlseileinlage". Stahleinlagen können mit Faserstoffen umwickelt oder kunststoffummantelt werden. Stahlseileinlagen werden im Allgemeinen unabhängig vom Seil in einem gesonderten Arbeitsgang hergestellt. Die Litzen der Stahlseileinlage und die Litzen des Seiles können aber auch in einem Arbeitsgang verseilt sein, d.h. sie sind parallel verseilt.

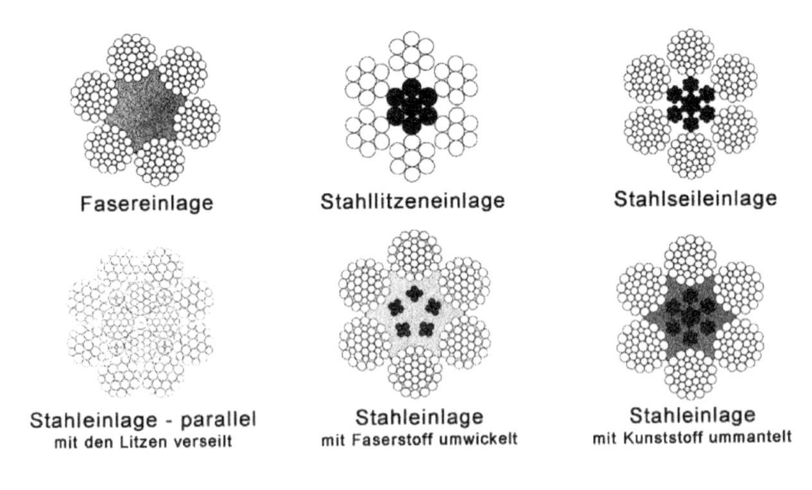

Bild 1.5: Seileinlagen

1.5 Litzen-Konstruktionen

Die Konstruktion einer Litze hat einen großen Einfluss auf die Eigenschaften der Seile, wie z.B. die Biegewechseleigenschaften von Seilen. Daher wurde eine Vielzahl von Konstruktionen entwickelt, die den unterschiedlichsten Betriebsanforderungen gerecht werden.

Nach DIN EN 12385-2 werden folgende Verseilungsarten unterschieden:

Litzen in einlagiger Verseilung
Sie haben nur eine Drahtlage, die um die Einlage verseilt ist.

Litzen in Parallelverseilung
Sie haben mindestens zwei Drahtlagen, die um die Einlage verseilt sind. Die Drähte aufeinanderliegender Drahtlagen liegen zueinander parallel und berühren sich linienförmig. Sämtliche Drähte der Litze sind in einem Arbeitsgang verseilt.

Litzen in Kreuzverseilung
Diese Verseilungsart wird auch z.Zt. noch als Standardverseilung bezeichnet. Litzen dieser Art haben mindestens zwei Drahtlagen. Die Drähte aufeinanderliegender Drahtlagen überkreuzen sich und berühren sich punktförmig. Die Verseilung erfolgt lagenweise in aufeinanderfolgenden Arbeitsgängen.

Litzen in Verbundverseilung
Sie haben mindestens drei Drahtlagen; die Drähte von mindestens zwei aufeinanderliegenden Drahtlagen haben Linienberührung, d.h. sie sind parallel verseilt. Mindestens eine weitere Drahtlage ist in Kreuzverseilung verseilt.

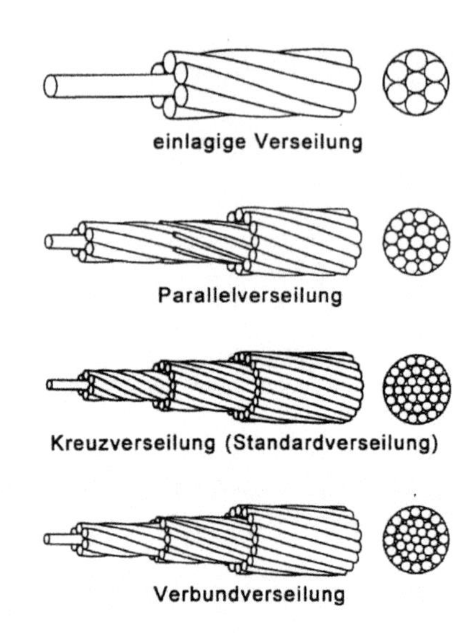

Bild 1.6: Verseilungsarten

Kontakt zwischen den Drähten
Bei parallelverseilten Litzen berühren sich alle Drähte linienförmig untereinander. d.h. es sind günstigere Gleiteigenschaften in Längsrichtung der Drähte und geringere Pressungen als bei den kreuzverseilten Litzen vorhanden.

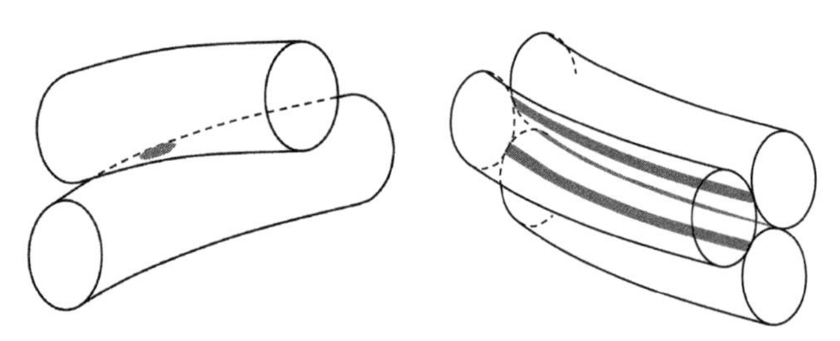

Bild 1.7: Punktberührung (Standardverseilung), Linienberührung (Parallelverseilung)

Parallelverseilung
Die meisten Seile werden heute aus parallelverseilten Litzen hergestellt. Hier gibt es drei Grundkonstruktionen.

Filler-Litze
Bei dieser Verseilungsart enthält die äußere Drahtlage gegenüber der inneren die doppelte Anzahl von Drähten. In den Rillen der inneren Drahtlage liegen dünne Fülldrähte. Die äußeren Drähte liegen in den Gassen, die von den Innendrähten mit den Fülldrähten gebildet werden.

Warrington-Litze
Die innere Drahtlage wird aus Drähten gleichen Durchmessers gebildet. Die äußere Drahtlage besteht aus der doppelten Anzahl von Drähten und zwar abwechselnd mit einem dicken und einem dünnen Durchmesser. Der dickere Außendraht liegt in den Gassen der Innenlage, während der dünnere Außendraht auf den Innendrähten liegt.

Seale-Litze
Die Zahl der Drähte in den einzelnen Lagen ist gleich. Die Drähte der äußeren Drahtlage sind dicker als die der inneren. Innerhalb jeder Drahtlage haben die Drähte den gleichen Durchmesser. Die Außendrähte liegen in den Gassen der inneren Drahtlage.

Warrington-Seale-Litze
Neben diesen drei Grundkonstruktionen können Kombinationen von drei- oder mehrlagigen Litzen verseilt werden. Die bekannteste Kombination dieser Art ist die Warrington-Seale Konstruktion.

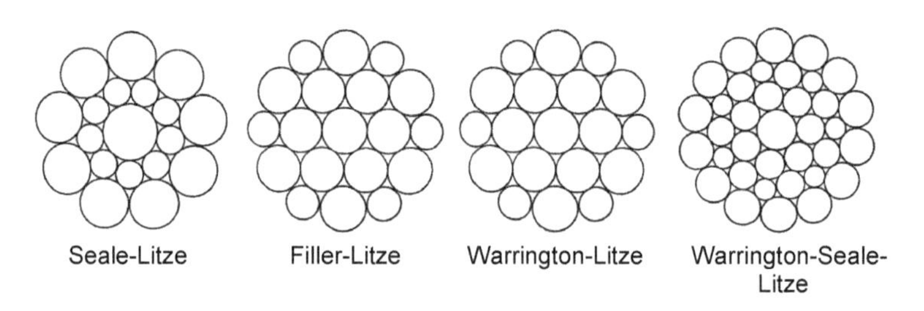

Bild 1.8: Parallel verseilte Rundlitzen

Formlitzen
Neben den Rundlitzen können auch sogenannte Formlitzen hergestellt werden.

Dreikantlitzen
Sie bestehen aus einer dreieckförmigen Einlage, um die mehrere Lagen runder Drähte verseilt sind. Diese Einlage kann aus Runddrähten oder aus Formdrähten bestehen.

Flachlitzen
Sie bestehen aus einer oder mehreren Lagen von Runddrähten, die im Allgemeinen um einen Flachdraht verseilt sind.
Flachdrähte können aus Stahl, Aluminium oder Kunststoff bestehen; Fasereinlagen sind ebenfalls gebräuchlich; auch Flachlitzenseile ohne Einlage kommen gelegentlich zur Anwendung.

Dreikantlitze

Ovallitze

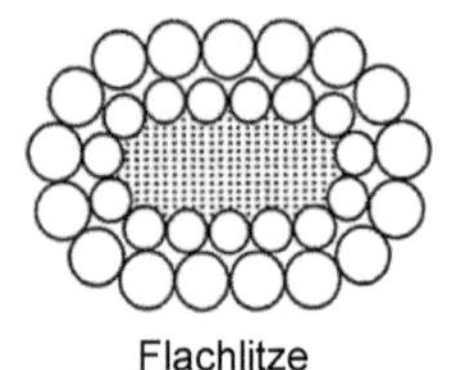

Flachlitze

Bild 1.9: Formlitzen

Verdichtete Litzen
Durch Ziehen, Walzen oder Hämmern können Litzen verdichtet werden. Dadurch wird der Litzendurchmesser kleiner, der metallische Querschnitt bleibt erhalten.

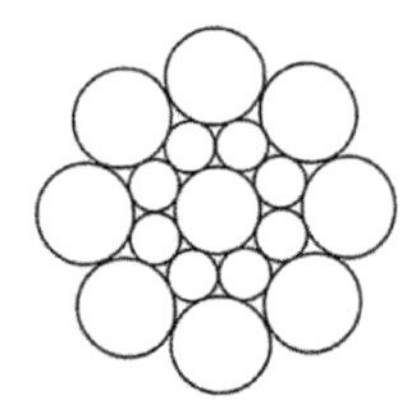

Litze vor der Verdichtung

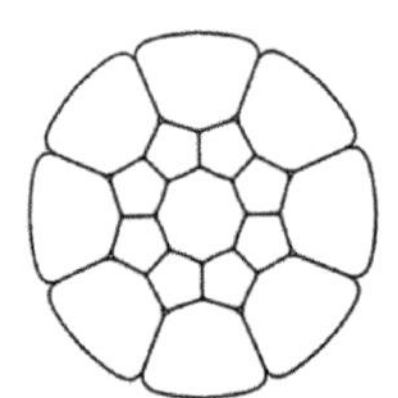

Litze nach der Verdichtung

Bild 1.10: Verdichtete Rundlitze

1.6 Seil-Konstruktionen

Spiralseile
Spiralseile gleichen im Schnittbild einer Rundlitze mit mindestens zwei Drahtlagen. Die einzelnen Drahtlagen sind jedoch teils rechts- und teils linksgängig, d.h. im Gegenschlag schraubenlinienförmig um die Seileinlage verseilt. Offene Spiralseile werden aus Runddrähten hergestellt. Halb- und vollverschlossene Spiralseile bestehen aus Rund- und Formdrahtkombinationen. Spiralseile werden im Allgemeinen nicht als „laufende Seile" verwendet.

Litzenseile
Sie werden vorwiegend als „laufende Seile" verwendet und sind die gebräuchlichsten Drahtseilkonstruktionen. Sie entstehen, wenn Litzen schraubenlinienförmig in einer oder in mehreren Lagen um die Seileinlage verseilt werden.
Bei mehrlagigen Litzenseilen werden die Litzenlagen teils rechts- und teils linksgängig verseilt. Diese besondere Art von Rundlitzenseil wird als Spirallitzenseil bezeichnet.

Kabelschlagseile
Sie bestehen aus Rundlitzenseilen, die schraubenlinienförmig um eine Seileinlage verseilt sind. Durch die günstige Flexibilität werden sie häufig als Anschlagseile verwendet.

Flachseile
Sie bestehen aus mehreren nebeneinanderliegenden vierlitzigen Rundlitzenseilen, die meistens abwechselnd in rechts- und linksgängiger Richtung verseilt sind. Die nebeneinanderliegenden Seile werden mit Litzen durch einfache oder doppelte Nähung zusammengefügt. Sie können auch durch Klammern zusammengehalten werden.

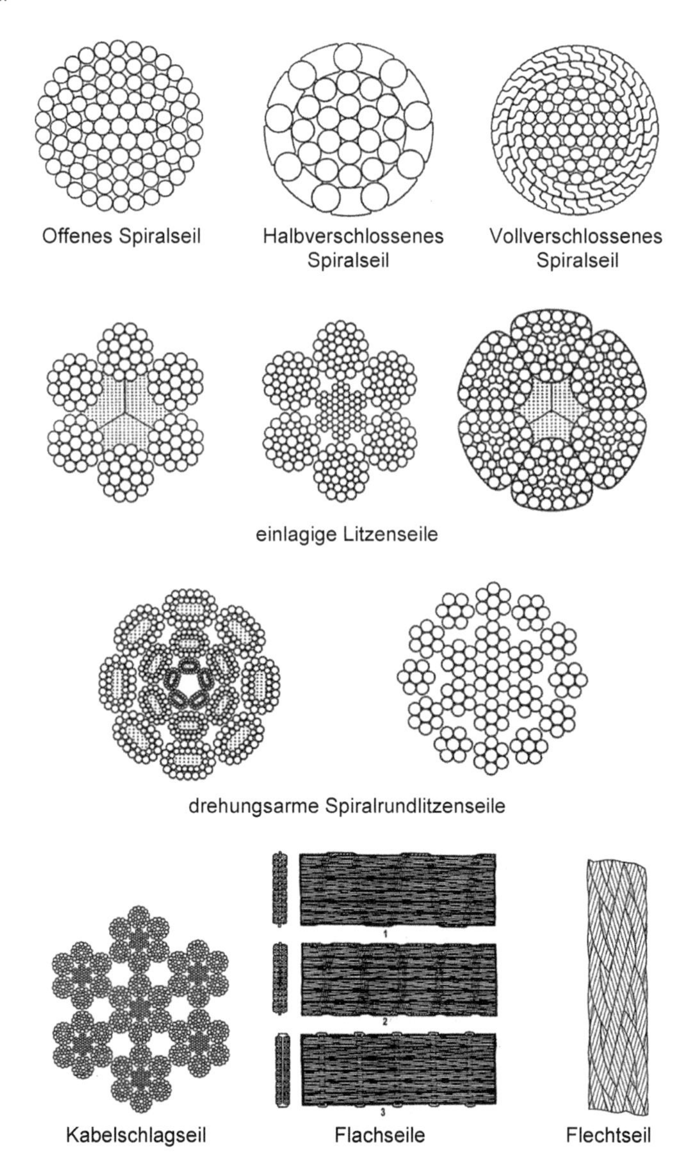

Bild 1.11: Seilkonstruktionen nach DIN EN 12385-2

1.7 Definitionen und Seilbegriffe

1.7.1 Schlagrichtung und Schlagart

Schlagrichtung

Die Schlagrichtung der Litze ist die Richtung der Schraubenlinie des Seildrahtes. Es gibt rechtsgängige (Kurzzeichen z) und linksgängige (Kurzzeichen s) Litzen. Die Schlagrichtung des Seiles ist die Richtung der Schraubenlinie der Außenlitzen. Auch hier unterscheidet man zwischen rechtsgängigen Seilen (Kurzzeichen Z) und linksgängigen Seilen (Kurzzeichen S).

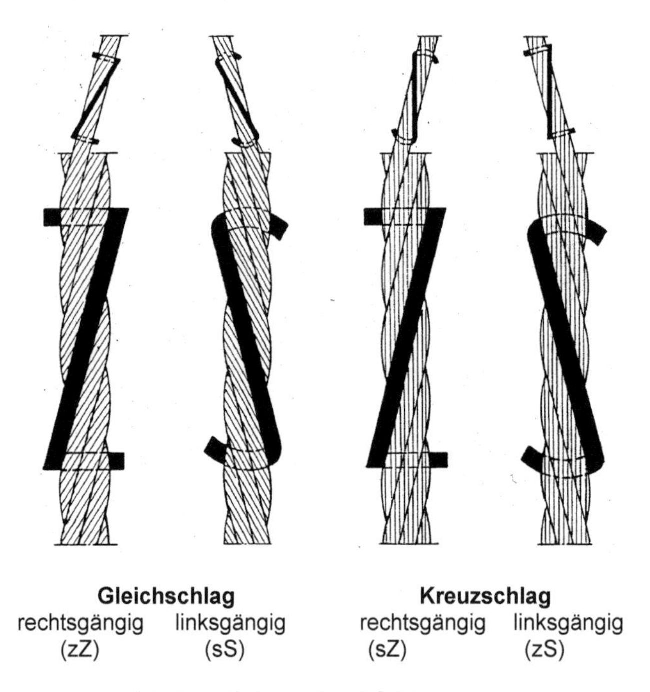

Bild 1.12: Schlagart und Schlagrichtung

Schlagart

Gleichschlag: Die Drähte in den Außenlitzen haben die gleiche Schlagrichtung wie die Außenlitzen im Seil (Kurzzeichen zZ und sS).

Kreuzschlag: Die Drähte in den Außenlitzen haben entgegengesetzte Schlagrichtungen wie die Außenlitzen im Seil (Kurzzeichen sZ oder zS).

1.7.2 Schlaglänge und Schlagwinkel

Litze

Die Schlaglänge h einer bestimmten Drahtlage in einer Litze ist die Ganghöhe der schraubenlinienförmig liegenden Drähte dieser Lage. Zwischen der Schlaglänge h und dem Schlagwinkel α der schraubenlinienförmigen Drahtmittellinie besteht die Beziehung

$$\tan\alpha = \frac{2\cdot\pi\cdot r}{h} \qquad (1.1)$$

mit r für den Teilkreisradius der Drahtlage.

Seil

Die Schlaglänge H einer bestimmten Litzenlage in einem Drahtseil, ist die Ganghöhe der schraubenlinienförmig liegenden Litze dieser Lage (analog zu Litze). Zwischen der Schlaglänge H und dem Schlagwinkel ß der schraubenlinienförmigen Litzenmittellinie besteht die Beziehung

$$\tan\beta = \frac{2\cdot\pi\cdot R}{H} \qquad (1.2)$$

mit R für den Teilkreisradius der Litzenlage.

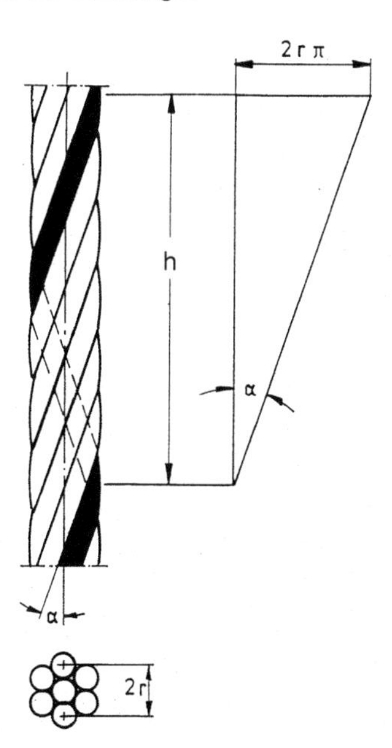

Bild 1.13: Zusammenhang zwischen dem Schlagwinkel α und der Schlaglänge h einer Einfachlitze

1.7.3 Drehungsarm – Drehungsfrei

Drehungsarmes Seil
Nach DIN EN 12385-2 werden Litzenseile, die ein unter Belastung ein vermindertes Drehmoment und eine verminderte Drehung erzeugen als drehungsarme Seile bezeichnet und bestehen häufig aus einer Konstruktion mit zwei oder mehr Litzenlagen (Bild 1.11).

Drehungsfreies Seil
Der Begriff drehungsfrei ist in DIN EN 12385-2 nicht definiert. Nach Feyrer [1] gilt ein Seil als drehungsfrei, wenn während der Zugbelastung von

$$\frac{S}{d^2} = 0 \text{ bis } \frac{S}{d^2} = 150\,\text{N/mm}^2 \tag{1.3}$$

der Verdrehwinkel je Seillänge kleiner bleibt als

$$\frac{\varphi}{L} = \frac{360°}{1000 \cdot d} \tag{1.4}$$

Die meisten dreilagigen Spiral-Rundlitzenseile erfüllen diese Bedingung. Bei Spiralrundlitzenseilen werden die einzelnen Litzenlagen mit unterschiedlichen Schlagrichtungen verseilt. Dadurch entstehen entgegengesetzt gerichtete Drehmomente, die sich überlagern und weitgehend aufheben.

1.7.4 Spannungsarmes Seil

Ein Seil ist spannungsarm, wenn die aus der Herstellung herrührenden Spannungen in den Drähten ganz oder nahezu beseitigt sind. Die Drähte und Litzen federn nach dem Entfernen der Abbindung am Seilende nicht oder nur wenig aus dem Seilverband.

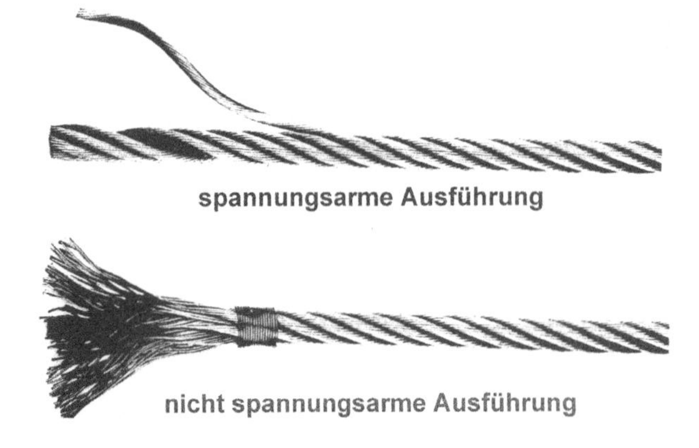

Bild 1.14: Spannungsarmes und nicht spannungsarmes Seil

1.7.5 Verdichtetes Seil

Ein Seil ist verdichtet, wenn Bestandteile des Seiles wie z.B. die Litzen vor dem Verseilen oder das gesamte Seil nach der Verseilung durch Ziehen, Walzen oder Hämmern im Durchmesser verringert werden. Die Querschnittsform der Drähte wird dabei verändert, der metallische Querschnitt des Seiles bleibt jedoch erhalten.

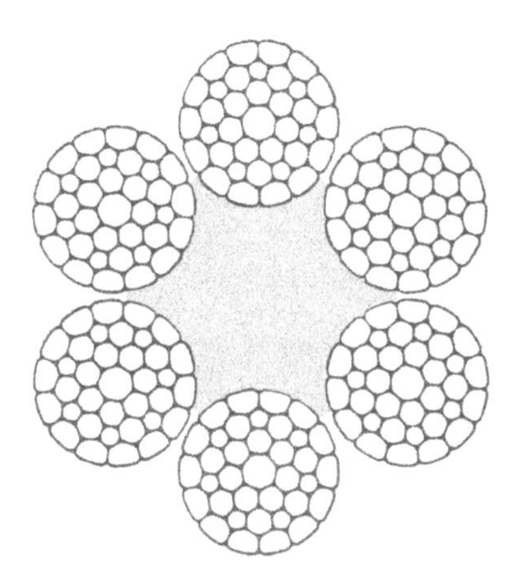

Bild 1.15: Seil mit verdichteten Litzen

1.8 Konstruktionsklassen nach DIN EN 12385

Die DIN EN 12385 fasst jeweils mehrere ähnliche Seilkonstruktionen zu Konstruktionsklassen zusammen (Tabelle 1.2).

Tabelle 1.2: Konstruktionsklassen nach DIN EN 12385

Seilart	**Konstruktions-klasse**	**Typische Konstruktionen**	
		Seil	Litze
Einlagige Rundlitzen-seile	6x 7	6x7	6-1
	8x 7	8x7	6-1
	6x 19	6x 19 S 6x 19 F 6x 19 W	9-9-1 12-6F-6-1 6+6-6-1
	8x 19	8x 19 S 8x 19 F 8x 19 W	9-9-1 12-6F-6-1 6+6-6-1

	6x 36	6x 26 SW 6x 31 SW 6x 36 SW 6x 41 SW	10-5+5-5-1 12-6+6-6-1 14-7+7-7-1 16-8+8-8-1
	8x 36	8x 26 SW 8x 31 SW 8x 36 SW 8x 41 SW	10-5+5-5-1 12-6+6-6-1 14-7+7-7-1 16-8+8-8-1
	6x 35 N	6x 28 NW 6x 33 NW 6x 34 NW 6x 35 NW	12/5+5-5-1 14/6+6-6-1 15/6+6-6-1 16/6+6-6-1
Mehrlagige Rundlitzen-seile	17x7	17 x 7 (11: 6 -C) 18 x 7 (12: 6 -C)	6-1 6-1
	34x7	34x7 (17: 11/6 -C) 36x7 (18: 12/6 -C)	6-1 6-1

Die Maßblätter enthalten dann für jede Konstruktionsklasse die Durchmesserreihe, die dazugehörenden technischen Daten, wie Gewicht und Mindestbruchkraft und Hinweise für die gängigen oder möglichen Konstruktionsvarianten.

In der Tabelle 1.3 werden alle möglichen Seilkonstruktionen der Klasse 6 x 36 dargestellt, die jeweils mit den gleichen Faktoren berechnet werden.

Tabelle 1.3: Maßblatt Klasse 6 x 36

Konstruktion Beispiele für Querschnitt	Seilkonstruktion		Litzenkonstruktion		
	Gegenstand	Anzahl	Gegenstand		Anzahl
6 × 36WS-IWCR	Litzen Außenlitzen Litzenlagen Drähte im Seil (ohne die Stahleinlage)	6 6 1 174 bis 342	Drähte Außendrähte Drahtlagen		29 bis 57 12 bis 18 3 bis 4
	Typische Beispiele		Anzahl der Außendrähte		Außendrahtfaktor[1]
	Seil	Litze	gesamt	je Litze	
	6 × 31WS	1-6-6+6-12	72	12	0,064
	6 × 36WS	1-7-7+7-14	84	14	0,056
	6 × 41WS	1-8-8+8-16	96	16	0,050
	6 × 49WS	1-8-8-8+8-16	96	16	0,050
	6 × 46WS	1-9-9+9-18	108	18	0,045 5
6 × 41WS-IWCR	Faktor für die Mindestbruchkraft: $K_1 = 0{,}330$; $K_2 = 0{,}356$ Faktor für das rechnerische Längengewicht[1]: $W_1 = 0{,}367$; $W_2 = 0{,}409$ Faktor für den metallischen Querschnitt[1]: $C_1 = 0{,}393$; $C_2 = 0{,}460$				

Nenndurchmesser des Seiles	Ungefähres rechnerisches Längengewicht[1] kg/100 m		Mindestbruchkraft kN				
			Seilfestigkeitsklasse				
			1770		1960		2160
mm	Fasereinlage	Stahleinlage	Fasereinlage	Stahleinlage	Fasereinlage	Stahleinlage	Stahleinlage
1	2	3	4	5	6	7	8
8	23,5	26,2	37,4	40,3	41,4	44,7	49,2
9	29,7	33,1	47,3	51,0	52,4	56,5	62,3
10	36,7	40,9	58,4	63,0	64,7	69,8	76,9
11	44,4	49,5	70,7	76,2	78,3	84,4	93,0
12	52,8	58,9	84,1	90,7	93,1	100	111
13	62,0	69,1	98,7	106	109	118	130
14	71,9	80,2	114	124	127	137	151
16	94,0	105	150	161	166	179	197
18	119	133	189	204	210	226	249
20	147	164	234	252	259	279	308
22	178	198	283	305	313	338	372
24	211	236	336	363	373	402	443
26	248	276	395	426	437	472	520
28	288	321	458	494	507	547	603
32	376	419	598	645	662	715	787
36	476	530	757	817	838	904	997
40	587	654	935	1 010	1 040	1 120	1 230
44	711	792	1 130	1 220	1 250	1 350	1 490
48	846	942	1 350	1 450	1 490	1 610	1 770
52	992	1 110	1 580	1 700	1 750	1 890	2 080
56	1 150	1 280	1 830	1 980	2 030	2 190	2 410
60	1 320	1 470	2 100	2 270	2 330	2 510	2 770

[1] Nur zur Information.

1.9 Grundlagen zur Berechnung von Drahtseilen

Nachfolgend werden die wichtigsten Festlegungen und Größen zur Berechnung von Drahtseilen beschrieben.

Seilnenndurchmesser d
Der Seilnenndurchmesser d ist der der Berechnung des Seiles zugrunde gelegte Durchmesser.

Füllfaktor f – Querschnittsfaktor C
Der Füllfaktor f ist das Verhältnis des metallischen Querschnitts A des Seiles zum Flächeninhalt seines Umkreises A_u. Zur einfachen Berechnung des metallischen Nennquerschnitts A wird ein Querschnittsfaktor C eingeführt. Der Querschnittsfaktor C mit

$$C = f \cdot \frac{\pi}{4} \qquad (1.5)$$

ist eine Rechengröße, der aus dem Füllfaktor f eines Seiles ermittelt wird und für jede Konstruktionsklasse festgelegt ist.

Metallischer Seilnennquerschnitt A
A wird als metallischer Nennquerschnitt des Seils definiert und aus dem Produkt des Querschnittsfaktor C und dem Quadrat des Seilnenndurchmesser d zu

$$A = C \cdot d^2 \qquad (1.6)$$

berechnet.

Nennfestigkeit R – Seilfestigkeitsklasse R_r
Die Nennfestigkeit R ist das Anforderungsniveau an die Zugfestigkeit eines Drahtes in einem Festigkeitsbereich mit der Einheit [N/mm²]. Sie stellt eine Untergrenze der Zugfestigkeit dar. Innerhalb der Seilfestigkeitsklassen R_r (z.B. 1770, 1960) dürfen Drähte verschiedener Nennfestigkeiten R verwendet werden. Für die Berechnung der Mindestbruchkraft F_{min} und der rechnerischen Bruchkraft $F_{e,min}$ wird aber nach DIN EN 12385 R_r eingesetzt.

Mindestbruchkraft F_{min}
Bei der Bruchkraftprüfung eines Seiles im geraden Strang muss die gemessene Bruchkraft F_m stets über der für das Seil festgelegten Mindestbruchkraft F_{min} liegen. Über den Mindestbruchkraftfaktor K, der über den empirisch ermittelten Verseilverlustfaktor k und den Füllfaktor f ermittelt wird,

$$K = \frac{\pi \cdot f \cdot k}{4} \qquad (1.7)$$

ist die Mindestbruchkraft F_{min}

$$F_{min} = \frac{d^2 \cdot R_r \cdot K}{1000} \tag{1.8}$$

Rechnerische Bruchkraft $F_{e,min}$

Die Rechnerische Bruchkraft $F_{e,min}$ in [kN] wird über den Querschnittsfaktor C und die Seilfestigkeitsklasse R_r zu

$$F_{e,min} = \frac{d^2 \cdot C \cdot R_r}{1000} \tag{1.9}$$

berechnet.

Rechnerisches Längengewicht M

Zur Ermittlung des rechnerischen Längengewichts M in [kg/100m] wird der Faktor W (Faktor für das rechnerische Längengewicht) aus den Maßblättern zu den Konstruktionsklassen entnommen. Für das rechnerische Längengewicht M gilt

$$M = W \cdot d^2 \tag{1.10}$$

Berechnungsfaktoren

In Tabelle 1.4 sind die Berechnungsfaktoren nach DIN EN 12385-4 für alle Konstruktionsklassen zusammengefasst. Die Berechnungsfaktoren können aber auch den jeweiligen Maßblättern der einzelnen Konstruktionsklassen entnommen werden.

Tabelle 1.4: Übersicht über die Berechnungsfaktoren nach DIN EN 12385-4

Seilart	Seilklasse	Seile mit Fasereinlage oder Faserkern			Seile mit Stahleinlage oder zentralem Litzenkern					
		Faktor für das rechnerische Längengewicht	Faktor für den metallischen Querschnitt	Faktor für die Mindestbruchkraft	Faktor für das rechnerische Längengewicht		Faktor für den metallischen Querschnitt		Faktor für die Mindestbruchkraft	
		W_1	C_1	K_1	W_2	W_3	C_2	C_3	K_2	K_3
Einlagiges Rundlitzenseil	6 × 7	0,345	0,369	0,332	0,384	0,384	0,432	0,432	0,359	0,388
	8 × 7	0,327	0,335	0,291	0,391		0,439		0,359	
	6 × 19	0,359	0,384	0,330	0,400		0,449		0,356	
	8 × 19	0,340	0,349	0,293	0,407		0,457		0,356	
	6 × 36	0,367	0,393	0,330	0,409		0,460		0,356	
	8 × 36	0,348	0,357	0,293	0,417		0,468		0,356	
	6 × 35N	0,352	0,377	0,317	0,392		0,441		0,345	
	6 × 19M	0,346	0,357	0,307		0,381		0,418	0,332	0,362
	6 × 37M	0,346	0,357	0,295	0,381	0,381	0,418	0,418	0,319	0,346
Drehungsarmes Seil	18 × 7	0,382		0,328		0,401		0,433		0,328
	34(M) × 7	0,390		0,318		0,401		0,428		0,318
	36(W) × 7					0,454		0,480		0,360[1] 0,350[2]

1) bis einschließlich Seilfestigkeitsklasse 1960

2) Seilfestigkeitsklassen größer 1960 bis 2160

1.10 Seileigenschaften

Zu den wichtigsten Eigenschaften von Seilen zählen neben der Bruchkraft vor allem die Zugschwell- und Biegewechselfestigkeiten. Diese Eigenschaften unterscheiden sich innerhalb der Konstruktionsklassen und können über angepasste Zugschwell- oder Dauerbiegeprüfungen experimentell ermittelt werden. Für eine zielgerichtete Auswahl von Seilkonstruktionen aus den Konstruktionsklassen müssen die genannten und weitere Seileigenschaften berücksichtigt werden. Einen guten Überblick mit Anregungen und Empfehlungen zur Seilauswahl bietet z.B. [1].

1.11 Literatur

[1] Feyrer, K.: Drahtseile. Springer-Verlag Berlin 2000 (2. Auflage)

[2] VDI-2358: „Drahtseile für Fördermittel". Hrsg.: Verein Deutscher Ingenieure. Ausg. 1994.

2 Bemessung laufender Seile nach den Regeln der Technik

Gregor Novak, basierend auf einem Beitrag von Wolfram Vogel aus dem Jahr 2005

Die Anwendungen von Seilen in Seiltrieben von fördertechnischen Maschinen und Anlagen sind vielfältig und unterliegen den jeweiligen spezifischen Beanspruchungs- und Umgebungsbedingungen. Für die verschiedenen Seiltriebe wie in Hebezeugen, Kranen, Seilbahnen, Aufzügen, Schachtförderanlagen etc. sind deshalb jeweils angepasste technische Bemessungsregeln erarbeitet worden. Bei der Verwendung dieser technischen Regeln kann der Nutzer davon ausgehen, dass die Lebensdauer der nicht dauerfesten Stahldrahtseile ausreichend hoch ist und sicherheitstechnisch wichtig – die Ablegereife (Zeitpunkt für das Auswechseln der Seile) rechtzeitig und zuverlässig vor dem Eintritt eines gefährlichen Zustandes für Nutzer und Maschine erkannt wird. Damit ist indirekt die Seillebensdauer festgelegt, wie es aus Erfahrungen mit den verschiedenen Anwendungen bekannt ist und erwartet wird.

Kern der Bemessungsregeln ist die Festlegung von zulässigen Seilsicherheiten im Betrieb und von Mindestdurchmesserverhältnissen von Scheibe zu Seil. Der Begriff der Seilsicherheit, der die Sicherheit des Seiles gegen Zug im geraden Strang darstellt, darf nicht als die Sicherheit bei Seilen missverstanden werden, die nur durch zuverlässige Inspektion und der Eigenschaft der Seile ihre Ablegereife zu zeigen, erreicht wird. Die Seilsicherheit in den einzelnen Anwendungen ist stark unterschiedlich, obwohl die Sicherheit der Anlagen gleich sein muss. Dies wird durch die zusätzlichen anwendungsabhängigen Festlegungen des Durchmesserverhältnisses von Scheibe zu Seil erreicht. Von den vielfach starren Regeln für Seilsicherheit und Durchmesserverhältnis, die einen innovativen Konstruktionsprozess durch die Festlegung auf nur eine Kombination an Seiltriebsparametern stark einschneiden, wird bei den Neuformulierungen von technischen Regeln mehr oder weniger stark abgewichen. In einigen neuen Bemessungsregeln werden die Seile bereits nach der Seillebensdauer und ihren seilspezifischen Biegewechseleigenschaften beim Lauf über Scheiben – hier werden die Erkenntnisse der Seilforschung integriert und den tatsächlichen Gegebenheiten im Seiltrieb ausgelegt. Diese Vorgehensweise lässt eine flexible Auslegung des Seiltriebes zu, verlangt aber auch durch zunehmende Komplexität der technischen Regeln vom Konstrukteur vertiefende Kenntnisse. Hier soll dazu ein Beitrag geliefert werden, in dem die technischen Regeln für Krane und Hebezeuge, Aufzüge, Seilbahnen und Schachtförderanlagen erläutert und kommentiert werden.

In den letzten Jahren wurden Normen überarbeitet, neu in Verkehr gebracht und alte Normen ungültig. So wurde in Europa weiter an der Norm EN 13001-3.2 [1] gearbeitet, die 2015 veröffentlicht wurde, jedoch nach Einsprüchen von verschiedenen Ländern zum Zeitpunkt der Drucklegung dieses Buches noch keine vollständige Gültigkeit erlangt hat. Daher ist in Deutschland weiterhin die Norm DIN 15020-1 [2] gültig und anzuwenden. Die Gründe für die noch nicht vollständige Gültigkeit liegen vor allem an der Implementierung eines Nachweises für Seiltriebe mit mehrlagig bewickelten Seiltrommeln und der nicht vorhandenen Korrelation der im Nachweis angenommenen Lebensdauern zu Ergebnissen aus Biegeversuchen und bewährten Methoden zur Abschätzung der Seillebensdauer wie der „Leipzig"-Methode oder der in diesem Buch vorgestellten Methode nach Feyrer.

International ersetzte die Norm ISO 16625 [3] die Normen ISO 4308-1 und -2, wobei nur geringfügige Änderungen durchgeführt wurden, die wiederum ähnlich der DIN 15020-1 ausgeführt waren. Mittelfristig soll die ISO 16625 die gleiche Methode wie die EN 13001-3.2 abbilden, wobei die oben genannten Punkte bereinigt werden sollen.

2.1 Bemessung eines Seiltriebs nach DIN 15020-1 (1974)

Die DIN 15020-1 (1974) [2] ist für die Auslegung von Seiltrieben für Hebezeuge, Krane und Serienhebezeuge anzuwenden. Diese technische Regel berücksichtigt in bereits fortschrittlicher Weise die Anforderungen an die Betriebsfestigkeit. Bei der Anwendung der DIN 15020-1 (1974) kann der Anwender davon ausgehen, dass eine ausreichende Lebensdauer erzielt wird und aus sicherheitstechnischer Sicht noch bedeutender, dass die Ablegereife rechtzeitig erkannt wird, bevor ein kritischer Zustand entsteht.

Je nach Häufigkeit des Einsatzes, die als Laufzeitklasse bezeichnet wird, und der Schwere des Einsatzes, d.h. des Lastkollektivs, wird eine Triebwerksgruppe bestimmt. Nachfolgend ist die entsprechende Tabelle aus der DIN 15020-1 (1974) aufgeführt.

Tabelle 2.1: Bestimmung der Triebwerksgruppe nach DIN 15020-1 (1974) [2]

Triebwerksgruppen nach Laufzeitklassen und Lastkollektiven [1])												
Laufzeitklasse	Kurzzeichen			V_{006}	V_{012}	V_{025}	V_{05}	V_1	V_2	V_3	V_4	V_5
	mittlere Laufzeit je Tag [h], bezogen auf ein Jahr			bis 0,125	über 0,125 bis 0,25	über 0,25 bis 0,5	über 0,5 bis 1	über 1 bis 2	über 2 bis 4	über 4 bis 8	über 8 bis 16	über 16
Lastkollektiv	Nr	Benennung	Erklärung	Triebwerksgruppe								
	1	leicht	geringe Häufigkeit größter Lasten	$1E_m$	$1E_m$	$1D_m$	$1C_m$	$1B_m$	$1A_m$	2_m	3_m	4_m
	2	mittel	etwa gleiche Häufigkeit von kleinen, mittleren und größten Lasten	$1E_m$	$1D_m$	$1C_m$	$1B_m$	$1A_m$	2_m	3_m	4_m	5_m
	3	schwer	nahezu ständig größte Lasten	$1D_m$	$1C_m$	$1B_m$	$1A_m$	2_m	3_m	4_m	5_m	5_m
Bei einer Dauer eines Arbeitsspiels von 12 Minuten oder mehr darf der Seiltrieb um eine Triebwerksgruppe niedriger gegenüber der Triebwerksgruppe eingestuft werden, die aus der Laufzeitklasse und dem Lastkollektiv ermittelt wird												
[1]) Diese Tabelle kann entfallen, sobald eine entsprechende, für alle Triebwerke gültige Norm aufgestellt ist.												

Die Triebwerksgruppe bestimmt nun den Seildurchmesser und die Scheiben- und Trommeldurchmesser. Der Mindestseildurchmesser wird über die rechnerische Seilzugkraft (einschließlich der Beschleunigungskräfte und Seilwirkungsgrade) und den Beiwert c bestimmt

$$d_{min} = c \cdot \sqrt{S}\,. \tag{2.1}$$

Bei der Auswahl des Beiwertes c wird zusätzlich berücksichtigt welche Drahtfestigkeit das Seil hat, ob das Seil drehungsfrei/nicht drehungsfrei sein muss und ob ein üblicher oder ein gefährlicher Transport (z.B. feuergefährlich) vorliegt, Tabelle 2.2.

Der Seildurchmesser soll gewählt werden zu

$$d_{min} \le d \le 1{,}25 \cdot d_{min}\,. \tag{2.2}$$

Die Scheiben-, Trommel- Ausgleichsscheibendurchmesser sind

$$D_{min} = h_1 \cdot h_2 \cdot d_{min} \tag{2.3}$$

mit dem Mindestseildurchmesser und den sogenannten h-Faktoren. Der Faktor h_1 ist von der Triebwerksgruppe abhängig und unterscheidet nach Scheiben, Trommel und Ausgleichsscheibe und ob drehungsfreie oder nicht drehungsfreie Seile zum Einsatz kommen, Tabelle 2.3. Der Durchmesser der Scheiben ist dabei größer als bei der Trommel und der Ausgleichsscheibe, da beim Hubspiel auf der Scheibe zwei Biegewechsel und auf der Trommel nur ein Biegewechsel stattfinden. Die Ausgleichsscheibe wird klein gewählt, da zumindest theoretisch kein laufendes Seil an dieser Stelle vorliegt. Bei großer Hubhöhe können aber Drehbewegungen mit kleinen Biegezonen in großer Zahl auftreten. Dann ist der Durchmesser der Ausgleichsscheibe unbedingt größer zu wählen als nach DIN 15020-1 (1974).

Tabelle 2.2: Beiwert c aus DIN 15020-1 (1974) [2]

<table>
<tr><td rowspan="5">Trieb-werk-gruppe</td><td colspan="14">c in mm / $\sqrt{N}$</td></tr>
<tr><td colspan="14">Übliche Transporte und</td></tr>
<tr><td colspan="5">nicht drehungsfreie Seile</td><td colspan="3">drehungsfreie bzw. drehungsarme Seile</td><td colspan="3">nicht drehungsfreie Seile</td><td colspan="3">drehungsfreie bzw. drehungsarme Seile</td></tr>
<tr><td colspan="14">Nennfestigkeit der Einzeldrähte in N / mm^2</td></tr>
<tr><td>1570</td><td>1770</td><td>1960</td><td>2160</td><td>2450</td><td>1570</td><td>1770</td><td>1960</td><td>1570</td><td>1770</td><td>1960</td><td>1570</td><td>1770</td><td>1960</td></tr>
<tr><td>$1E_m$</td><td>-</td><td>0,0670</td><td>0,0630</td><td>0,0600</td><td>0,0560</td><td>-</td><td>0,0710</td><td>0,0670</td><td colspan="3">-</td><td colspan="3">-</td></tr>
<tr><td>$1D_m$</td><td>-</td><td>0,0710</td><td>0,0670</td><td>0,0630</td><td>0,0600</td><td>-</td><td>0,0750</td><td>0,0710</td><td colspan="3">-</td><td colspan="3">-</td></tr>
<tr><td>$1C_m$</td><td>-</td><td>0,0750</td><td>0,0710</td><td colspan="2">0,0670</td><td>-</td><td>0,0800</td><td>0,0750</td><td colspan="3">-</td><td colspan="3">-</td></tr>
<tr><td>$1B_m$</td><td>0,0850</td><td>0,0800</td><td>0,0750</td><td colspan="2">-</td><td>0,0900</td><td>0,0850</td><td>0,0800</td><td colspan="3">-</td><td colspan="3">-</td></tr>
<tr><td>$1A_m$</td><td>0,0900</td><td colspan="2">0,0850</td><td colspan="2">-</td><td colspan="2">0,0950</td><td>0,0900</td><td colspan="3">0,0950</td><td colspan="3">0,106</td></tr>
<tr><td>2_m</td><td colspan="3">0,0950</td><td colspan="2">-</td><td></td><td>0,106</td><td></td><td colspan="3">0,106</td><td colspan="3">0,115</td></tr>
<tr><td>3_m</td><td colspan="3">0,106</td><td colspan="2">-</td><td></td><td>0,118</td><td></td><td colspan="3">0,118</td><td colspan="3">-</td></tr>
<tr><td>4_m</td><td colspan="3">0,118</td><td colspan="2">-</td><td></td><td>0,132</td><td></td><td colspan="3">0,132</td><td colspan="3">-</td></tr>
<tr><td>5_m</td><td colspan="3">0,132</td><td colspan="2">-</td><td></td><td>0,150</td><td></td><td colspan="3">0,150</td><td colspan="3">-</td></tr>
</table>

Tabelle 2.3: Faktor h_1 nach DIN 15020-1 (1974) [2]

Triebwerkgruppe	h_1 für					
	Seiltrommel und		Seilrolle und		Ausgleichsrolle und	
	nicht drehungsfreie Seile	drehungsfreie bzw. drehungsarme Seile	nicht drehungsfreie Seile	drehungsfreie bzw. drehungsarme Seile	nicht drehungsfreie Seile	drehungsfreie bzw. drehungsarme Seile
$1E_m$	10	11,2	11,2	12,5	10	12,5
$1D_m$	11,2	12,5	12,5	14	10	12,5
$1C_m$	12,5	14	14	16	12,5	14
$1B_m$	14	16	16	18	12,5	14
$1A_m$	16	18	18	20	14	16
2_m	18	20	20	22,4	14	16
3_m	20	22,4	22,4	25	16	18
4_m	22,4	25	25	28	16	18
5_m	25	28	28	31,5	18	20

Der Faktor h_2 hängt von der Anzahl der Biegewechsel ab, wobei unterschieden wird zwischen einer gleichsinnigen Biegung und einer Gegenbiegung. Ein Biegewechsel ist der Wechsel der Seilzustände von gerade nach gekrümmt und wieder zurück nach gerade, Tabelle 2.4.

Zusätzlich gibt die DIN 15020-1 (1974) Empfehlungen für den zulässigen Schrägzugwinkel von φ=1,5° bei drehungsfreien Seilen und von φ=4° bei den Rundlitzenseilen, für die Seilkonstruktion, für die Schmierung, für den Rillenradius und für die Ablegereife der Seile in Form von Drahtbrüchen auf Bezugslängen auf dem Seil.

Tabelle 2.4: Faktor h_2 nach DIN 15020-1 (1974) [2]

Anordnungsbeispiele von Seiltrieben			h_2 7) für	
Beschreibung	Anwendungsbeispiele (Trommeln sind in Doppellinien angegeben)	w	Seiltrommeln, Ausgleichrollen	Seilrollen
Drahtseil läuft auf Seiltrommel und über höchstens 2 Seilrollen mit gleichsinniger Biegung oder 1 Seilrolle mit Gegenbiegung	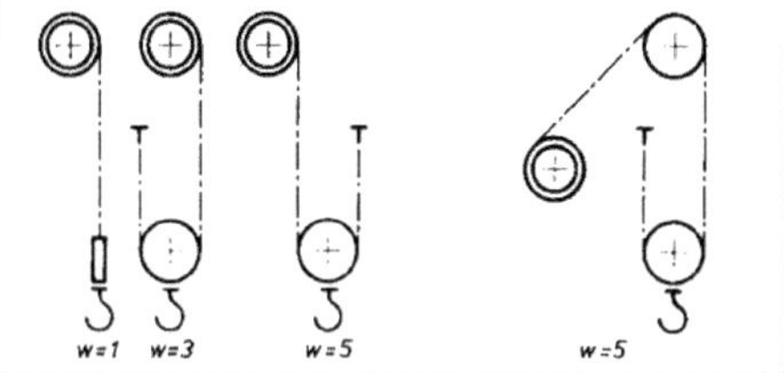 w=1 w=3 w=5 w=5	bis 5	1	1
Drahtseil läuft auf Seiltrommel und über höchstens 4 Seilrollen mit gleichsinniger Biegung oder 2 Seilrollen mit gleichsinniger und 1 Seilrolle mit Gegenbiegung oder 2 Seilrollen mit Gegenbiegung	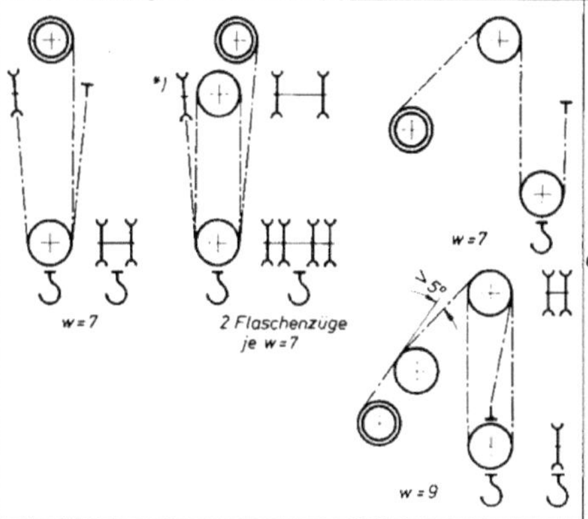 w=7; *) 2 Flaschenzüge je w=7; w=7; 5°; w=9	6 bis 9	1	1,12
Drahtseil läuft auf Seiltrommel und über mindestens 5 Seilrollen mit gleichsinniger Biegung oder 3 Seilrollen mit gleichsinniger und 1 Seilrolle mit Gegenbiegung oder 1 Seilrolle mit gleichsinniger und 2 Seilrollen mit Gegenbiegung oder 3 Seilrollen mit Gegenbiegung	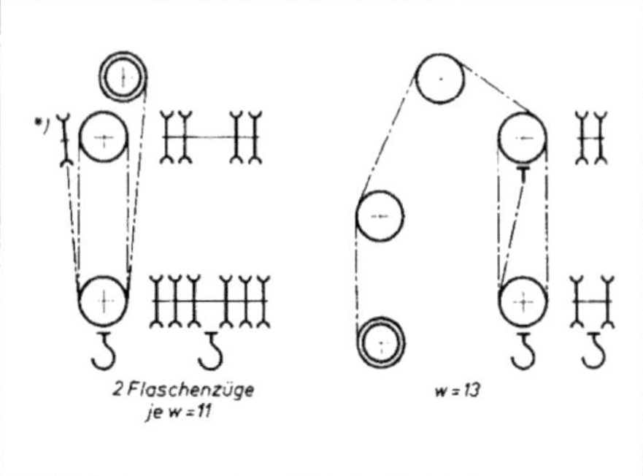 *) 2 Flaschenzüge je w=11; w=13	ab 10	1	1,25

Für Seilrollen in Serienhebezeugen und Greifern kann unabhängig von der Anordnung des Seiltriebes $h_2 = 1$ gesetzt werden.

*) Ausgleichrolle

7) Zuordnung von w und h_2 zu Beschreibung und Anwendungsbeispielen gilt nur, wenn ein Seilstück während eines Arbeitshubes die gesamte Anordnung des Seiltriebes durchläuft. Für die Ermittlung von h_2 brauchen nur die am ungünstigsten Seilstück auftretenden Werte w berücksichtigt zu werden.

Die Gesamtanzahl an Biegewechsel w wird berechnet mit

$$w = w_{\frown} + 2\, w_{\backsim}$$

2.2 Nachweis der Sicherheit eines Seiltriebes nach DIN EN 13001-3.2 (2015)

Im Unterschied zur Methode der DIN 15020-1 [2] ist die DIN EN 13001-3.2 (2015) [1] zwei bzw. dreistufig aufgebaut. Es wird grundsätzlich ein statischer Nachweis (Proof of static strength) und ein Nachweis der Betriebsfestigkeit (Proof of fatigue strength) durchgeführt. Falls es sich um einen Seiltrieb mit einer mehrlagig bewickelten Seiltrommel handelt, muss ein weiterer Nachweis (Requirements for multilayer drum) geführt werden. Im Folgenden soll nur auf die Nachweise für vertikales Heben in einer vereinfachten Form eingegangen werden. Für die vollständige Berechnungsvorschrift, mit erweiterten Spezialfällen, wird auf die Norm selbst verwiesen.

2.2.1 Statischer Festigkeitsnachweis

Es ist nachzuweisen, dass für alle relevanten Lastkombinationen gilt:

$$F_{Sd,s} \leq F_{Rd,s}$$

Mit $F_{Sd,s}$ Seilkraft für den Nachweis der statischen Festigkeit
$F_{Rd,s}$ Grenzseilkraft für den Nachweis der statischen Festigkeit

Die Seilkraft berechnet sich zu

$$F_{Sd,s} = \frac{m_{Hr} * g}{n_m} * \phi * f_{S1} * f_{S2} * f_{S3} * \gamma_P * \gamma_n$$

Mit m_{Hr} Masse der Hublast in kg
g Fallbeschleunigung
n_m Anzahl der Seilstränge im Flaschenzug
ϕ Dynamik-Beiwert für Trägheits- und Gravitationseinwirkungen
f_{S_1} bis f_{S_3} Seilkrafterhöhungsfaktoren
γ_P Teilsicherheitsbeiwert (γ_P=1,34 für regelmäßige Lasten)
γ_n Risikobeiwert, soweit anwendbar (siehe DIN EN 13001-2)

Für den statischen Festigkeitsnachweis ist die maximale Hublast einzusetzen. Für den Dynamik-Beiwert ϕ sind drei Fälle zu unterscheiden, wobei der maximale Wert anzuwenden ist:

1. Anheben einer unbehinderten Last vom Boden

$$\phi = \phi_2$$

Mit: ϕ_2 Dynamik-Beiwert für Trägheits- und Gravitationseinwirkungen beim Heben einer unbehinderten Last vom Boden

Dabei ist $\phi_2 = \phi_{2,min} + \beta_2 * vh$

Mit $\phi_{2,min}$ und β_2 nach Tabelle 2.5 und v_h nach Tabelle 2.6.

Tabelle 2.5: $\phi_{2,min}$ und β_2 nach DIN EN 13001-3.2 (2015) [1]

Hubklasse der Hubeinrichtung	β_2	$\phi_{2,min}$
HC1	0,17	1,05
HC2	0,34	1,10
HC3	0,51	1,15
HC4	0,68	1,20

Eine Erläuterung der Hubklassen kann im Anhang B der DIN EN 13001-2 nachgelesen werden.

Tabelle 2.6: v_h nach DIN EN 13001-3.2 (2015) [1]

Lastkombination (siehe 4.3.6)	Hubwerkstyp und Betriebsart				
	HD1	HD2	HD3	HD4	HD5
A1, B1	$v_{h,max}$	$v_{h,CS}$	$v_{h,CS}$	$0,5 \cdot v_{h,max}$	$v_h = 0$
C1	–	$v_{h,max}$	–	$v_{h,max}$	$0,5 \cdot v_{h,max}$

Mit:
- HD1 Kein Feinhub
- HD2 Beginn des Hubvorganges nur mit Feinhub möglich
- HD3 Beibehaltung des Feinhubes durch die Hubantriebssteuerung
- HD4 Stufenlose Hubantriebssteuerung mit stetigem Hochlaufen der Geschwindigkeit
- HD5 Stufenlose Hubantriebsautomatik
- $V_{h,max}$ maximale stetige Hubgeschwindigkeit
- $V_{h,CS}$ stetige Feinhubgeschwindigkeit

2. Beschleunigung oder Verzögerung der angehängten Last

$$\phi = 1 + \phi_5 * \frac{a}{g}$$

Mit:
- ϕ_5 Dynamik-Beiwert mit $1 < \phi_5 < 2$, niedrigere Werte für Anlagen bei denen die Kraftänderung nur langsam verläuft
- a vertikale Beschleunigung oder Verzögerung
- g Fallbeschleunigung

3. Prüflast

$$\phi = \phi_6$$

ϕ_6 ist dabei abhängig von ϕ_2 und berechnet sich wie folgt:

$$\phi_6 = 0,5 * (1 + \phi_2)$$

Für die Korrektur der Seilkraft werden weiterhin drei Faktoren f_{Si} benötigt. Mit f_{S1} wird dabei der Seiltriebwirkungsgrad berücksichtigt.

$$f_{S1} = \frac{1}{tot}$$

Der Gesamtwirkungsgrad η_{tot} berechnet sich zu

$$\eta tot = \frac{(_s)^{n_s}}{n_m} * \frac{1-(_s)^{n_m}}{1-_s}$$

Mit: η_S Wirkungsgrad einer Einzelrolle (η_S=0,985 für Wälzlagerung, η_S=0,985x(1-0,15x$d_{bearing}$/D_{Sheave}) für Gleitlagerung)

n_m Anzahl der Seilstränge im Flaschenzug

n_S Anzahl der festen Seilrollen zwischen Trommel und Hakenflasche

In Bild 2.1 ist zur Orientierung ein Seiltrieb abgebildet.

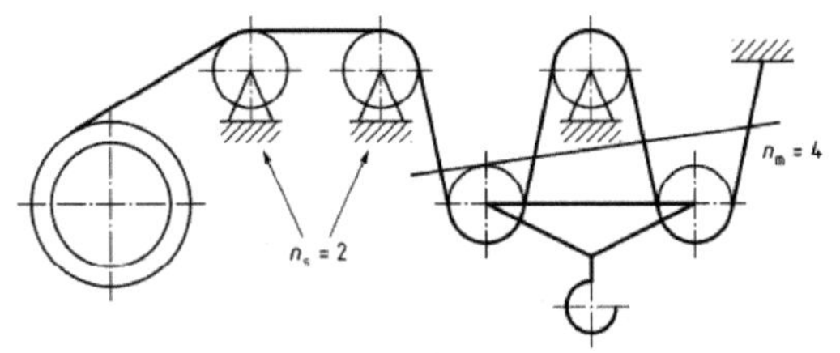

Bild 2.1: Beispiel für einen Seiltrieb nach DIN EN 13001-3.2 (2015) [1]

Die Seilkrafterhöhung durch nicht parallele Seilstränge werden durch den Faktor f_{S2} berücksichtigt, der sich wie folgt berechnet:

$$f_{S2} = \frac{1}{\cos \beta_{max}}$$

Eine Definition des Winkels β_{max} ist in Bild 2.2 abgebildet.

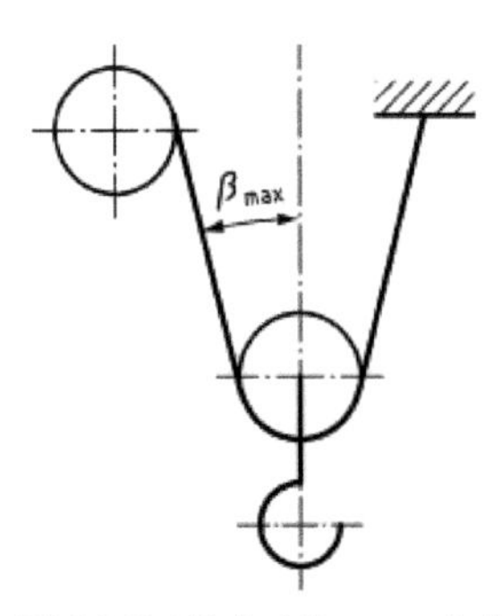

Bild 2.2: Winkel β_{max} nach DIN EN 13001-3.2 (2015) [1]

Der Faktor f_{S3} berücksichtigt Horizontalkräfte auf die Hublast und muss nur berücksichtigt werden, wenn in einer Anwendung mehrere nicht parallele Seilstränge vorhanden sind. Bei freischwingenden Lasten darf dieser Faktor vernachlässigt werden. Der Faktor berechnet sich bei Vorhandensein einer Seilpyramide wie in Bild 2.3 abgebildet, zu:

$$f_{S3} = 1 + \frac{F_h}{m_H * g * \tan\gamma} \leq 2$$

Mit: F_h Horizontalkraft
m_H Masse der Hublast
g Fallbeschleunigung
γ Winkel zwischen Schwerkraft und projiziertem Seil in der aus F_h und g gebildeten Ebene (siehe Bild 2.3)

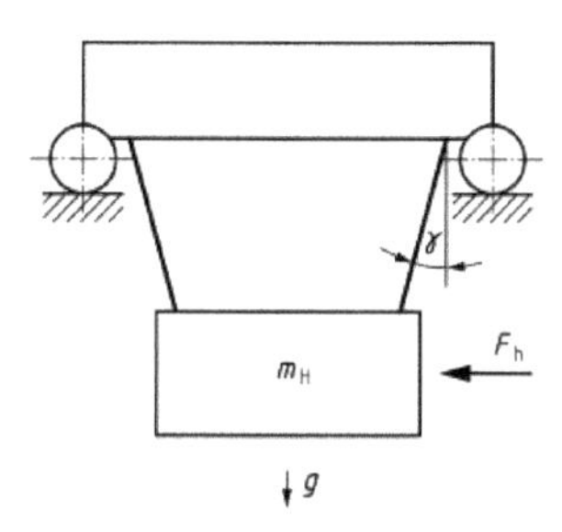

Bild 2.3: Lastaufhängung mit Schrägseilen nach DIN EN 13001-3.2 (2015) [1]

Nach der Berechnung der Seilkraft muss nun die Grenzseilkraft berechnet werden. Diese ergibt sich zu:

$$F_{Rd,s} = \frac{F_u}{\gamma_{rb}}$$

Mit: F_u Mindestseilbruchkraft
γ_{rb} minimaler Seilwiderstandsbeiwert

Der minimale Seilwiderstandbeiwert berechnet sich zu:

$$\gamma_{rb} = 1{,}35 + \frac{5{,}0}{\left(\frac{D}{d}\right)^{0{,}8} - 4} \geq 2{,}07$$

Mit: D kleinster relevanter Durchmesser: D=Min(D_{sheave}; 1,125xD_{drum}; 1,125xD_{comp})
d Seildurchmesser

Das gewählte D/d-Verhältnis muss mindestens 11,2 betragen. In Tabelle 2.7 sind die minimalen Seilwiderstandsbeiwerte für ausgewählte Durchmesserverhältnisse aufgeführt.

Tabelle 2.7: Minimale Seilwiderstandsbeiwerte γ_{rb} nach DIN EN 13001-3.2 (2015) [1]

D/d	11,2	12,5	14,0	16,0	18,0	≥ 20,0
γ_{rb}	3,07	2,76	2,52	2,31	2,17	2,07

2.2.2 Nachweis der Ermüdungsfestigkeit

Der Nachweis der Ermüdungsfestigkeit ist zu führen für:

$$F_{Sd,f} \leq F_{Rd,f}$$

Mit $F_{Sd,f}$ Seilkraft für den Nachweis der Ermüdungsfestigkeit
$F_{Rd,f}$ Grenzseilkraft für den Nachweis der Ermüdungsfestigkeit

Die Seilkraft muss nur für regelmäßige Lasten berechnet werden, Dabei gilt:

$$F_{Sd,f} = \frac{m_{Hr} * g}{n_m} * \phi^* * f_{S2}{}^* * f_{S3}{}^* * \gamma_n{}^*$$

Mit m_{Hr} Masse der Hublast in kg
g Fallbeschleunigung
n_m Anzahl der Seilstränge im Flaschenzug
ϕ^* Dynamik-Beiwert für Trägheits- und Gravitationseinwirkungen
$f_{S2}{}^*$; $f_{S3}{}^*$ Seilkrafterhöhungsfaktoren
$\gamma_n{}^*$ Risikobeiwert, soweit anwendbar (siehe DIN EN 13001-2)

Trägheitseinwirkungen wirken nur kurzzeitig und beeinflussen nicht alle Biegewechsel, die Berechnung des Dynamik-Beiwertes erfolgt mit:

$$\phi^* = \sqrt[3]{\frac{(w-1)+\phi^3}{w}} \qquad \text{für } w \geq 1$$

$$\phi^* = \phi \qquad \text{für } w = 0{,}5$$

Mit w Anzahl der relevanten Biegewechsel pro Hubbewegung
ϕ Dynamik-Beiwert aus Statischem Festigkeitsnachweis

Für den Faktor $f_{S2}{}^*$ für die Seilkrafterhöhung durch nicht parallele Seilstränge kann bei in etwa gleich verteilten Arbeitshöhen kann eine vereinfachte Formel herangezogen werden:

$$f_{S2}{}^* = 1 + \left[\frac{1}{\cos\beta(z_2)} - 1\right] * \left(\frac{z_{ref} - z_2}{z_{ref} - z_1}\right)^{0,9}$$

Mit z Höhenkoordinaten wie in Bild 2.4 dargestellt
z_{ref} Referenzhöhe
z_1 bis z_2 Vorwiegend genutzter Arbeitsbereich
$\beta(z)$ Winkel zwischen Seil und Richtung der wirkenden Kraft

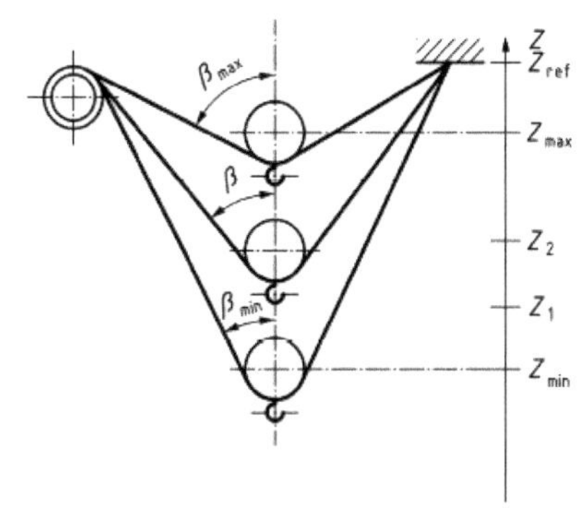

Bild 2.4: Höhenkoordinaten nach DIN EN 13001-3.2 (2015) [1]

Für allgemeine Fälle wird eine separate Formel angegeben auf die hier jedoch nicht eingegangen werden soll.

Der Seilkrafterhöhungsfaktor f_{S3}* für Horizontalkräfte bei Anwendungen mit nicht parallelen Seilsträngen (Seilpyramide) wird berechnet mit

$$f_{S3}^{\ *} = f_{S3}$$

Mit f_{S3} Seilkrafterhöhungsfaktor aus Statischem Festigkeitsnachweis

Für den Fall, dass Horizontalkräfte und Hubbeschleunigung nicht regelmäßig gleichzeitig wirken, darf f_{S3}* zu 1 gesetzt werden.

Die Berechnung der Grenzseilkraft erfolgt mit

$$F_{Rd,f} = \frac{F_u}{\gamma_{rf} * \sqrt[3]{s_r}} * f_f$$

Mit F_u Mindestbruchlast des Seiles
s_r Seilkraftverlaufsparameter
γ_{rf} minimaler Seilwiederstandsbeiwert: γrf=7
f_f Faktor für sonstige Einflüsse

Der Seilkraftverlaufsparameter s_r wird berechnet mit

$$s_r = k_r * v_r$$

Mit k_r Faktor des Seilkraftspektrums
v_r relative Gesamtanzahl der Biegewechsel

Mit dem Seilkraftspektrumsfaktor können Lastkollektive berücksichtigt werden. Dieser Faktor berechnet sich zu

$$k_r = \sum_{i=1}^{i_{max}} \left(\frac{F_{Sd,f,i}}{F_{Sd,f}}\right)^3 * \frac{w_i}{w_{tot}}$$

Mit		
	i	Index einer Hubbewegung mit $F_{Sd,f,i}$
	I_{max}	Gesamtanzahl der Hubbewegungen je Seil
	$F_{Sd,f,i}$	Seilkraft während der Hubbewegung i
	$F_{Sd,f}$	maximale Seilkraft
	w_i	relevante Anzahl der Biegewechsel während einer Hubbewegung
	w_{tot}	Gesamtanzahl der Biegewechsel eines Seiles
	C	Gesamtanzahl der Arbeitsspiele während der Lebensdauer des Seiltriebes
	l_r	Anzahl der eingesetzten Seile, die für die Lebensdauer des Seiltriebes festgelegt sind

Für die Berechnung der Gesamtanzahl der Biegewechsel w_{tot} müssen alle relevanten Biegewechsel aller Hubbewegungen berücksichtigt werden.

Die relative Gesamtanzahl der Biegewechsel wird berechnet mit

$$v_r = \frac{w_{tot}}{w_D}$$

Mit w_D — Anzahl der Biegewechsel am Bezugspunkt: w_D=500.000

Zum Zeitpunkt der Drucklegung dieses Buches zeichnet sich in den Diskussionen um diese Norm ab, dass der Wert für w_D mit 500.000 als zu hoch festgelegt wurde. Es wird erwartet, dass w_D ca. 1/5 dieses Wertes sein sollte um eine gute Korrelation zu realen Biegewechselzahlen zu erreichen. Die aktuellste Ausgabe der EN 13001-3.2 oder die überarbeitete Version der Norm ISO 16625 nach Veröffentlichung (siehe Kapitel 2.3) sollten dazu beachtet werden.

Für die weiteren Einflüsse auf die Grenzseilkraft muss der Faktor f_f berechnet werden, der sich aus mehreren Einzeleinflüssen f_{fi} zusammensetzt

$$f_f = f_{f1} * f_{f2} * f_{f3} * f_{f4} * f_{f5} * f_{f6} * f_{f7}$$

Der Faktor f_{f1} bildet den Einfluss durch den Durchmesser von Trommeln und Seilscheiben ab. Er berechnet sich zu

$$f_{f1} = \frac{D/d}{R_{Dd}}$$

Mit:		
	D/d	Verhältnis Seilscheibendurchmesser D zu Seildurchmesser d
	R_{Dd}	Referenzverhältnis

Das Referenzverhältnis R_{Dd} berechnet sich zu

$$R_{Dd} = 10 * 1{,}125^{\log_2\left(\frac{w_{tot}}{8000}\right)}$$

Das gewählte D/d-Verhältnis darf nicht kleiner als 11,2 sein und muss so gewählt werden, dass f_{f1} größer 0,75 ist.

Der Einfluss der Drahtnennfestigkeit ist nicht-linear und berechnet sich zu

$$f_{f2} = \left(\frac{1770}{R_r}\right)^{0,6} \qquad \text{für } R_r > 1770 \text{ N/mm}^2$$

$$f_{f2} = 1 \qquad \text{für } R_r \leq 1770 \text{ N/mm}^2$$

Mit: R_r Seilfestigkeitsklasse

Der Faktor f_{f3} berücksichtigt Schrägzug. Dazu wird in einem ersten Schritt der Auf- und Ablaufwinkel δ_j für einen ausgewählten Punkt P im am häufigsten verwendeten Arbeitsbereich bestimmt (Bild 2.5).

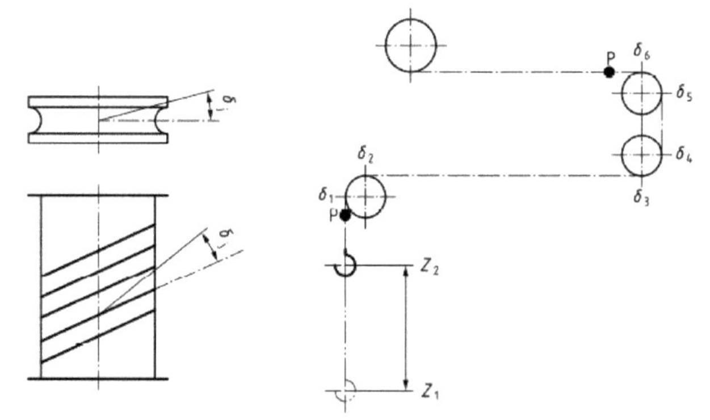

Bild 2.5: Auf- und Ablaufwinkel nach DIN EN 13001-3.2 (2015) [1]

Die einzelnen Winkel δ_j werden aufsummiert, die Formel dazu lautet

$$\delta = \sqrt[3]{\frac{\sum_{j=1}^{n} \delta_j^3}{n}}$$

Mit: δ_j Auf- oder Ablaufwinkel am tangentialen Kontaktpunkt j des Seiles an Trommel oder Seilscheibe (Bild 2.5)

n Anzahl der Kontaktpunkte, die vom am häufigsten gebogenen Teil des Seiles passiert werden (Bild 2.5, hier n=6)

Mit dem berechneten Wert für δ kann aus Tabelle 2.8 der Faktor f_{f3} abgelesen werden.

Tabelle 2.8: Faktor f_{f3} nach DIN EN 13001-3.2 (2015) [1]

Auf- und Ablaufwinkel der Berechnung δ	f_{f3} für nicht drehungsfreie Seile	f_{f3} für drehungsfreie Seile
≤ 0,5°	1,0	1,0
1,0°	0,95	0,95
2,0°	0,86	0,84
3,0°	0,84	Nicht vorgesehen
4,0°	0,82	
Zwischenwerte dürfen interpoliert werden.		

Die Schmierung des Seiles wird mit dem Faktor f_{f4} berücksichtigt. Für geschmierte Seile wird der Faktor gleich 1 gesetzt, für Seile ohne Schmierung wird der Faktor zu 0,5 gesetzt.

Den Einfluss des Rillenradius r_g wird durch den Faktor f_{f6} berücksichtigt. Zur Bestimmung des Faktors muss das Verhältnis des Rillenradius zum Seildurchmesser berechnet werden. Anschließend kann f_{f6} aus Tabelle 2.9 abgelesen werden.

Tabelle 2.9: Faktor f_{f6} nach DIN EN 13001-3.2 (2015) [1]

r_g/d	ω	f_{f6}
0,53	≤ 60°	1
0,55		0,92
0,6	Keine Anforderungen	0,86
0,7		0,79
0,8		0,76
≥ 1,0		0,73
Zwischenwerte dürfen interpoliert werden.		

Mit dem Faktor f_{f7} wird die Seilart berücksichtigt. Der Faktor berechnet sich zu

$$f_{f7} = \frac{1}{t}$$

Der Seilartfaktor t hängt von der Anzahl der Außenlitzen und der Machart des Seiles ab. In Tabelle 2.10 sind die Werte für den Seilartfaktor aufgeführt.

Tabelle 2.10: Seilartfaktor nach DIN EN 13001-3.2 (2015) [1]

Seilart nach EN 12385-2	Anzahl der Außenstränge	t-Faktor
einlagig oder parallel geschlossen	3	1,25
	4, 5	1,15
	6 oder mehr	1,00
	6 bis 10 mit Kunststoffimprägnierung	0,95
drehungsfrei und unverdichtet	alle	1,00
drehungsarm, verdichtet	alle	0,9

Für mehrlagig bewickelte Trommeln gibt die DIN EN 13001-3.2 (2015) zusätzliche Anforderungen an, die mit dem Faktor f_{f5} berücksichtigt werden. Dieser hängt vom Produkt der Gesamtanzahl der Hubbewegungen i_{max} und dem Faktor des Seilkraftspektrums k_r ab. In Tabelle 2.11 sind die Werte für f_{f5} aufgeführt.

Tabelle 2.11: Faktor f_{f5} nach DIN EN 13001-3.2 (2015) [1]

$i_{max} \cdot k_r$	f_{f5} für Trommeln ohne geführte (definierte) Seilwicklung	f_{f5} für Trommeln mit geführter (definierter) Seilwicklung
$i_{max} \cdot k_r \leq 500$	1,0	1,0
$500 < i_{max} \cdot k_r \leq 1\,000$	0,9	1,0
$1\,000 < i_{max} \cdot k_r \leq 2\,000$	0,8	1,0
$2\,000 < i_{max} \cdot k_r \leq 5\,000$	0,7	0,9
$5\,000 < i_{max} \cdot k_r$	0,6	0,8
Dabei ist i_{max} die Gesamtanzahl der Hubbewegungen und k_r der Faktor des Seilkraftspektrums.		
Mittel für die geführte (definierte) Seilwicklung sind eine mit der Drehbewegung verbundene Seilführung, Seilkeile, Anfangsrille oder Lebus-Rillung (z. B. Lebus-Trommeln).		

Dieser Abschnitt der Norm ist bei Drucklegung des vorliegenden Buches Gegenstand vielfältiger Diskussionen. Es zeichnet sich ab, dass in einer überarbeiteten Version ein zusätzlicher Nachweis gefordert werden wird, der für Seiltriebe mit mehrlagig bewickelten Trommeln ebenso geführt werden muss wie der statische Festigkeitsnachweis und der Nachweis der Ermüdungsfestigkeit.

2.3 Bemessung eines Seiltriebs nach ISO 16625 (2013)

Die Methode der ISO 16625 (2013) [3] orientiert sich prinzipiell an der DIN 15020-1, wobei hier über die Triebwerksgruppe und einem Zp-Faktor eine Mindestbruchkraft berechnet wird. Anhand dieser Mindestbruchkraft kann im Anschluss im Katalog des Seilherstellers ein entsprechendes Seil ausgewählt werden.

Für den Zp-Faktor werden bei den laufenden Seilen unterschiedliche Werte für allgemeine Seiltriebe (Tabelle 2.12) und für Mobilkrane (Tabelle 2.13) herangezogen. Es wird keine Unterscheidung hinsichtlich der Drahtnennfestigkeit getroffen, wie es bei der DIN 15020-1 getan wird.

Tabelle 2.12: Faktor Zp für alle Seiltriebe mit Ausnahme der Mobilkrane nach ISO 16625 (2013) [3]

Group classification of mechanism in accordance with ISO 4301-1:1986	Hoisting				Boom hoisting or luffing	
	Single-layer spooling		Multi-layer spooling			
	Standard rope	Rotation-resistant rope	Standard rope	Rotation-resistant rope	Standard rope	Rotation-resistant rope
M1	3,15	3,15	3,55	3,55	3,55	4,5
M2	3,35	3,35	3,55	3,55	3,55	4,5
M3	3,55	3,55	3,55	3,55	3,55	4,5
M4	4,0	4,0	4,0	4,0	4,0	4,5
M5	4,5	4,5	4,5	4,5	4,5	4,5
M6	5,6	5,6	5,6	5,6	5,6	5,6
M7	7,1	7,1	—	—	7,1	—
M8	9,0	9,0	—	—	9,0	—

Tabelle 2.13: Faktor Zp für Mobilkrane nach ISO 16625 (2013) [3]

Group classification of mechanism in accordance with ISO 4301-1:1986	Running rope						
	Hoisting		Boom hoisting				Telescoping
			Working		Erecting		
	Standard rope	Rotation-resistant rope	Standard rope	Rotation-resistant rope	Standard rope	Rotation-resistant rope	
M1	3,55	4,5	3,35	4,5	3,05	4,5	3,15
M2	3,55	4,5	3,35	4,5	3,05	4,5	3,35
M3	3,55	4,5	3,35	4,5	3,05	4,5	3,35
M4	4,0	4,5	3,35	4,5	3,05	4,5	3,35
M5	4,5	4,5	3,35	4,5	—	—	—
M6	5,6	5,6	3,35	5,6	—	—	—

Wurde mit Hilfe der Triebwerksgruppe ein Zp-Faktor gewählt muss die wirkende Seilzugkraft S bestimmt werden. Zu einer möglichen Korrektur gibt die Norm hierzu nur eine Hilfestellung. So soll für laufende Seile

- die anzuhängende Last in kN
- die Masse der Hakenflasche in kN
- die Anzahl der Seilstränge,
- der Widerstand der Einscherung (z.B. Lagerwiderstand)
- der Anstieg der Seilzugkraft durch den Neigungswinkel in der obersten Position, falls dieser 22,5° relativ zur Trommelachse übersteigt

berücksichtigt werden. Weitere spezielle Korrekturen aus der ISO 16625 sollen hier nicht aufgeführt werden.

Mit den nun bestimmten Werten kann die benötigte Mindestbruchkraft des Seiles mit

$$F_{Min} \geq S * Zp$$

Wurde ein Drahtseil mit einer ausreichenden Mindestbruchkraft und einem entsprechenden Seildurchmesser gewählt, kann im Folgenden ein Mindestdurchmesser für einlagige Seiltrommeln und Seilscheiben bestimmt werden. Dazu wird für Seiltrommeln ein h1-Faktor, für Seilscheiben ein h2-Faktor und ein h3-Faktor für Ausgleichsscheiben abhängig von der Triebwerksgruppe bestimmt. Auch hier wird zwischen generellen Seiltrieben (Tabelle 2.14) und Mobilkranen (Tabelle 2.15) unterschieden.

Tabelle 2.14: Faktoren h_1, h_2 und h_3 nach ISO 16625 für generelle Seiltriebe [3]

Group classification of mechanism in accordance with ISO 4301-1:1986	Drums, h_1	Sheaves, h_2	Compensating sheaves, h_3	
	min.	min.	min.	preferred min.[a]
M1	11,2	12,5	11,2	12,5
M2	12,5	14,0	12,5	14,0
M3	14,0	16,0	14	16,0
M4	16,0	18,0	16,0	18,0
M5	18,0	20,0	18,0	20,0
M6	20,0	22,4	20,0	22,4
M7	22,4	25,0	22,4	25,0
M8	25,0	28,0	25,0	28,0

[a] These factors are particularly recommended to limit radial pressure at rope entry/exit zones when single-layer spooling where bending fatigue is usually the principal mode of deterioration.

Tabelle 2.15: Faktoren h_1, h_2 und h_3 für Mobilkrane nach ISO 16625 (2013) [3]

Rope duty and classification of mechanism in accordance with ISO 4301-1:1986		Drums, h_1			Sheaves, h_2			Compensating sheaves, h_3		
		Std. rope	R-R rope		Std. rope	R-R rope		Std. rope	R-R rope	
		min.	min.	preferred min.[a]	min.	min.	preferred min.[b]	min.	min.	preferred min.[c]
Hoisting	M1 to M6	16,0	18	20	18	18	20	14	18	20
Boom hoisting/ luffing	M1 to M6	14	16	20	16	16	20	12,5	16	20
Telescoping	M1 to M4	—	—	—	14	—	—	10	—	—

[a] These factors are particularly recommended for limiting radial pressure and attendant rope distortion effects at cross-over zones associated with multi-layer spooling.

[b] These factors are particularly recommended for limiting radial pressure and enhance bending fatigue performance on single-layer spooling mechanisms.

[c] These factors are particularly recommended for limiting radial pressure at rope entry/exit zones when single-layer spooling where bending fatigue is usually the principal mode of rope deterioration.

Für beide Fälle wird ein t-Faktor benötigt, der abhängig von der Seilkonstruktion ist (Tabelle 2.16).

Tabelle 2.16: t-Faktor nach ISO 16625 (2013) [3]

Number of outer strands in rope	Rope type factor t
3	1,25
4 to 5	1,15
6 to 10	1,00
8 to 10 – plastic impregnation	0,95
10 and greater — rotation-resistant	1,00

Mit den damit bestimmten Werten kann der Mindestdurchmesser einer einlagigen Seiltrommel mit

$$D_1 \geq h_1 * t * d$$

bestimmt werden.

Der Mindestdurchmesser einer Seilscheibe (oder Ausgleichsscheibe) kann mit

$$D_2 \geq h_2 * t * d$$

bestimmt werden.

Die Norm gibt in Anhang B wertvolle Hinweise zur Gestaltung eines Seiltriebes die beachtet werden sollten.

2.4 Rechengang für die Bemessung eines Seiltriebes in einem Brammenkran

Im Folgenden wird beispielhaft ein Seiltrieb eines Brammenkranes mit den oben vorgestellten Methoden berechnet bzw. nachgewiesen.

Die technischen Daten des in Bild 2.6 dargestellten Brammenkrans sind in Tabelle 2.17 zusammengefasst.

Tabelle 2.17: Daten des Brammenkrans

Bezeichnung	Einheit	Wert
Nutzlast Q	kg	63000
Totlast T	kg	50000
Transportlast 1	kg	60000
Transportlast 2	kg	40000
Anteil Last 1	%	70
Anteil Last 2	%	30
Hubgeschwindigkeit	m/s	0,25
Laufzeit pro Tag	h	14
Seilstränge n	-	16
Hubhöhe	m	10
Untere Hakenhöhe	m	1
Obere Hakenhöhe	m	10
Seiltyp	-	Nicht-drehungsfrei
Seilkonstruktion	-	8x36 Warrington-Seale
Drahtnennfestigkeit	N/mm²	1960

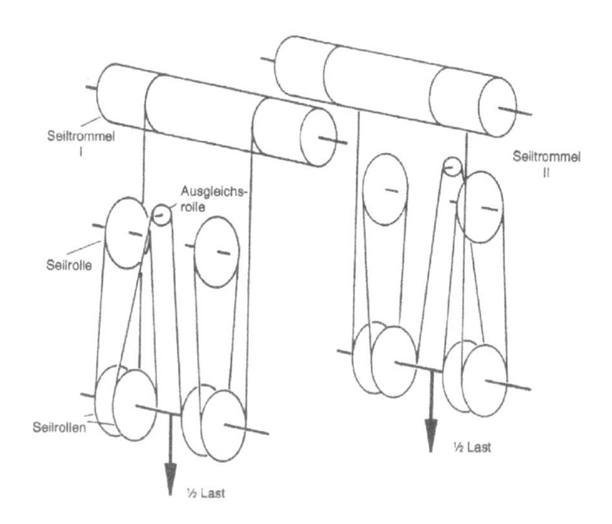

Bild 2.6: Brammentransportkran

Für den Brammenkran wird also angenommen, dass er in 70% der Nutzspiele eine Last von 60t und bei 30% der Nutzspiele eine Last von 40t trägt. Zusammen mit der Totlast aus Unterflasche und Traverse trägt der Kran nahezu ständig größte Lasten. Der Einfluss von Beschleunigungskräften und dem Wirkungsgrad kann hier vernachlässigt werden. Die mittlere Laufzeit beträgt ungefähr 14 Stunden je Tag. Die Aufhängung erfolgt in 4x4-Seilsträngen.

2.4.1 DIN 15020-1 (1974)

Mit diesen Angaben wird mit Tabelle 2.1 die Triebwerkgruppe bestimmt. Das *Belastungskollektiv* ist *„schwer"*. Die mittlere Laufzeit je Tag wird eingeordnet in den Bereich 8 bis 16 Stunden und führt zur *Laufzeitklasse V4*. Aus dem Belastungskollektiv und der Laufzeitklasse ergibt sich die *Triebwerksgruppe 5m.*

Im ersten Schritt des Rechengangs wird der *Seildurchmesser* d_{min} berechnet. Der Faktor c wird unter der Voraussetzung, dass nur „nicht drehungsarme Seile" eingesetzt werden für „übliche Transporte", d.h. keine feuerflüssigen Stoffe, ist c=0,132.

Die Seilkraft ist

$$S = \frac{Q \cdot g}{4x4\ Seilstränge} = \frac{113000 \cdot 9{,}81}{16} = 69283N\ .$$

Damit ist der Seilmindestdurchmesser

$$d_{min} = c \cdot \sqrt{S} = 0{,}132 \cdot \sqrt{69283} = 34{,}8\ \text{mm}\ .$$

Der nächstgenormte Seildurchmesser ist d=36mm. Der Rillenradius der Seilrolle beträgt nach DIN 15020-1

$$r = 0{,}525 \cdot d = 18{,}9\ \text{mm}\,.$$

Im zweiten Schritt werden die *Seilrollen-, Trommel- und Ausgleichsrollendurchmesser* berechnet. In Gleichung (2.3) ist der Faktor h_1 nach Tabelle 2.3 einzusetzen. Der Faktor h_2 berücksichtigt die Anzahl der Biegewechsel im Seiltrieb pauschal unabhängig von der Bestimmung der tatsächlich höchstbeanspruchten Seilzone. Bei der pauschalen Betrachtung ergeben sich durch die drei Seilrollen im Flaschenzug und der Trommel unter Berücksichtigung der Gegenbiegungen w=9 Biegewechsel. Tatsächlich läuft das höchstbeanspruchte Seilstück aber nur über 2 Seilrollen und auf die Trommel auf und wird durch w=7 Biegewechsel beansprucht. In der Folge werden hier die tatsächlichen Biegewechsel berücksichtigt, Bild 2.7.

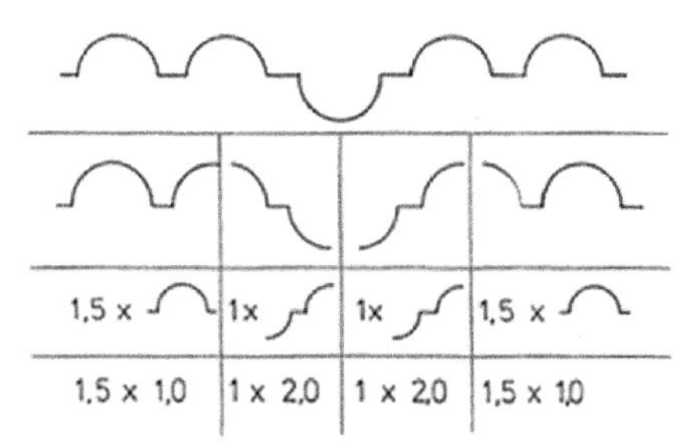

Bild 2.7: Biegewechsel bei einem Hubspiel des Brammenkrans

Die Faktoren h_1 und h_2 sind mit den gerechneten und nach der Normreihe ausgewählten Durchmesser in Tabelle 2.18 zusammengefasst.

Tabelle 2.18: Faktoren h_1 und h_2 und Durchmesser der Seilumlenkungen

Benennung	Seiltrommel	Seilrolle	Ausgleichsrolle
Faktor h_1	25	28	18
Faktor h_2	1	1,12	1
Mindestdurchmesser D_{min} [mm]	870	1091	627
Gewählter Durchmesser D [mm]	900	1080	630

Natürlich gibt es wie überall in der Technik Verbesserungen und kritisch-konstruktive Anmerkungen zum Stand der Technik. Bei DIN 15020-1 (1974) wird kritisch angemerkt, dass hohe Drahtfestigkeiten nicht berücksichtigt sind, keine Unterscheidung zwischen der Litzenzahl und der Art der Seileinlage (Stahl- oder Fasereinlage) getroffen wird und dass nur eine einzige Kombination der Scheiben- und des Seildurchmessers möglich ist. Der Wunsch nach mehr Variation und Offenheit eines Systems kommt hier zum Ausdruck.

2.4.2 DIN EN 13001-3.2 (2015)

Für den Nachweis nach DIN EN 13001-3.2 (2015) müssen verschiedenste Annahmen wie zum Beispiel Seildurchmesser, D/d-Verhältnis usw. getroffen werden. Im Folgenden werden diese Annahmen an den spezifischen Stellen erwähnt.

Wie in Kapitel 2.2.1 wird zunächst der statische Festigkeitsnachweis erbracht. Für die Berechnung der Seilkraft für diesen Nachweis ergibt sich mit den oben genannten Werten ein ϕ_6 von 1,09. Somit berechnet sich f_{S1} zu 1,12. Die Werte für f_{S2} und f_{S3} nehmen jeweils 1 an, der Risikobeiwert γ_n ist ebenfalls 1. Damit ergibt sich eine Seilkraft von

$$F_{Sd,s} = \frac{m_{Hr} * g}{n_m} * \phi * f_{S1} * f_{S2} * f_{S3} * \gamma_P * \gamma_n$$

$$= \frac{(50000\,kg + 60000\,kg) * 9{,}81\ {}^{m}/_{s^2}}{16} * 1{,}09 * 1{,}0 * 1{,}0 * 1{,}34 * 1{,}0$$

$$= 110317\,N$$

Für die Berechnung der Grenzseilkraft wird ein 32 mm Seil gewählt, mit der oben genannten Seilkonstruktion und der Nennfestigkeit ergibt sich nach DIN EN 12385-4 eine Mindestbruchkraft des Seiles von 715000 N. Der minimale Seilwiderstandsbeiwert γ_{rb} berechnet sich mit einem gewählten D/d-Verhältnis von 30 zu

$$\gamma_{rb} = 1{,}35 + \frac{5{,}0}{\left(\frac{D}{d}\right)^{0{,}8} - 4} = 1{,}35 + \frac{5{,}0}{30^{0{,}8} - 4} = 1{,}8$$

Die Berechnung ergibt einen kleineren Wert als 2,07 für γ_{rb} weshalb im Folgenden dieser Mindestwert angewendet werden muss.

Damit berechnet sich die Grenzseilkraft zu

$$F_{Rd,s} = \frac{F_u}{\gamma_{rb}} = \frac{715000\,N}{2{,}07} = 345411\,N$$

Damit ist die geforderte Bedingung, dass die Grenzseilkraft $F_{Rd,s}$ größer als die Seilkraft $F_{Sd,s}$ erfüllt und es kann mit dem Nachweis der Ermüdungsfestigkeit fortgefahren werden.

Der Faktor für Trägheitseffekte ϕ^* ergibt sich zu 1,01 und die Faktoren f_{S2}^* und f_{S3}^* und γ_n^* ergeben sich zu 1. Damit ist die Seilkraft für den Nachweis der Ermüdungsfestigkeit

$$F_{Sd,f} = \frac{m_{Hr} * g}{n_m} * \phi^* * f_{S2}^* * f_{S3}^* * \gamma_n^*$$

$$= \frac{(50000\,kg + 60000\,kg) * 9{,}81\ {}^{m}/_{s^2}}{16} * 1{,}01 * 1{,}0 * 1{,}0 = 68406\,N$$

Für die Berechnung der Grenzseilkraft können die Werte für f_f aus den Tabellen und Angaben in Kapitel 2.2.2 gewählt werden. Der Faktor für Mehrlagenwicklung f_{S5} wird zu 1 gesetzt. Es wird die U-Klasse U6 gewählt, dies ergibt eine Gesamtzahl der Arbeitsspiele während der Lebenszeit des Kranes von 500000. Weiter wird angenommen, dass dazu 12 Seile während der Lebenszeit des Kranes notwendig sind. Mit diesen Angaben berechnet sich die Grenzseilkraft für die Ermüdungsfestigkeit zu

$$F_{Rd,f} = \frac{F_u}{\gamma_{rf} * \sqrt[3]{s_r}} * f_f = \frac{715000\,N}{7 * \sqrt[3]{10{,}08}} * 1{,}63 * 0{,}94 * 0{,}95 * 1 * 1 * 1 * 1 = 68795\,N$$

Damit ist die Bedingung, dass die Grenzseilkraft größer als die Seilkraft für den Nachweis der Ermüdungsfestigkeit ist, erfüllt.

2.4.3 ISO 16625 (2013)

Um eine Vergleichbarkeit mit der oben durchgeführten Berechnung mit DIN 15020-1 herzustellen wird der Einfachheit halber die zur Triebwerksgruppe 5m vergleichbarer Triebwerksgruppe M8 der ISO 4301-1 gewählt. Aus Tabelle 2.12 kann damit für ein einlagig gewickeltes, nicht-drehungsfreies Hubseil der Zp-Faktor zu 9,0 bestimmt werden.

Daran anschließend wird die wirkende Seilzugkraft bestimmt.

$$S = \frac{(Q+T) * g}{n} = \frac{(63000\,kg + 50000\,kg) * 9{,}81\,{}^{m}/_{s^2}}{16} = 69283\,N$$

Die Mindestbruchkraft des Seiles ist somit

$$F_{min} = S * Z_p = 69283\,N * 9{,}0 = 623{,}5\,kN$$

Nach DIN EN 12385-4 (Litzenseile für allgemeine Hebezwecke) kann diese Mindestsicherheit bei einem 8x36 Warrington-Seale Seile mit einer Nennfestigkeit von 1960 N/mm² mit einem 32 mm erreicht werden.

Für die Bestimmung der Durchmesser der Seiltrommeln, Seilscheiben und Ausgleichsscheiben werden aus den Tabellen 2.14 und 2.16 die entsprechenden Werte herausgelesen. Damit wird zuerst der Trommeldurchmesser D_1 bestimmt

$$D_1 \geq h_1 * t * d = 25{,}0 * 0{,}95 * 32\,mm = 760\,mm$$

Damit muss der Trommeldurchmesser mindestens 760 mm betragen.

Der Seilscheibendurchmesser und der Ausgleichsscheibendurchmesser berechnen sich zu

$$D_{2,3} \geq h_{2,3} * t * d = 28{,}0 * 0{,}95 * 32\,mm = 851{,}2\,mm$$

Damit muss der Durchmesser der Seilscheiben und Ausgleichsscheiben mindestens 851,2 mm betragen.

2.5 Seillebensdauerberechnung für Seilaufzüge nach DIN EN 81-50 (2015)

Die Lebensdauerberechnungsmethode für Drahtseile, die ausführlich in [4] dargelegt ist, beruht auf statistisch ausgewerteten Dauerbiegeversuchen vor allem des IFT, der Berücksichtigung von Beanspruchungen aus dem Förderablauf und besonderer Seiltriebdaten, die die Lebensdauer beeinflussen.

Der Ablauf der Lebensdauerberechnung ist unterteilt in die Analyse des Seiltriebes und die Berechnung der Lebensdauerspielzahl. Bei der Analyse des Seiltriebs wird das höchstbeanspruchte Seilstück ermittelt, das durch die meisten Biegewechsel und Zugkraftänderungen beansprucht wird. Die Biegefolge des höchstbeanspruchten Seilstückes wird in sogenannte Beanspruchungselemente (gleichsinnige Biegung, Gegenbiegung, kombinierte Zug- und Biegebeanspruchung, etc.) zerlegt. Mit den Seilzugkräften, die so genau wie möglich bekannt sein müssen, werden für die Beanspruchungselemente die Biegewechselzahlen ermittelt. Mit der Schadensakkumulationshypothese nach Palmgren-Miner werden dann die einzelnen Biegewechselzahlen zusammengeführt und die Seillebensdauerspielzahl ermittelt.

In DIN EN 81-50 [5] sind in Kapitel 5.12 hinsichtlich der Kombination des Sicherheitsfaktors und des Durchmesserverhältnisses von Scheibe zu Seil Anforderungen so formuliert, dass unter Berücksichtigung der Anzahl an Scheiben, deren Anordnung und den unterschiedlichen Durchmesserverhältnissen innerhalb des Seiltriebes eine Mindestlebensdauer von 3 Jahren bei n=100.000 Rundfahrten/Jahr erreicht wird, Schiffner [6].

Für den Seiltrieb wird die höchstbeanspruchte Seilzone gesucht, die bei der Fahrt die meisten Beanspruchungen durch Biegewechsel erfährt. Diese höchstbeanspruchte Seilzone läuft über die Treibscheibe und eine bestimmte Zahl von Umlenkrollen

Der Einfluss der Treibscheibe und der einzelnen Umlenkrollen auf die Seillebensdauer wird durch eine äquivalente Zahl an Rollen mit Rundrille und mit dem Durchmesser der Treibscheibe ausgedrückt. Die äquivalente Rollenzahl bei der Treibscheibe ist durch den Rillentyp (Keilrille, Sitzrille mit Unterschnitt) und die Geometrieparameter der Rille bestimmt. Die Korrekturfaktoren aus [4] sind hier ohne Einschränkung verarbeitet zu der äquivalenten Rollenzahl $N_{equiv(t)}$. Bei der äquivalenten Anzahl von Umlenkrollen müssen die Durchmesser und die Art der Biegung (gleichsinnige Biegung N_{ps}, Gegenbiegung N_{pr}) berücksichtigt werden. Für die Gegenbiegung, die wegen der größeren Schädigung mit Faktor 4 berücksichtigt wird, ist die Beschränkung auf ortsfeste Rollen mit einem Rollenabstand von weniger als 200xSeildurchmesser getroffen. Unterschiedliche Durchmesser der Treibscheibe und der Umlenkrollen werden durch den Faktor K_p berücksichtigt. Mit der äquivalenten Rollenzahl N_{equiv}, dem Treibscheibendurchmesser D_t und dem Seildurchmesser d_r kann der Sicherheitsfaktor S_f berechnet werden. Grundlage sind dabei die Koeffizienten a_i aus [3] für die statistisch abgegrenzte Ablegebiegewechselzahl für ein Seil mit 6 Parallelschlaglitzen, 19 Drähten je Litze und mit Fasereinlage.

Die Berechnung von gleichsinnigen Biegungen gilt für den Lauf eines Seiles über eine Seilrolle mit Halbrundrille ohne Unterschnitt mir einem Rillenverhältnis von 0,53*d. Die Anzahl an gleichsinnigen Biegungen kann mit einer äquivalenten Anzahl von Seilrollen N_{equiv} berechnet werden mit

$$N_{equiv} = N_{equiv(t)} + N_{equiv(p)}$$

Mit: $N_{equiv(p)}$ äquivalente Anzahl von Seilrollen
$N_{equiv(t)}$ äquivalente Anzahl von Treibscheiben

Der Wert für die äquivalente Anzahl an Treibscheiben mit Rund- und Keilrillen mit Unterschnitt und mit Keilrillen kann in Tabelle 2.19 abgelesen werden. Für Rundrillen ohne Unterschnitt ist $N_{equiv(t)}$ gleich 1.

Tabelle 2.19: Äquivalente Anzahl von Treibscheiben $N_{equiv(t)}$ nach DIN EN 81-50 (2015) [5]

Keilrillen	**Keilwinkel** γ	35°	36°	38°	40°	42°	45°	50°
	$N_{equiv(t)}$	18,5	16	12	10	8	6,5	5
Rund- und Keilrillen mit Unterschnitt	**Unterschnittwinkel** β	75°	80°	85°	90°	95°	100°	105°
	$N_{equiv(t)}$	2,5	3,0	3,8	5,0	6,7	10,0	15,2

Für die Berechnung der äquivalenten Anzahl an Seilrollen wird unterschieden gleichsinnige und gegensinnige Biegungen und die dabei beteiligten Seilrollen. Als Gegenbiegung definiert die Norm dabei Biegungen, bei denen die Seilrollen einen Abstand von weniger als 200*d aufweisen und die Biegeebenen um mehr als 120° geschwenkt sind. Die Berechnung erfolgt mit

$$N_{equiv(p)} = \left(N_{ps} + 4 * N_{pr}\right) * K_p$$

Mit: K_p Verhältnis der Durchmesser von Treibscheibe zu Seilrolle
N_{pr} Anzahl der Seilrollen mit Gegenbiegung
N_{ps} Anzahl der Seilrollen mit gleichsinniger Biegung

K_p berechnet sich dabei mit

$$K_p = \left(\frac{D_t}{D_p}\right)^4$$

Mit: D_p mittlerer Durchmesser aller Seilrollen
D_t Durchmesser der Treibscheibe

Die Bestimmung des Mindestsicherheitsfaktors S_f erfolgt mit Hilfe der Kurven in Bild 2.9 unter Berücksichtigung des Verhältnisses des Treibscheibendurchmessers D_t und des Seildurchmessers d_r und dem berechneten Wert für die äquivalente Anzahl an Seilrollen.

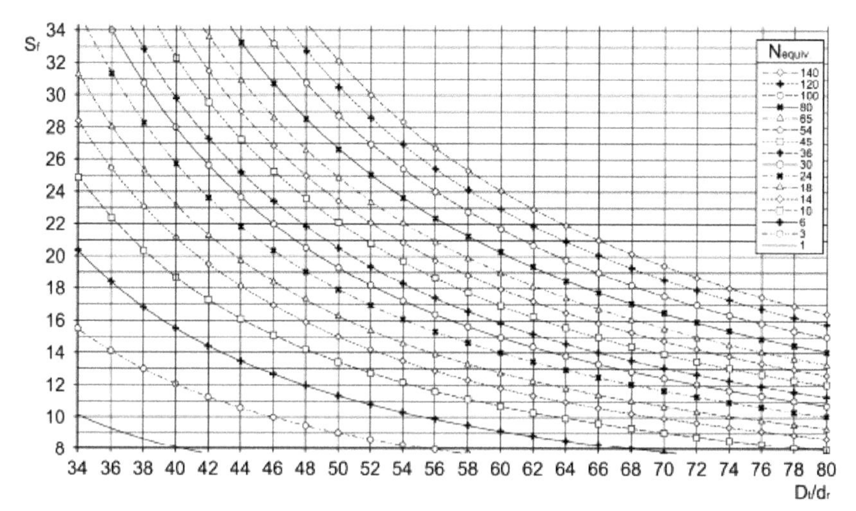

Bild 2.9: Diagramm zur Bestimmung des Mindestsicherheitsfaktors nach DIN EN 81-50 (2015) [5]

Der Mindestsicherheitsfaktor S_f kann auch berechnet werden mit

$$S_f = 10^{\left(2{,}6834 - \frac{\log\left(\frac{695{,}85 * 10^6 * N_{equiv}}{\left(\frac{D_t}{d_r}\right)^{8{,}567}}\right)}{\log\left(77{,}09 * \left(\frac{D_t}{d_r}\right)^{-2{,}894}\right)}\right)}$$

Mit: D_t Durchmesser der Treibscheibe
d_r Seildurchmesser
N_{equiv} äquivalente Anzahl von Seilrollen

2.6 Treibfähigkeit und Seilpressung nach DIN EN 81-50 (2015)

In der DIN EN 81-50 (2015) [5] sind in Kapitel 5.11 bei der Treibfähigkeit grundlegende Anforderungen gestellt. Die Treibfähigkeit muss für folgende Fälle sichergestellt sein

- Normalfahrt,
- Beladen des Fahrkorbes und
- Anhalten bei Nothalt

Es muss jedoch auch sichergestellt sein, dass das Tragmittel rutschen kann für den Fall, dass der Fahrkorb im Schacht blockiert ist oder das Gegengewicht aufsitzt. Die DIN EN 81-50 stellt zudem die Berechnungsgrundlagen für die Berechnung der Treibfähigkeit zur Verfügung.

Für die drei obengenannten Fälle werden mit zwei Gleichungen berücksichtigt:

$\frac{T_1}{T_2} \leq e^f$ für das Beladen des Fahrkorbes und Nothalt

$\frac{T_1}{T_2} \geq e^f$ für den blockierten Fahrkorb oder das blockierte Gegengewicht

Mit: α Umschlingungswinkel der Seile auf der Treibscheibe
f Reibwert
T_1, T_2 Seilkräfte in den Seilabschnitten beiderseits der Treibscheibe in Newton

Der für die Treibfähigkeitsberechnung eingesetzte Reibwert μ wird in Abhängigkeit von der Nenngeschwindigkeit v_N und nicht mehr pauschal mit μ=0,09 wie in früheren Normungsvorhaben angegeben.

Die üblichen Formrillen (Rundrille, Keilrille mit und ohne Unterschnitt, Sitzrille mit Unterschnitt) für den Aufzugbau sind in Bild 2.10 dargestellt. Für jede Form gibt die Norm Berechnungen für die Berechnung des Reibwertes an, auf die hier jedoch nicht näher eingegangen werden soll.

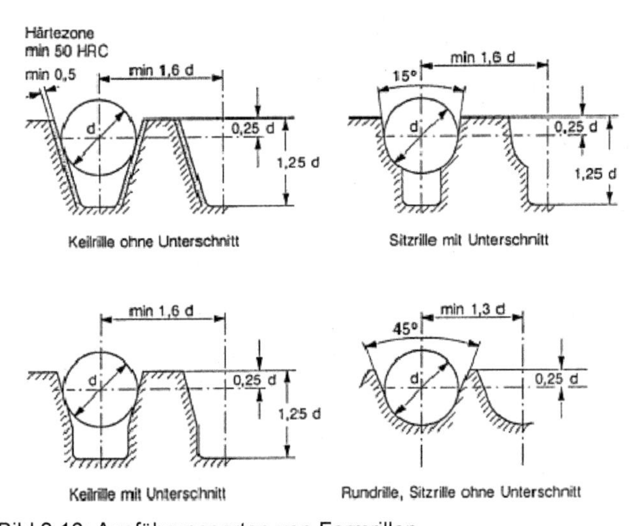

Bild 2.10: Ausführungsarten von Formrillen

Während in der TRA 003 und älteren Versionen der EN 81-1 noch Anforderungen hinsichtlich der Pressung des Seiles in der Rille der Treibscheibscheibe gestellt waren, fehlen diese Anforderungen explizit in der gültigen, internationaler technischen Regel DIN EN 81-50. (2015).

2.7 Seilbahnen – Seilbemessung nach BOSeil und Seilbahnrichtlinie

Bei der Bemessung von Seilbahnseilen sind die Seilsicherheiten und auch die Verhältnisse von Scheibendurchmesser zu Seildurchmesser D/d, d.h. die Biegeverhältnisse und -beanspruchungen als wesentliche Sicherheitsanforderungen zu nennen.

Die nationale technische Verordnung für den Bau und Betrieb von Seilbahnen (BOSeil) [7] gilt auch für die Zeit nach der Überführung von europäischen technischen Regeln in nationales Recht für bestehende Seilbahnanlagen in Deutschland.

In der BOSeil werden Sicherheitsfaktoren für laufende Seile genannt

Zugseile von Zweiseilpendelbahnen $\nu = 4{,}5$,
Zugseile von Umlaufbahnen $\nu = 5$ und
Förderseile $\nu = 5$

Für die Verwendung von zwei Zugseilen ist nach Ausfall eines Seiles eine Sicherheit von $\nu = 3$ zu gewährleisten. Zum Vergleich ist die Sicherheit bei dem Tragseil auf mindestens $\nu = 3{,}5$ festgelegt. Diese Sicherheitsfaktoren in BOSeil sind die Sicherheiten im geraden Zug gegen die rechnerische Bruchkraft.

Zum Zeitpunkt der Drucklegung dieses Buches wird die europäische Seilbahnnorm EN 12927 überarbeitet. Die bisherige Aufteilung der Norm in zehn Teile wird aufgegeben und es wird nach Veröffentlichung der neuen Normausgabe nur noch einen einzelnen Teil geben. Zurzeit sind in der Normenreihe DIN EN 12927 (2005) [8] die Sicherheitsanforderungen an Seile für Seilbahnen für den Personenverkehr in DIN EN 12927-2 (2005) aufgeführt. Ein wesentlicher Unterschied zur BOSeil ist, dass die Seilsicherheitsfaktoren auf die Mindestbruchkraft der Seile oder der tatsächlichen Bruchkraft im Zerreißversuch bezogen werden. Zudem ist bei den Zugseilen der Seilsicherheitsfaktor nach der Anlagenart unterteilt. Für die Sicherheiten der Zugseile bedeutet dies

Zugseile von Standseilbahnen $\nu = 4{,}2$,
Zugseile von Zweiseilpendelbahnen mit Tragseilbremse $\nu = 3{,}8$,
Zugseile von Zweiseilpendelbahnen ohne Tragseilbremse $\nu = 4{,}5$ und
Zugseile von unidirektionale Zweiseilbahnen $\nu = 4{,}5$.

Bei Förderseilen ist der Sicherheitsfaktor auf mindestens $\nu = 4{,}0$ festgelegt worden. Bei den nicht als laufende Seile geltenden Tragseilen wird der Sicherheitsbeiwert auf $\nu = 2{,}7$ (mit Tragseilbremse) und $\nu = 3{,}15$ (ohne Tragseilbremse) festgelegt.

Die BOSeil gibt ein Mindestdurchmesserverhältnis Scheibe zu Seil von D/d=80 an. Empfohlen wird ein Mindestdurchmesserverhältnis D/d=100. In der DIN EN 12927-2 (2005) [8] sind die Mindestdurchmesserverhältnisse D/d=80 für die Zug- und Förderseile festgelegt. Für die Tragseile mit umgelenkten Spanngewichten, bei denen durch Ausgleichsbewegungen Biegebeanspruchungen auftreten, muss das Durchmesserverhältnis mindestens D/d=300 sein. An dieser Stelle sei angefügt, dass die Seilbahnseile nach der DIN EN 12385-8 (2004) [79] und DIN EN 12385-9 (2004) [10] geregelt sind.

2.8 Bemessung eines Seiltriebes nach den technischen Anforderungen an Schacht- und Schrägförderanlagen (TAS)

Das Regelwerk Technische Anforderungen an Schacht- und Schrägförderanlagen (TAS) [11] wird durch die Oberbergämter der Bundesländer gemeinsam herausgegeben. Die Besonderheiten der Seiltriebe von Schachtförderanlagen sind nach Molkow [12]

- die relativ großen Seildurchmesser von d=60 mm bis d=70 mm bei Einseilförderungen,
- die großen, frei hängenden Seillängen mit der Gefahr, dass sich die Seile unter ihrer Gewichtskraft auf- und zudrehen können z.B. für eine 6-litzige Seilkonstruktion unter dem Einfluss der Höhenspannung bis zu 130-mal. Bei größeren Teufen von 2000 m und mehr sind drehungsfreie Seilkonstruktionen, z.B. dreilagige Flachlitzenseile bzw. vollverschlossene Förderseile) zwingend erforderlich,
- das Verhältnis von Seileigengewicht und Nutzlast, das häufig in der gleichen Größe an zu treffen ist,
- die Schwingungen in Seillängsrichtung mit beachtlichen Schwingwegen,
- die sehr starken Kräfte, die wegen der hohen vorgeschriebenen Reibungszahl auf der Treibscheibe über die Außendrähte in das Seil einzuleiten sind. Insbesondere sind hierbei die Beschleunigungs- und Verzögerungsstrecken hoch beansprucht.
- die hohen vorgeschriebenen Reibungszahlen an der Seiloberfläche mit nur begrenzten Schmierfähigkeiten,
- die relativ kleine Biegebeanspruchung durch das empfohlene Durchmesserverhältnis Scheibe zu Seil von D/d=100,
- die zum Teil sehr große Korrosionsbeanspruchung durch aggressive Schachtfeuchtigkeit und
- der begründete Verzicht auf Fangvorrichtungen.

2.9 Festlegungen und Empfehlungen der TAS

In der TAS sind hinsichtlich der Mindestseilsicherheiten festgelegt, dass

bei Seilfahrt (mit Personenbeförderung) $\nu \geq 9{,}5 - 0{,}001\ L$

und bei

Güterbeförderung $\nu \geq 7{,}5 - 0{,}0005\ L$

ist.

Darin ist L vereinfacht der maximale Abstand zwischen Seilscheibe und Förderkorb (Gestell) und entspricht etwa der Teufe (TAS 6.8). Die Nenngeschwindigkeiten sind bei der Seilfahrt bis 10 m/s und bei Güterförderung bis 20 m/s.

Zwischen den Bauteilen der Schachtanlage Turm – Förderseil – Unterseil muss nach den Vorschriften ein Bruchkraftgefälle vorhanden sein, z.B. soll die Bruchkraft der gesamten Unterseile geringer sein als die Bruchkraft der Förderseile.

Die zulässige Drahtnennfestigkeit für Förderseile ist je nach Drahtoberflächenschutz begrenzt (TAS 6.3.1), wobei die Nennfestigkeit blanker und normalverzinkter Runddrähte höchstens 1960 N/mm^2 und die Nennfestigkeit dickverzinkter Runddrähte höchstens 1770 N/mm^2 betragen darf.

Bei Seilscheiben muss der Mindestdurchmesser D = 40 x Seilnenndurchmesser sein (TAS 1.4). Empfohlen wird der Mindestdurchmesser in Abhängigkeit der Fördergeschwindigkeiten mit

- $D = 60 \cdot d$ für $v \leq 4m/s$ und
- $D = 100 \cdot d$ für $v > 4m/s$.

Für Geschwindigkeiten v > 4m/s soll die Pressung auf der gefütterten Treibscheibe p=200 N/cm^2 nicht überschreiten (TAS 1.4.8).

Die Treibfähigkeitsrechnung für die Treibscheibe erfolgt ähnlich wie in den alten Technischen Regeln für Aufzüge (TRA), die von der europäischen technischen Regel DIN EN 81 abgelöst worden ist. Die Reibungszahl nach der TAS ist aber mit $\mu = 0{,}25$ vorgeschrieben. Eine Verstärkung der Treibfähigkeit durch die Rillenform bleibt unberücksichtigt und ist praktisch auch nicht vorgesehen (TAS 3.10.8).

Die mit dieser Reibungszahl μ, dem Umschlingungswinkel und der Eytelweinschen Gleichung errechnete Treibfähigkeit darf bei einer Sicherheitsbremsung nicht überschritten werden (TAS 3.10.5). Der Treibfähigkeitsnachweis ist wegen der zu berücksichtigenden Massenkräfte zu umfangreich, um an dieser Stelle dargestellt werden zu können. Es wird zur Vertiefung auf die einschlägige Literatur verwiesen.

<u>Beispiel für die Bemessung der Seile und Scheiben einer Schachtförderanlage</u>

Die Daten der betrachteten Schachtförderanlage (Bild 2.11) sind

Abstand Seilscheibe – Korb	1245 m
Fahrweg	1210 m
Korbmasse F	9800 kg
Nutzlast Q (Material)	18000 kg
4 Wagen	5160 kg
Oberseilaufhängung	1200 kg
Unterseilaufhängung	400 kg
Rollenführung	1000 kg
Gesamtmasse Korb F+ Zuladung Q	35560 kg
(Gewichtskraft G_{FW1}+N	348,8 kN)
Korbmasse ohne Zuladung	12400 kg
(Gewichtskraft G_{F1}	121,64 kN).

Vorgeschlagen wird eine Ausführung der Schachtförderanlage mit 2 Oberseilen und 1 Unterseil. Die Seilsicherheit für eine Güterförderung mit L = 1245 m muss nach TAS 6.8.1 mindestens sein

$$\nu \geq 7{,}5 - 0{,}005 \cdot \text{Teufe} = 7{,}5 - 0{,}0005 \cdot 1245 = 6{,}88\,,$$

d.h. es muss gelten

$$\frac{\text{Rechnerische Seilbruchkraft}}{\text{Gewichtskraft von (Korb + Zuladung + Seilen)}} \geq 6{,}88\,.$$

Da die benötigte Tragfähigkeit der Seile erheblich vom Seilgewicht abhängt, erhält man den Seildurchmesser durch Probieren. Auf diese Weise findet man hier einen Seildurchmesser von d=56 mm mit einer Drahtnennfestigkeit von R_o=1770 N/mm^2.

Die weiteren Seildaten sind der metallische Querschnitt A_o = 1228,8 mm^2, die rechnerische Bruchkraft F_r = 2175 kN und das Seillängengewicht M =11,15 kg/m.
Das Unterseil, hier gewählt als ein Flachunterseil nach DIN EN 12385-2 und -6, soll ungefähr genauso schwer sein wie die beiden Oberseile zusammen. Damit ergibt sich ein Unterseil der Breite B=210 mm und der Dicke H=36 mm.
Die Konstruktion ist 8 x 4 x 19 x 2,15, doppelt genäht. Das Metergewicht ist m=22,3 kg/m. Dieses Seil muss nur seine Eigengewichtskraft tragen. Das Unterseil muss bei einem Verhaken im Schacht vor den Oberseilen abreißen. Aus diesen Gründen darf die Drahtnennfestigkeit nur R_o=1370 N/mm^2 betragen. Die rechnerische Bruchkraft ist dann F_r=3020 kN.

Die höchste Belastung der Oberseile liegt vor bei der Fahrkorbstellung unten. Für das Seilgewicht G_{S1} sind zu berücksichtigen 2 Oberseile mit einer Länge von l=1245 m und Unterseilen mit einer Länge von l=40 m.

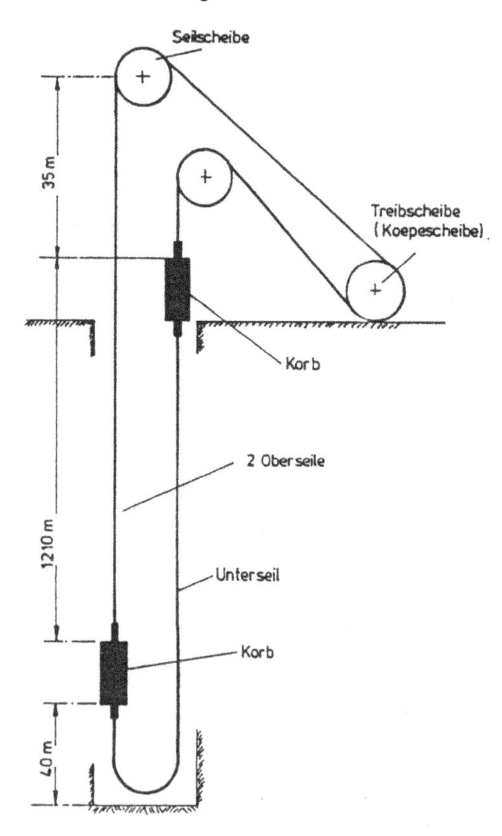

Bild 2.11: Schema einer Schachtförderanlage

Die Seilgewichtskraft ist

$G_{S1} = 1245 \cdot 2 \cdot 11{,}15 \cdot 9{,}81 + 40 \cdot 22{,}3 \cdot 9{,}81 = 281{,}355$ kN.

Die Seilsicherheit ist

$$\nu = \frac{2 \cdot Fr}{G_{FW1} + N + G_{S1}} = 6{,}90 > 6{,}88 .$$

Bei einer Nutzung dieser Förderanlage für Seilfahrten mit Personenbeförderung können wegen der höheren Seilsicherheit nach TAS 6.9.1

$$\nu \geq 9{,}5 - 0{,}001 \cdot 1245 = 8{,}26$$

mit einem Korb-Eigengewicht von 12400 kg und einem mittleren Gewicht eines Fahrgastes von 75 kg

$$n = \left(\frac{2 \cdot Fr}{S} - G_{F1} - G_{S1} \right) \cdot \frac{1}{75.9{,}81} = 168 \text{ Personen}$$

befördert werden.

Der Treibscheibendurchmesser ist mit der Empfehlung der TAS

$$D = 100 \cdot d = 5600\text{mm}.$$

Der Seilscheibendurchmesser wird aber aus wirtschaftlichen Gründen etwas kleiner gewählt zu

$$D_S = 5000 \text{ mm}.$$

Diese Musterberechnung aus [9] kann lediglich einige der Gesichtspunkte wiedergeben, die bei der Auslegung von Schachtförderseilen eine Rolle spielen. Es ist offensichtlich, dass man zur wirklichen Auslegung eines solchen Seiltriebes über genaue Kenndaten von Förderseilen und fundierte Kenntnisse der Schachtfördertechnik sowie der örtlichen Gegebenheiten verfügen muss.

Hätte man im vorliegenden Berechnungsbeispiel nur ein Oberseil verwendet, so wäre ein Seil mit einem Durchmesser d=80 mm und eine Treibscheibe mit einem Durchmesser von D=8000 mm bestimmt worden. Auf der anderen Seite stellen Mehrseilförderanlagen mit 2 bis 10 Oberseilen erhöhte Ansprüche an die Seilkraftüberwachung und die Gleichhaltung der Treibscheibenrillen und ihrer Durchmesser.

Dem Transport und der Montage der Seile ist wegen der zum Teil großen Massen – das Unterseil im Beispiel hätte mit Transporthaspel eine Masse von etwa 31,5 t – besonderes Augenmerk zu schenken.

In der Musterrechnung wurde die Anlage nahezu nach der vorgeschriebenen Mindestseilsicherheit der TAS ausgelegt. Molkow [9] führt aus, dass dies für einen wenig befahrenen Schacht ausreichend ist. Für einen vielbefahrenen Hauptförderschacht würde der erfahrene Konstrukteur eine Seilsicherheit ν von mindestens 7.25 wählen, um rasch aufeinander folgende Seilwechsel zu vermeiden.

Bei dieser Seilberechnungsmethode wird die Zug- und Biegebeanspruchung berücksichtigt. Allerdings werden schwellende Zugkraftanteile nicht in diese Betrachtung einbezogen. Unter der Voraussetzung, dass die Nutzlast, die Fahrkorbmasse und die Seilmasse bei in Deutschland üblichen Teufen etwa gleich sind, tritt bei jedem Zug eine schwellende Zugbelastung in Seilabschnitten über dem Fahrkorb (die Beschleunigungen nicht berücksichtigt) von der doppelten Nutzlast auf.
Diese schwellenden Zugkraftanteile kombiniert mit der Beanspruchung des Seils beim Lauf über die Scheiben schädigt das Seil wesentlich stärker als bei einer Biegebeanspruchung unter einer konstanten Zugkraft. In [9] wird als Beispiel angeführt, dass bei einer Umbaumaßnahme an einer Schachtförderanlage, die durch Leichtbauweise eine Verringerung der Korbmasse um etwa 10% und eine um diesen Betrag erhöhte Nutzlast bewirkte, eine um 40% geringere Zahl von Förderzyklen bereits zur Seilablage führte.

Die Höhe der Seilsicherheitszahl ist bei Schachtförderanlagen wesentlich aus der Praxis durch längere Beobachtung abgeleitet worden. Torsionsbeanspruchung, Krafterhöhungen aus den Beschleunigungsvorgängen, Zusatzbeanspruchungen aus der Reibpaarung etc. werden nicht berücksichtigt. Der zuverlässigen Ablegereifeerkennung der Seile kommt eine wesentliche Bedeutung auch bei Schachtförderanlagen zu. Bei den Schachtförderanlagen ist nach [9] in den 100 m bis 130 m langen Seilstücken, die bei Beschleunigung und Verzögerung der Förderkörbe jeweils über die Treibscheibe laufen mit den meisten Drahtbrüchen zu rechnen. Die Fördergeschwindigkeiten bis 18 m/s und die entsprechenden Beschleunigungen sind hoch. Die bei den Beschleunigungsvorgängen entstehenden Längsschwingungen in den Seilen kombiniert mit der Krafteinleitung an der Treibscheibe tragen stark zur Seilzerstörung bei ohne in der Berechnung berücksichtigt zu sein.

2.10 Zusammenfassung

Die technischen Regeln für die Dimensionierung von Seilen in sicherheitsrelevanten Anwendungsfällen wie Kran, Hebezeug, Aufzug, Seilbahn und Schachtförderanlage sind vorgestellt worden. Dabei wurde jeweils auf die aktuelle gültige nationale oder internationale Normung eingegangen. Nationale und internationale Regeln sind dann gegenübergestellt worden, wenn es angrenzende Geltungsbereiche gibt oder eine vollständige Diskussion und Ratifizierung der internationalen technischen Regeln zum Zeitpunkt der Drucklegung noch nicht abgeschlossen war.

2.11 Literatur

[1] DIN: DIN EN 13001-3-2:2015-10 – Krane – Konstruktion allgemein – Teil 3-2: Grenzzustände und Sicherheitsnachweis von Drahtseilen in Seiltrieben. DIN Deutsches Institut für Normung e.V.. Berlin, 2015.

[2] DIN: DIN 15020:1974 – Teil 1: Hebezeuge; Grundsätze für Seiltriebe, Berechnung und Ausführung. DIN Deutsches Institut für Normung e.V.. Berlin, 1974.

[3] ISO: ISO 16625:2013 – Cranes and hoists – Selection of wire ropes, drums and sheaves. ISO. Genf, 2013.

[4] Feyrer, K.: Wire Ropes:. Auflage. Springer Verlag 2015

[5] DIN: DIN EN 81-50:2015 – Sicherheitsregeln für die Konstruktion und den Einbau von Aufzügen – Prüfungen – Teil 50: Konstruktionsregeln, Berechnungen und Prüfungen von Aufzugskomponenten. DIN Deutsches Institut für Normung e.V.. Berlin, 2015.

[6] Schiffner, G.: Zur Ermittlung des Sicherheitsfaktors von Tragseilen. Vortrag Heilbronner Aufzugtage 1999.

[7] Bayerische Landesregierung: Vorschriften für den Bau und Betrieb von Seilbahnen (BOSeil). Bayerisches Staatsministerium für Wirtschaft, Infrastruktur, Verkehr und Technologie. München, 2004.

[8] DIN: DIN EN 129272:2005 – Sicherheitsanforderungen für Seilbahnen und Schleppaufzüge im Personenverkehr – Seile – Teil 2: Sicherheitsfaktoren. DIN Deutsches Institut für Normung e.V.. Berlin, 2005.

[9] DIN: DIN EN 12385-8: 2004 – Drahtseile aus Stahldraht – Sicherheit – Teil 8: Zug- und Zug-Trag-Litzenseile für Seilbahnen zum Transport von Personen. DIN Deutsches Institut für Normung e.V.. Berlin, 2004.

[10] DIN: DIN EN 12385-9: 2008 – Drahtseile aus Stahldraht – Sicherheit – Teil 9: Verschlossene Tragseile für Seilbahnen zum Transport von Personen. DIN Deutsches Institut für Normung e.V.. Berlin, 2004.

[11] TAS: Technische Anforderungen an Schacht- und Schrägförderanlagen TAS. Ausgabe Dezember 1987, Verlag Bellmann, Dortmund, 1987.

[12] Molkow, M.: Berechnung der Seillebensdauer nach den Regeln der Technik – DIN 15020, ISO 4308, TRA, DIN EN 81 und TAS. In: Laufende Drahtseile, 2.Auflage. Expert-Verlag, Renningen-Malmsheim, 1989.

3 Bemessung laufender Seile nach der Lebensdauer

Stefan Hecht, basierend auf einem Beitrag von Klaus Feyrer aus dem Jahr 2005

Durch die geltenden technischen Regeln ist schon in verdeckter Weise die ertragbare Biegewechselzahl von Seilen festgelegt. Da diese Regeln weitgehend durch Erfahrung geprägt sind, entspricht diese Biegewechselzahl im Normalfall durchaus den Erfordernissen oder, besser gesagt, der aus Erfahrung abgeleiteten Erwartung. Es besteht aber ein Bedürfnis, die Lebensdauer unmittelbar angeben zu können:

- In den Fällen, in denen die Bemessung der Seile nicht behördlich geregelt ist, kann damit der Seiltrieb etwa wie ein Wälzlager nach der erforderlichen Lebensdauer ausgelegt werden – und zwar mit einem frei wählbaren Wertepaar von Seil- und Seilscheibendurchmesser;

- Für den Geltungsbereich von Verordnungen kann damit der Lebensdauerzuwachs bestimmt werden, wenn die Anforderungen der Verordnungen übertroffen werden.

Die Drähte in den Drahtseilen sind bei der Biegung durch schwellende Biege- und Zugspannungen und durch schwellende Pressungen beansprucht. Selbst bei vollständiger Analyse dieser Spannungen und der Kenntnis der Zeitfestigkeit der Drähte könnte aber die ertragbare Biegewechselzahl daraus nicht abgeleitet werden, da die Drähte bei der Biegung durch die Relativbewegung zusätzlich einem Verschleiß ausgesetzt sind. Die ertragbare Biegewechselzahl kann deshalb nur durch Seilbiegeversuche ermittelt werden.

Am Institut für Fördertechnik und Logistik der Universität Stuttgart wurde eine sehr große Zahl von Biegeversuchen durchgeführt mit dem Ziel, die Seillebensdauer und die Anzeichen für die Ablegereife zu ermitteln. Im Rahmen verschiedenster Forschungsprojekte, oftmals gefördert durch die Deutsche Forschungsgemeinschaft DFG wurden am IFT auch Einflussparameter auf die Lebensdauer der Seile von beispielsweise Schrägzug, der Rillenform, oder auch bei Verdrehung des Seils [29] [31] untersucht.

Aus den Versuchsergebnissen ist, gestützt durch theoretische Überlegungen, eine Methode zur Berechnung der Seillebensdauer in Seiltrieben abgeleitet und stetig optimiert worden, deren Entwicklung in [1] ausführlich dargestellt ist. Diese Berechnungsmethode wird im Folgenden – ohne auf ihre Entwicklung einzugehen – in knapper Form beschrieben. Mit dieser Methode ist es möglich, die Seillebensdauer als Spielzahl oder Fahrtenzahl bis zur Seilablegereife oder bis zum Seilbruch bei verschiedenen Beanspruchungsfolgen zu berechnen. Außerdem kann damit die maximal zulässige Seilzugkraft und der in wirtschaftlicher Hinsicht optimale Seildurchmesser ermittelt werden. Untersuchungen durchgeführt und veröffentlicht von Beck und Briem [2] haben beim Vergleich von nach dieser Methode berechneten und real in Seiltrieben von Kranen, Aufzügen, Seilbahnen usw. erreichten Arbeitsspielen eine gute Übereinstimmung festgestellt.

3.1 Beanspruchungselemente und Biegelänge

In den meisten Seiltrieben ist das Seil bei einem Arbeitsspiel (Beanspruchungsfolge) durch verschiedene Beanspruchungselemente, zum Beispiel durch den Lauf über mehrere Seilscheiben, belastet. Die Lebensdauerberechnung beginnt mit der Ermittlung dieser Beanspruchungsfolge während eines Arbeitsspieles für das höchstbeanspruchte Seilstück und die Aufteilung der Beanspruchungsfolge in Beanspruchungselemente (Analyse des Seiltriebes). Die Symbole für die Beanspruchungselemente sind in Tab. 3.1 [3] dargestellt. Gegenüber den Symbolen nach VDI 2358 wird die Zugkraftänderung einbezogen. Außerdem wird eine Basislinie eingefügt, mit der qualitativ die Größe der Zugkraft angezeigt wird.

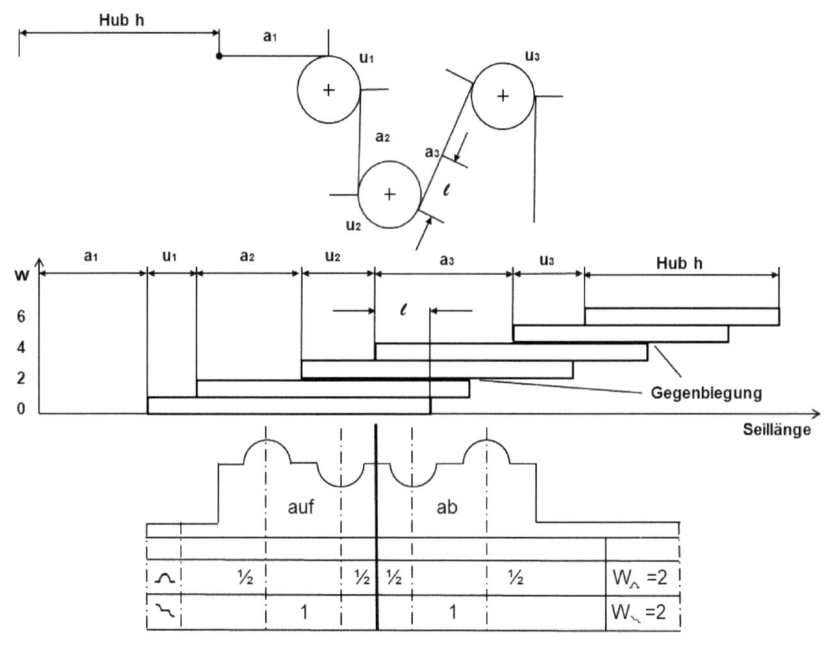

Bild 3.1: Beanspruchungsfolge und Seilbiegelänge l

Die Biegefolge und die Biegelänge des höchst beanspruchten Seilstückes werden am einfachsten mit der Methode bestimmt, die in Bild 3.1 an einem Beispiel dargestellt ist. In einer Endstellung des Seiltriebes wird ausgehend von der Seilbefestigung jeder Auf- und Ablaufpunkt der Seilscheiben abgetragen. Von jedem dieser Punkte wird über die Seillänge in Balkenform der Seilhub bei einem Arbeitsspiel übereinander eingezeichnet. Die Anzahl der Balken über einem Seilstück zeigt dessen Biegewechselzahl bei einem Arbeitsspiel an. Die Gegenbiegungen sind dabei besonders zu kennzeichnen. In Bild 3.1 ist dies durch eine dicke Grenzlinie zwischen den Balken für die beteiligten Biegungen geschehen. Aus Bild 3.1 geht hervor, dass das höchst beanspruchte Seilstück in dem vorliegenden Fall bei der Vorwärts- und Rückwärtsbewegung jeweils nur über zwei Seilscheiben läuft und die Biegelänge l recht kurz ist. Die Biegelänge l stellt die höchstbelastete Seilzone dar.

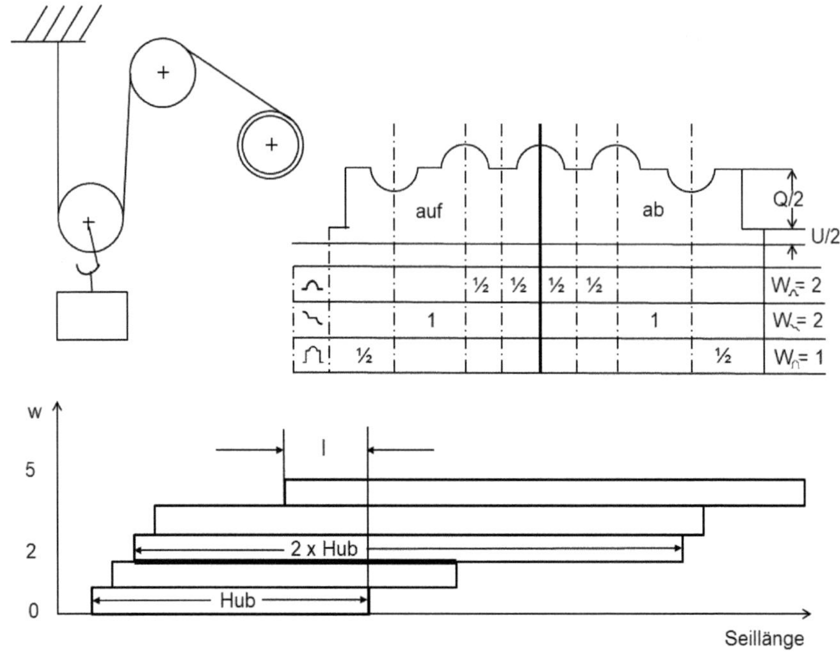

Bild 3.2: Beanspruchungsfolge und Biegelänge eines Kranseiles

In Bild 3.2 ist als Beispiel die Beanspruchungsfolge für ein Kranseil und deren Aufteilung in Beanspruchungselemente dargestellt. Dabei wird das Seil krantypisch zu Beginn der Hubbewegung durch eine Zugkraft belastet und am Ende der Senkbewegung entlastet. Der Seilhub sei in dem Beispiel so groß, dass ein Seilstück über beide Seilscheiben und auf die Trommel läuft.

Für die Beanspruchungselemente C, E, F und G gibt es bisher noch keine Methode zur Bestimmung der Seillebensdauer. Die Zugschwellbeanspruchung ohne Biegung (Element C) kommt in Seiltrieben relativ selten vor. Die Beanspruchungselemente E, F und G werden näherungsweise durch die Elemente A, B und D ersetzt, Tab. 3.1.

Als Ergebnis der Analyse eines Seiltriebes ergibt sich, wie an dem Beispiel in Bild 3.2 zu sehen ist, die Biegelänge l, d.h. die Länge des Seilstückes, das am stärksten belastet ist. Außerdem ergeben sich die Biegezahlen w, mit denen das Seil auf der Biegelänge l beansprucht wird. Sie setzen sich zusammen aus

w Biegezahl mit Einfachbiegung,

w Biegezahl mit Gegenbiegung und

w Biegezahl mit Zugkraftänderung.

Bei den Biegezahlen w können jeweils in Klammern die Seilzugkräfte S oder wie in Bild 3.2 die Lasten Q angegeben werden.

Tabelle 3.1: Beanspruchungselemente von Seilen in Seiltrieben

	Benennung	Symbol	Andere Symbole für dieselbe Beanspruchung	Ersatzbeanspruchung
A	Einfachbiegung			
B	Gegenbiegung			
C	Zugkraftänderung			
D	Kombinierte Zug- und Biegebeanspruchung			
E	Gleichsinnige Biegung mit Zugkraftänderung			
F	Gegenbiegung mit Zugkraftänderung			
G	Biegung und Zugkrafterhöhung			Bei Zugkraftänderung Seilstück auf: a) freie Strecke + b) Seilscheibe ≈

Nachzutragen bleibt noch die Abgrenzung von Einfach- und Gegenbiegung. Gegenbiegung ist grundsätzlich schädlicher für das Seil als Einfachbiegung. Bei geschränkten Achsen der Seilscheiben, die von einem Seil nacheinander überlaufen werden kann je nach Winkelstellung jedoch von Einfachbiegung ausgegangen werden. Wegen fehlender Untersuchungsergebnisse wird die Definition aus DIN 15020-1 übernommen. In Bild 3.3 sind die Winkelstellungen, unter welchen die Gegenbiegung nicht als solche berücksichtigt werden muss, dargestellt.

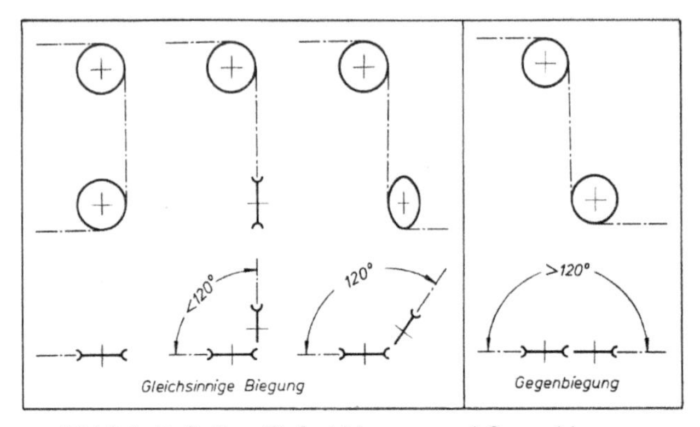

Bild 3.3: Definition Einfachbiegung und Gegenbiegung

3.2 Seilkraftfaktoren

Zur Berechnung der Biegewechselzahlen ist die wirklich auftretende Seilzugkraft S so genau wie möglich einzusetzen. Falls keine genaueren Daten vorliegen, kann die Seilzugkraft – die für die Einfach- und Gegenbiegung gilt – aus der statischen Last Q in kg, der Fallbeschleunigung g, der Anzahl der tragenden Seilstränge n_T und den pauschalen Seilkraftfaktoren f_S errechnet werden zu

$$S = S_{\frown} = S_{\sim} = \frac{Q \cdot g}{n_T} \cdot f_{S1} \cdot f_{S2} \cdot f_{S3} \cdot f_{S4}. \tag{3.1}$$

Die Seilkraftfaktoren f_S sind für einige wichtige Belastungsfälle in Tabelle 3.2 aufgelistet. Die Faktoren zur Berücksichtigung der Seilkraftvergrößerung durch die Lastführung f_{S1}, durch den Seilwirkungsgrad f_{S2} und durch die parallele Anordnung der Seile f_{S3} sind einfach anzuwenden und bedürfen keiner besonderen Erklärung. Mit dem Faktor f_{S4} wird die Vergrößerung der Seilzugkraft durch die Beschleunigung oder Verzögerung berücksichtigt. Im Allgemeinen ist die Beschleunigungsdauer, und damit auch die beanspruchte Biegelänge, recht kurz. Zur Vermeidung von allzu vielen Gliedern bei der nachfolgenden Berechnung der Seillebensdauer nach der Palmgren-Miner-Regel kann in diesen Fällen (etwa bei kleinen Seilgeschwindigkeiten von $v \leq 0{,}8$ m/s) der recht kleine Faktor f_{S4} durch f_{S4w} ersetzt und damit auf alle Biegewechsel umgelegt werden zu

$$f_{S4W} = 1 + \frac{w_g \cdot (f_{S4} - 1)}{w}. \tag{3.2}$$

Wenn die Beschleunigung bei der Aufwärtsbewegung und die Verzögerung bei der Abwärtsbewegung wie üblich meist an derselben Stelle erfolgt, ist $w_g = 2$.

Für die kombinierte Biegung mit Zugkraftänderung ist nach [7] die Seilzugkraft, die von Dudde [8] auch für Gleichschlagseile bestätigt wurde:

$$S_{\sqcap\!\sqcup} = S_{\frown}\cdot\left[1+\frac{\left(1{,}31-0{,}0014\cdot a\cdot\frac{\Delta S d_0^{\,2}}{d^2 S_0}\right)\cdot\left(1{,}1\frac{\Delta S}{d^2}-0{,}1\cdot\frac{S}{d^2}\right)\cdot\frac{d_0^{\,2}}{S_0}\cdot a}{145\,000\frac{\delta}{d}\cdot\frac{d}{D}+600\frac{\delta}{d}+0{,}2\cdot a\cdot\frac{S d_0^{\,2}}{d^2 S_0}}+0{,}5\cdot v_A\right] \qquad (3.3)$$

Darin ist

S	die höhere Seilzugkraft in N	S_0 = 1N
ΔS	die Seilzugkraftdifferenz in N	
d	der Seilnenndurchmesser in mm	d_0 = 1mm.

Die Parameter a und δ/d sind in Tabelle 3.3 aufgelistet. Der gesamte Term in der Klammer wird auch als Seilkraftfaktor f_{s5} bezeichnet.

Tabelle 3.2: Seilkraftfaktoren

Beanspruchung		Seilkraftfaktor
Reibung der Lastführung sofern nicht bei stark außermittiger Seilaufhängung größere Seilkraftfaktoren erforderlich sind		
Rollenführung		f_{S1}=1,05
Gleitführung		f_{S1}=1,10
Seilwirkungsgrad Berechnung von η nach den gängigen Regeln, z.B. Anhang DIN 15020-1		$f_{S2}=1/\eta$
Parallele Seile		
auf getrennten Seilrollen mit Wippe (Ausgleichsrolle)		f_{S3}=1,0
auf getrennten Seilrollen ohne Wippe		f_{S3}=1,1
auf gemeinsamer Seilrolle, zwei Seile, ohne Wippe		f_{S3}=1,15
auf gemeinsamer Seilrolle, mehrere Seile		f_{S3}=1,25[1)]
Beschleunigung Der Anteil der bei dem Anfahren von dem höchstbeanspruchten Seilstück ertragenen Biegewechsel ist mit der um den Faktor f_{S4} erhöhten Seilzugkraft zu berechnen:		
Lastgeschwindigkeit in m/s	$v \le 0{,}3$	f_{S4}=1,05
	$0{,}3 < v \le 0{,}8$	f_{S4}=1,10
	$0{,}8 < v \le 1{,}6$	f_{S4}=1,15
	$v > 1{,}6$	f_{S4}=1,20

1) Janovsky [4], Holeschak [5], Aberkrom [6]

Das letzte Glied in Gleichung 3.3 ($0{,}5\cdot v_A$) ist hinzugefügt für den Fall, dass die Last aus dem Schlaffseil heraus mit der Anfahrgeschwindigkeit v_A in m/s angehoben wird. Der Faktor 0,5 ist abgeleitet aus Ergebnissen von Heptner [9], Roos [10] und Franke [11].

Für $1{,}1\cdot\Delta S/d^2 \le 0{,}1\cdot S/d^2$ ist $S \quad = S \quad$.

Tabelle 3.3: Konstanten für Gleichung (3.3)

Seilkonstruktion		d/δ	$a = \frac{4}{\pi * f}$					
			FC	IWRC		PWRC	EFWRC	ESWRC
6 Litzen	Filler	16	2,55	2,20		1,97	2,38	2,13
	Seale	12,5	2,60	2,24		2,02	2,42	2,17
	Warrington	14	2,60	2,24		2,02	2,42	2,17
	Warrington-Seale	18	2,55	2,20		1,97	2,38	2,13
8 Litzen	Filler	20	2,86	2,17		1,95	2,52	2,10
	Seale	15	2,93	2,22		2,00	2,57	2,15
	Warrington	17	2,93	2,22		2,00	2,57	2,15
	Warrington-Seale	22	2,86	2,17		1,97	2,52	2,10
Spiral-	drehungsarm	15			2,31			
Rund-	drehungsfrei	21			2,33			
litzenseil								

Fasereinlage	FC	Stahlseileinlage parallel	PWRC
Stahlseileinlage	IWRC	Stahlseileinlage umspritzt	ESWRC*)
		Stahlseileinlage umwickelt	EFWRC*)

*) zusätzliche Unterscheidung der Normbezeichnung EPIWRC

3.3 Biegewechselzahl

Die Biegewechselzahl ist bei Einfachbiegung mit konstanter Seilzugkraft S oder mit Zugkraftänderung nach Kapitel 3.2 zu ermitteln aus

$$\lg N = b_0 + \left(b_1 + b_3 \cdot \lg\left(\frac{D}{d}\right)\right) \cdot \left(\lg\left(\frac{S \cdot d_0^{\,2}}{d^2 \cdot S_0}\right) - 0{,}4 \cdot \lg\left(\frac{R_0}{1770}\right)\right) + b_2 \cdot \lg\left(\frac{D}{d}\right). \qquad (3.4)$$
$$+ \lg(f_d) + \lg(f_L) + \lg(f_E)$$

Dabei ist für die Biegewechselzahl $N_{\frown}$ die Seilzugkraft $S_{\frown}$ und für die Biegewechselzahl $N_{\sqcap}$ die Seilzugkraft $S_{\sqcap}$ einzusetzen. Mit den zu der Gleichung (3.3) schon bezeichneten Größen ist

R_o die Drahtnennfestigkeit in N/mm².

Die Konstanten b_i zur Berechnung der Biegewechselzahl N sind in Tabelle 3.4 und die ergänzenden Faktoren zur Seilkonstruktion f_d, f_L und f_E in Tabelle 3.5 zusammengefasst. Sie gelten für die aufgeführten Seilkonstruktionen bei

- Einfachbiegung
- Rundrillen aus Stahl,
- Rillenradius r = 0,53 d,
- ohne Schrägzug,

– großzügige Schmierung mit zähem Öl oder Vaseline,
– in trockenen Räumen

und den durch die Seilzugkraft mit Gleichung (3.1) berücksichtigten Bedingungen.

Tabelle 3.4: Konstanten b_i zur Berechnung der Biegewechselzahl nach Gleichung (3.4)

zZ	Gleichschlag	FC	Fasereinlage
sZ	Kreuzschlag	IWRC	Stahlseileinlage

a) *Bruchbiegewechselzahl N*								
Seilklasse		b_0 für $\bar{N}$		b_0 für N_{10}		b_1	b_2	b_3
		sZ	zZ	sZ	zZ			
Standard 6 x 19	FC	-0,809	-	-1,338	-	0,875	6,480	-1,850
		-	-0,658	-	-1,132	0,562	6,430	-1,628
Seale 8 × 19	FC	-1,949	-1,726	-2,279	-2,056	1,280	8,562	-2,625
Filler 8 × (19 + 6)		-1,728	-1,505	-2,058	-1,835			
Warr. 8 × 19		-1,728	-1,505	-2,058	-1,835			
Warr.-Seale 8 × 36		0,809	0,917	0,479	0,587	0,096	7,078	-1,920
Seale 8 × 19	IWRC	-1,772	-1,712	-2,131	-2,071	1,290	8,149	-2,440
Filler 8 × (19 + 6)		-1,684	-1,624	-2,043	-1,983			
arr. 8 × 19		-1,684	-1,624	-2,043	-1,983			
Warr.-Seale 8 × 36		1,278	1,332	0,919	0,973	0,029	6,241	-1,613
Spiralrundlitzenseil	18 × 7	-2,541		-2,837		1,566	9,084	-2,811
	34 × 7	-1,063		-1,574		1,351	7,652	-2,485
b) *Ablegebiegewechselzahl N_A*								
Seilklasse		b_0 für $\bar{N}_A$		b_0 für N_{10}		b_1	b_2	b_3
		sZ	zZ	sZ	zZ			
Seale 8 × 19	FC	-2,660	-2,437	-3,040	-2,817	1,887	8,567	-2,894
Filler 8 × (19 + 6)		-2,525	-2,302	-2,905	-2,682			
Warr. 8 × 19		-2,525	-2,302	-2,905	-2,682			
Warr.-Seale 8 × 36		-1,351	-1,243	-1,731	-1,623	1,322	8,070	-2,649
Seale 8 × 19	IWRC	-2,197	-2,137	-2,647	-2,587	1,588	8,056	-2,577
Filler 8 × (19 + 6)		-2,064	-2,004	-2,514	2,454			
Warr. 8 × 19		-2,064	-2,004	-2,514	-2,454			
Warr.-Seale 8 × 36		0,584	0,638	0,134	0,188	0,377	6,232	-1,750
Spiralrundlitzenseil	18 × 7	-2,821		-3,215		1,834	8,991	-2,948
	34 × 7	-1,432		-1,792		1,619	7,559	-2,622

Achtung: Für Gleichschlagseile und Spiral-Rundlitzenseile gelten die Ablegebiegewechselzahlen nur wenn die Seile magnetisch überwacht werden oder wenn für das betreffende Seil durch Versuche nachgewiesen ist, dass es seine Ablegereife durch äußerlich sichtbare Drahtbrüche anzeigt.

Tabelle 3.5: Biegewechselfaktoren f_d, f_L und f_E

Seildurchmesser			
	$f_d = \frac{b+1}{b+(d/d_E)^a} = \frac{0,52}{-0,48+(d/16)^{0,3}}$		
Seilbiegelänge			
	$f_L = \frac{b+1}{b+z^a} = \frac{1,49}{2,49-\left(\frac{l/d-2,5}{57,5}\right)^{-0,14}}$		
Seileinlage und Litzenzahl			
Litzenzahl		8 Litzen	6 Litzen
Fasereinlage, Wolf	FC	$f_E = 1,0$	$f_E = 0,94$
Stahleinlage, unabhängig	IWRC	$f_E = 1,0$	$f_E = 0,81$
Stahleinlage, parallel	PWRC	$f_E = 1,86$	$f_E = 1,51$
Stahleinlage, kunststoffumspritzt	ESWRC	$f_E = 2,05$	$f_E = 1,66$
Stahleinlage, faserumwickelt	EFWRC	$f_E = 1,06$	$f_E = 0,86$

Die Biegewechselzahl kann je nach der Wahl der Konstanten aus Tabelle 3.4 berechnet werden als

- die mittlere Bruchbiegewechselzahl $\overline{N}$,
- die Biegewechselzahl N_{10}, bei der mit einer Sicherheit von 95% höchstens 10% der Seile gebrochen sind,
- die mittlere Ablegebiegewechselzahl $\overline{N}_A$ und
- die Grenzbiegewechselzahl N_{A10}, bei der mit einer Sicherheit von 95% höchstens 10% der Seile ablegereif sind.

Für die praktische Anwendung und eine hohe Sicherheit im Betrieb ist die Lebensdauer wie üblicherweise im Bereich der Wälzlager durch die Grenzbiegewechselzahl N_{A10} zu beurteilen, bei der mit 95%iger Sicherheit höchstens 10% der Seile ablegereif sind. Abhängig von der Anwendung und die vorliegende Überwachung, sowie festgelegte Inspektionsintervallen, kann auch die Anwendung von $\overline{N}_A$ sinnvoll sein. $\overline{N}_A$ beschreibt die Lebensdauer, bei welcher mit 95%iger Sicherheit höchstens die Hälfte der Seile ablegereif ist. Die Biegewechselzahl bis zum Bruch ist nur für Seile bestimmend, deren Bruch keinen gefährlichen Zustand bewirkt, z.B. für Baggerseile oder für Markisenseile.

3.4 Korrektur der Biegewechselzahl

Die Biegewechselzahlen, die mit Hilfe der Gleichung (3.4) errechnet werden, gelten nur für die dort angeführten Bedingungen. Die Biegewechselzahl N_{Korr} für davon abweichende Bedingungen ergibt sich aus dem Produkt der Biegewechselzahl N aus Gleichung (3.4) und den Biegewechselfaktoren f_{Ni}

$$N_{korr} = N \cdot f_{N1} \cdot f_{N2} \cdot f_{N3} \cdot f_{N4} \qquad (3.5)$$

Die Biegewechselfaktoren f_{Ni} sind in Tabelle 3.5 aufgelistet. Sie dienen zur Korrektur der Biegewechselzahl unter dem Einfluss der Seilschmierung, des auftretenden Schrägzugwinkels, der Scheibenrillenform und der vorliegenden Seilverdrehung.

Der Biegewechselfaktor f_{N2} zur Berücksichtigung der seitlichen Ablenkung des Seiles von der Seilscheibe auf die Seillebensdauer bis zum Seilbruch ist durch die umfangreiche Untersuchung von Schönherr [29] ermittelt worden. Die Faktoren f_{N2} sind nur beim Lauf über Rundrillen gültig.

Die Faktoren f_{N3} für unterschnittene Sitzrillen und Keilrillen gelten für Warringtonseile 8x19W – FC sZ für Aufzugstreibscheiben $D/d \geq 40$ unter der Annahme einer ständigen Beladung des Fahrkorbes von $0{,}5 \cdot Q$ (50% der Nutzlast). Die Zugschwellbeanspruchung des Seiles durch den Aufzugbetrieb ist mit diesen Faktoren f_{N3} berücksichtigt. Ebenso ist damit bei Treibscheiben mit Keilrillen oder mit unterschnittenen Sitzrillen berücksichtigt, dass das Seil nach der Treibscheibe über eine Seilscheibe mit Rundrillen läuft und dabei entgegengesetzt ovalisiert wird. Falls das Seil nur über eine Treibscheibe und nicht anschließend über eine Seilscheibe läuft, so beträgt für die ausführlich untersuchten Keilrillen mit dem Keilwinkel $\gamma=35°$ der Faktor $f_{N3}=0{,}074$ als Mittelwert aus vielen Versuchen unter Beanspruchungen, die etwas größer als die im Aufzugsbau vorliegenden Beanspruchungen sind. Bei der Verwendung von Seiltrommeln mit mehrlagiger Wicklung, beispielsweise bei Mobilkranen, ist die Biegewechselzahl mit dem Faktor f_{N3} entsprechend Tabelle 3.6 zu korrigieren.

Der Biegewechselfaktor f_{N4} beschreibt den Einfluss von Verdrehung auf die Lebensdauer von Parallelschlagseilen mit Faser- und Stahleinlage und Spiral-Rundlitzenseilen, basierend auf Untersuchungen von Weber [31].

Die Biegewechselfaktoren fN sind bei Einfachbiegeversuchen ermittelt worden und sind daher für die Anwendung mit Gegenbiegewechselzahlen und Biegewechselzahlen mit Zugkraftänderung nur bedingt gültig. Die Biegewechselfaktoren sind aufgrund dessen bei Verwendung mit Gegenbiegung oder Zugkraftänderung auf die der Korrektur zugrunde gelegten Einfachbiegewechselzahlen anzuwenden und nicht auf die bereits korrigierten Biegewechselzahlen.

Tabelle 3.6: Biegewechselfaktoren f_{Ni}

Seilschmierung Seil gut geschmiert Seil ohne Schmierung, Müller [134]			$f_{N1} = 1,0$ $f_{N1} = 0,2$
Schrägzug, Schönherr [166]	$f_{N2} = 1 - \left(0,00863 + 0,00243 \cdot \frac{D}{d}\right) \cdot \vartheta - 0,00103 \cdot \vartheta^2$ seitlicher Ablenkwinkel ϑ in °		
Stahlrundrillen [112, 168, 176, 201]	Rillenradius	r/d = 0,53	$f_{N3} = 1,00$
		r/d = 0,55	$f_{N3} = 0,79$
		r/d = 0,60	$f_{N3} = 0,66$
		r/d = 0,70	$f_{N3} = 0,54$
		r/d = 0,80	$f_{N3} = 0,51$
		r/d = 1,00	$f_{N3} = 0,48$
Kunststoffrundrillen [112, 168, 176, 201]	$f_{N3} = 8.37 \cdot N_{st}^{-0.124}$ oder $f_{N3} \approx 0.75 + 0.36 \cdot \frac{S/d^2}{D/d} - 0.023 \cdot \left(\frac{S/d^2}{D/d}\right)^2$		
Unterschnittene Sitzrillen, Holeschak [105]	Unterschnittwinkel	α = 75°	$f_{N3} = 0,40$
		α = 80°	$f_{N3} = 0,33$
		α = 85°	$f_{N3} = 0,26$
		α = 90°	$f_{N3} = 0,20$
		α = 95°	$f_{N3} = 0,15$
		α = 100°	$f_{N3} = 0,10$
		α = 105°	$f_{N3} = 0,066$
Keilrillen, Holeschak [105]	Keilrillenwinkel	γ= 35°	$f_{N3} = 0,054$
		γ = 36°	$f_{N3} = 0,066$
		γ = 38°	$f_{N3} = 0,095$
		γ = 40°	$f_{N3} = 0,14$
		γ = 42°	$f_{N3} = 0,18$
		γ = 45°	$f_{N3} = 0,25$
Mehrlagenbewicklung einer Trommel, Näherung aus [22, 191, 192]	$f_{N3} = 0,005 + 0,00085 \cdot \frac{S}{d^2}$		
Verdrehte Seile, Weber [187] Biegewechselfaktor	$f_{N4} = 10^{(a_1 \cdot \omega + a_2 \cdot \omega^2)}$		mit ω in °/100d
	a1	a2	Geltungsbereich
Parallelschlagseile, FC	$9,2 \cdot 10^{-6}$	$-5,6 \cdot 10^{-8}$	±1080°/100d
Parallelschlagseile, WRC	$-1,4 \cdot 10^{-5}$	$-2,5 \cdot 10^{-7}$	±1080°/100d
Spiral-Rundlitzenseile	$-3,8 \cdot 10^{-4}$	$-1,7 \cdot 10^{-5}$	±180°/100d

3.5 Gegenbiegung

Die Gegenbiegewechselzahl kann aus der korrigierten Einfachbiegewechselzahl berechnet werden [20]. Die Biegewechselzahl bis zum Bruch ist

$$\bar{N}_{\sim korr} = 9{,}026\,\bar{N}^{0{,}618}_{\frown korr}\left(\frac{D}{d}\right)^{0{,}424}$$

$$N_{10\sim korr} = 6{,}68\,N^{0{,}618}_{10\frown korr}\left(\frac{D}{d}\right)^{0{,}424} \tag{3.6}$$

und bis zur Seilablegereife

$$\bar{N}_{A\sim korr} = 3{,}635\,\bar{N}_{A\frown korr}^{0{,}671}\left(\frac{D}{d}\right)^{0{,}499}$$

$$N_{A10\sim korr} = 2{,}67\,N^{0{,}671}_{A10\frown korr}\left(\frac{D}{d}\right)^{0{,}499}. \tag{3.7}$$

Falls die Durchmesser D_1 und D_2 der beiden beteiligten Scheiben verschieden groß sind, ist der mittlere Scheibendurchmesser

$$D_m = \frac{2 \cdot D_1 \cdot D_2}{D_1 + D_2} \tag{3.8}$$

einzusetzen. Entsprechend kann bei unterschiedlicher Rillengeometrie der beiden Scheiben ein mittlerer Rillenfaktor f_{N3m} gebildet werden.

$$f_{N3m} = \frac{2 \cdot f_{N3.1} \cdot f_{N3.2}}{f_{N3.1} + f_{N3.2}} \tag{3.9}$$

Wenn der Abstand zwischen den beiden Scheiben groß ist, kann sich das Seil in sich so verdrehen, dass es der Gegenbiegung entgeht. In diesem Fall kann Einfachbiegung angenommen werden.

3.6 Palmgren-Miner-Regel

Wenn ein Seilstück im Verlauf eines Arbeitsspiels über Seilscheiben mit verschieden großen Durchmessern läuft, werden für die einzelnen Beanspruchungselemente verschiedene Biegewechselzahlen errechnet. Mit Hilfe der Palmgren-Miner-Regel ist es möglich, daraus die ertragbaren Arbeitsspiele zu errechnen. Mit w_i für die Zahl der durch i gekennzeichneten Beanspruchungselemente (während eines Arbeitsspiels) und N_i für die durch i gekennzeichnete Biegewechselzahl ist die Zahl der ertragbaren Arbeitsspiele

$$Z = \frac{f_Z}{\sum_{i=1}^{m} \frac{w_i}{N_i}} \tag{3.10}$$

In Gleichung (3.10) ist zur Berücksichtigung des häufig vorkommenden vorzeitigen Ablegens der Seile der Faktor f_z hinzugefügt. Dieser Faktor kann – soweit nicht besser bekannt – gesetzt werden zu $f_z = 0{,}8$.

In den meisten Fällen wird das Seil bei den einzelnen Beanspruchungsfolgen in dem Seiltrieb nicht durch dieselbe Seilzugkraft, sondern durch ein Kollektiv von Seilzugkräften belastet. Bei Berücksichtigung dieses Zugkraftkollektivs ist die zu erwartende Zahl der Beanspruchungsfolgen

$$Z = \frac{f_Z}{\sum_{j=1}^{k} a_j \sum_{i=1}^{m} \frac{w_i}{N_{ij}}} \quad . \qquad (3.11)$$

Dabei ist a_j der Anteil der Beanspruchungsfolgen, bei der die Seilzugkraft S_j auftritt. N_{ij} ist die Biegewechselzahl, die mit dem Beanspruchungselement i unter der Seilzugkraft S_j erreicht wird. Dragone [23] und Rossetti [24] haben gefunden, dass die Palmgren-Miner-Regel für Drahtseile in Seiltrieben recht gut gilt. Diese Feststellung wurde durch Versuche an verschiedenen Instituten bestätigt, von denen Ciuffi [25] berichtet.

3.7 Grenzen

3.7.1 Donandtkraft

Die dargestellte Methode zur Berechnung der Seillebensdauer gilt nur unterhalb der Donandtkraft, bei der die Fließspannung der Drähte erreicht wird. Die durchmesserbezogene Donandtkraft für die Einfachbiegung ist nach [1]

$$\frac{S_{D\frown}}{d^2} = \frac{F_e}{d^2}\left(q_0 + q_1 \frac{d}{D}\right) \qquad (3.12)$$

und für die Gegenbiegung nach [20]

$$\frac{S_{D\backsim}}{d^2} = \frac{F_e}{d^2}\left(q_0 - 0{,}035 + (q_1 - 0{,}25)\cdot \frac{d}{D}\right) \qquad (3.13)$$

Darin ist F_e die sonst wenig verwendete ermittelte Bruchkraft. Wenn statt dieser meist unbekannten Bruchkraft die rechnerische Seilbruchkraft F_r eingesetzt wird, liegt die mit Gleichung (3.12) und (3.13) ermittelte Donandtkraft auf der sicheren Seite. Darüber hinaus ist für den praktischen Einsatz die sichere Donandtkraft S_{D1} zu wählen, die höchstens von 1 % der Seile unterschritten wird.

Die Konstanten q_i für die mittlere Donandtkraft $\overline{S}_D$ und für die Donandtkraft S_{D1}, die mit 95 % Sicherheit höchstens von 1 % der Seile unterschritten wird, sind in Tabelle 3.7 aufgelistet.

Tabelle 3.7: Konstanten q_i zur Berechnung der Donandtkraft S_D nach Gleichung (3.12) und (3.13)

Seil		q_0 für $\bar{S}_D$ mittlere Donandtkraft		q_0 für S_{D1} Donandtkraft, die mit 95% Sicherheit höchstens von 1% de Seile unterschritten wird		q_1
		sZ	zZ	sZ	zZ	
FC	6×19	0,787	0,824	0,619	0,656	-4,10
	8×19	0,796	0,826	0,624	0,654	-4,20
	6×36	0,781	0,798	0,608	0,625	-4,20
	8×36	0,782	0,782	0,605	0,605	-4.30
WRC	6×19	0,809	0,849	0,653	0,693	-3,77
	8×19	0,852	0,886	0,686	0,719	-4,02
	6×36	0,802	0,821	0,642	0,661	-3,86
	8×36	0,835	0,835	0,664	0,664	-4,12
WSC	18×7	0,693		0,492		-3,02
	34×7	0,715		0,537		-3,34

3.7.2 Grenzkraft

Die Grenzkraft S_G ist die Seilzugkraft, bei der die für die Ablegereife bestimmenden Zahl der sichtbaren Drahtbrüche mit hinreichender Sicherheit zu erwarten ist. Die Grenzzugkraft ist nach [26] für die Mindest-Ablegedrahtbruchzahl B_{A30min} bei der Einfachbiegung

$$S_G = \frac{d_2 \cdot S_0}{d_0^2} \cdot \sqrt{\frac{-B_{A30min} + g_0 - g_2 \left(\frac{d}{D}\right)^2}{g_1 + g_3 \left(\frac{d}{D}\right)^2}} \quad . \qquad (3.14)$$

Die Grenzzugkraft S_G/d^2 ist für Seile, die durch Gegenbiegung beansprucht sind, nach [27] um $\Delta S_G/d^2 = 50\ N/mm^2$ kleiner als nach Gleichung (3.14) berechnet.

In Gleichung (3.14) ist zu dem Bekannten

B_{A30min}	die Mindest-Ablegedrahtbruchzahl auf einer Bezugslänge L = 30 d und
D	der Scheibendurchmesser.

Die Konstanten g_i sind in Tabelle 3.8 aufgelistet. Für die Mindest-Ablegedrahtbruchzahl wird empfohlen für

- Seilzüge (ohne schwebende Lasten) $B_{A30min} \geq 2$
- Hebezeuge $B_{A30min} \geq 8$
- Hebezeuge mit möglichen Lastbewegungen über Personen $B_{A30min} \geq 15$.

Tabelle 3.8: Konstanten g_i zur Berechnung der Grenzkraft S_G nach Gleichung (3.14)

Seile			g_0	g_1	g_2	g_3
Filler, Warr. und Seale	FC+ 8 X 19	Kreuzschl. Gleichschl.	18	0,000174	1550	0,0260
	WC+ 8 X 19	Kreuzschl. Gleichschl.	33,3	0,000184	1830	0,0447
Warr.-Seale	FC+ 8 X 36	Kreuzschl. Gleichschl.	29	0,000271	2400	0,0403
	WC+ 8 X 36	Kreuzschl. Gleichschl.	44,5	0,000222	2200	0,0536
Spiral-Rund-	drehungsarm		14	0,00016	–350	0,035
litzenseil	drehungsfrei		20	0,00023	–500	0,050

Für 6-litzige Seile sind die Konstanten g_i mit 0,75 zu multiplizieren.

Wenn die zulässige Seilzugkraft durch Technische Regeln bestimmt ist, ist es selbstverständlich nicht sinnvoll, die Grenzkraft S_G zu berechnen. In Technischen Regeln werden gegebenenfalls zusätzliche Anforderungen gestellt, z.B. redundant tragende Seile oder magnetische Seilprüfung.

3.7.3 Optimaler Seildurchmesser

Der optimale Seildurchmesser d_{opt} ergibt sich nach [28] durch Ableitung der Gleichung (3.4) nach dem Seildurchmesser d zu

$$d_{opt} = c_0 \cdot \sqrt{d_0 \cdot D \cdot \sqrt{\frac{S}{S_0}}} \quad . \tag{3.15}$$

Darin ist wie schon zuvor d_o = 1 mm und S_0 = 1 N. Mit den in Tabelle 3.8 aufgeführten Konstanten c_0 wird der optimale Seildurchmesser bei der Einfachbiegung mit $S = S_{\frown}$ berechnet. Der optimale Seildurchmesser ist bei Gegenbiegung je nach Seilkonstruktion um 14 % bis 22 % kleiner und bei Biegung mit Zugkraftänderung und üblichen Belastungen bis um etwa 20 % größer.

Aus wirtschaftlichen Gründen sollte der Seildurchmesser kleiner sein als der optimale Seildurchmesser. Je nach dem, ob in dem Seiltrieb Gegenbiegungen oder Zugkraftänderungen auftreten, sollte der Seildurchmesser 10 % bis 30 % kleiner sein als der optimale Seildurchmesser nach Gleichung (3.15) mit Tabelle 3.9. Da das Optimum relativ flach verläuft, tritt dadurch kein großer Lebensdauerverlust auf.

Tabelle 3.9: Konstanten $c_{0,ein}$ und $c_{0,geg}$ zur Berechnung des optimalen Seildurchmessers d_{opt} nach Gleichung (3.15)

a) Seilbruch

Beanspruchung	Drahtseil		Konstante c_0 für Nennfestigkeit R_0 in N/mm²			
			1570	1770	1960	2160
$c_{0,ein}$ Einfachbiegung oder Biegung mit Zugkraftänderung	F,W u S	FC	0,0769	0,0760	0,0752	0,0745
	WS	FC	0,0947	0,0936	0,0927	0,0918
	F,W u S	WRC	0,0694	0,0686	0,0679	0,0672
	WS	WRC	0,0854	0,0843	0,0835	0,0827
	Spiral-Rundlitzenseil	18×7	0,0729	0,0720	0,0713	0,0706
		34×7	0,0795	0,0785	0,0777	0,0770
$c_{0,geg}$ Gegenbiegung	F,W u S	FC	0,0662	0,0654	0,0647	0,0641
	WS	FC	0,0771	0,0762	0,0754	0,0747
	F,W u S	WRC	0,0590	0,0583	0,0577	0.0572
	WS	WRC	0,0668	0,0660	0,0654	0,0647
	Spiral-Rundlitzenseil	18×7	0,0633	0,0626	0,0620	0,0614
		34×7	0,0678	0,0670	0,0663	0,0657

b) Seilablegereife

Beanspruchung	Drahtseil		Konstante c_0 für Nennfestigkeit R_0 in N/mm²			
			1570	1770	1960	2160
$c_{0,ein}$ Einfachbiegung oder Biegung mit Zugkraftänderung	F,W u S	FC	0,0767	0,0758	0,0750	0,0743
	WS	FC	0,0860	0,0850	0,0841	0,0833
	F,W u S	WRC	0,0715	0,0707	0,0700	0,0693
	WS	WRC	0,0826	0,0817	0,0808	0,0800
	Spiral-Rundlitzenseil	18×7	0,0756	0,0747	0,0739	0,0732
		34×7	0,0824	0,0814	0,0805	0,0798
$c_{0,geg}$ Gegenbiegung	F,W u S	FC	0,0661	0,0654	0,0647	0,0641
	WS	FC	0,0732	0,0723	0,0716	0,0709
	F,W u S	WRC	0,0606	0,0599	0,0592	0,0587
	WS	WRC	0,0647	0,0639	0,0633	0,0627
	Spiral-Rundlitzenseil	18×7	0,0653	0,0646	0,0639	0,0633
		34×7	0,0699	0,0691	0,0684	0,0678

3.8 Ablauf zur Berechnung der Seillebensdauer

Mit der vorgestellten Methode kann die Spielzahl oder die Fahrtenzahl berechnet werden, die ein Seil in einem Seiltrieb voraussichtlich ertragen wird. Um die Anwendung dieser Berechnungsmethode zu erleichtern, ist in Bild 3.4 der Ablauf der Berechnung übersichtlich zusammengestellt. Die Grenzen für die Seilzugkraft sind einfach mit Hilfe der Gleichungen (3.12), (3.13), (3.14) und (3.15) zu ermitteln.

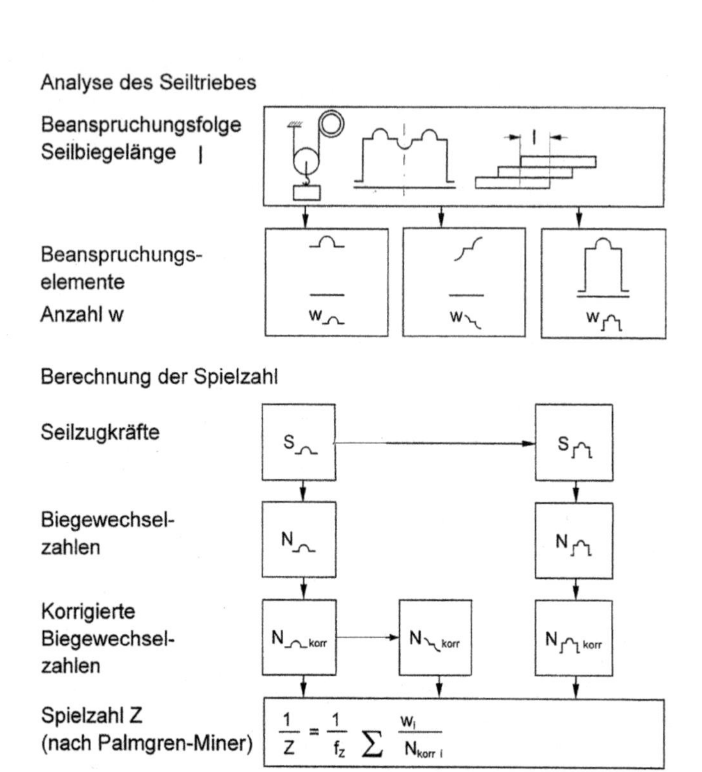

Bild 3.4: Ablaufplan zur Berechnung der Spielzahl

3.9 Beispiele

3.9.1 Wohnhausaufzug

Für einen Wohnhausaufzug, der mit seinen Daten in Bild 3.5 dargestellt ist, soll die Fahrtenzahl Z_{A10} bis zur Ablegereife der Seilgarnituren bestimmt werden. Es ist mit einer ständigen Fahrkorbbelastung mit $0{,}75 \cdot Q$ zu rechnen, für die der später einzusetzende Faktor f_{N3} sowohl den Einfluss der Formrille als eben auch der Zugschwellbelastung berücksichtigt.
Damit ergibt sich je nach Aufzugsart die in Bild 3.5 ebenfalls dargestellte Seilbeanspruchungsfolge. Mit den Seilkraftfaktoren nach Tabelle 3.2

$f_{S1} = 1{,}1$ für die Gleitführungen von Fahrkorb und Gegengewicht
$f_{S2} = 1{,}0$ für den Seilwirkungsgrad (die Zugkraft des auflaufenden Seiles wird in keinem Fall durch den Seilwirkungsgrad erhöht)
$f_{S3} = 1{,}25$ für ungleiche Belastung der parallelen Seile
$f_{S4} = 1{,}15$ für die Beschleunigung (für beide Scheiben, da Beschleunigungsweg groß)

ist die Seilzugkraft in dem höchst belasteten Seil auf der Treibscheibe

$$S_T = \frac{(F + 0{,}75\,Q) \cdot g}{n_T} \cdot f_{S1} \cdot f_{S3} \cdot f_{S4}$$

d.h. in Zahlen

$$S_T = \frac{1600 \cdot 9{,}81}{6} \cdot 1{,}1 \cdot 1{,}25 \cdot 1{,}15 = 2616 \cdot 1{,}581 = 4140\ \text{N}$$

oder

$$\frac{S_T}{d^2} = 41{,}4 \frac{\text{N}}{\text{mm}^2}$$

und auf der Ablenkscheibe

$$S_R = \frac{(F + 0{,}5\,Q) \cdot g}{n_T} \cdot f_{S1} \cdot f_{S3} \cdot f_{S4}$$

d.h. in Zahlen

$$S_R = \frac{1400 \cdot 9{,}81}{6} \cdot 1{,}1 \cdot 1{,}25 \cdot 1{,}15 = 2289 \cdot 1{,}581 = 3619\ \text{N}$$

oder

$$\frac{S_R}{d^2} = 36{,}2 \frac{\text{N}}{\text{mm}^2}.$$

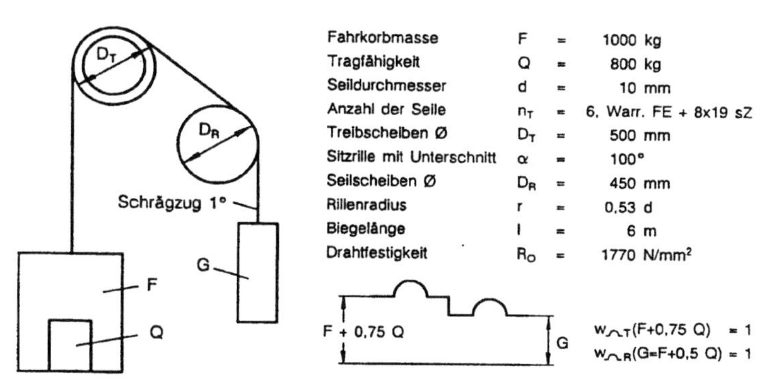

Bild 3.5: Wohnhausaufzug

Bei der Berechnung der Biegewechselzahl wird als Biegelänge die am meisten beanspruchte Seilzone von etwa zwei Stockwerksabständen abzüglich des Abstandes von Treibscheibe und Ableitscheibe eingesetzt. Damit ist die Biegelänge $l \approx 6$ m. Da von den parallelen Seilen im Aufzug regelmäßig dasselbe Seil durch die erhöhte Zugkraft belastet ist, wird im folgenden nur die Biegelänge von diesem einem Seil betrachtet.
Die Biegewechselzahl bis zur Ablegereife (in höchstens 10 % der Fälle) des am stärksten belasteten Seiles ist für die Treibscheibe mit D_T = 500 mm und Sitzrillen mit 100° Unterschnitt nach Gleichung (3.4) und Gleichung (3.5)

$$N_{A10T} = N_{A10} \cdot f_{N3}$$

d.h. in Zahlen

$$N_{A10T} = 6\,351\,000 \cdot 0{,}1 = 635\,100$$

und für die Ablenkscheibe mit D_R = 450 mm und Schrägzug von φ = 1° (bei der Position des Fahrkorbes im Erdgeschoss)

$$N_{A10R} = N_{A10} \cdot f_{N2}$$

d.h. in Zahlen

$$N_{A10R} = 6\,226\,000 \cdot 0{,}88 = 5\,478\,900$$

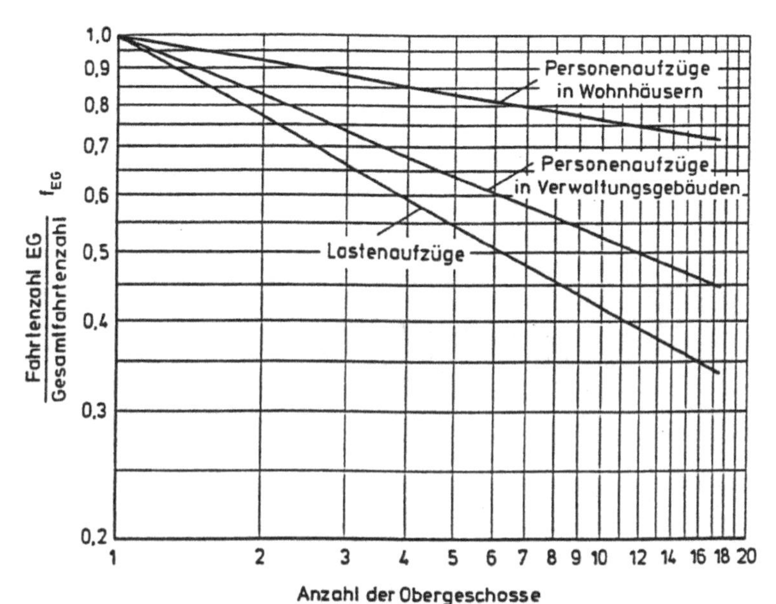

Bild 3.6: Verhältnis der Fahrtenzahl von und zum Erdgeschoss zur Gesamtfahrtenzahl in Aufzügen, Holeschak [5]

Bei jeder Fahrt von und zum Erdgeschoss wird jeweils ein Biegewechsel durch die Treibscheibe und die Ablenkscheibe erzeugt. Nach der Palmgren-Miner-Regel (s. Gleichung (3.10) ist bei vorzeitiger Seilablage ($f_Z = 0{,}8$)

$$\frac{f_Z}{Z_E} = \frac{1}{N_{A10T}} + \frac{1}{N_{A10R}}.$$

Damit ergibt sich die Fahrtenzahl von und zum Erdgeschoss, die höchstens von 10 % der Seile nicht erreicht wird, zu

$$Z_E = 455\,000.$$

Bei dem Wohnhaus mit 7 Obergeschossen ist nach Bild 3.6 damit zu rechnen, dass 80 % aller Fahrten vom oder zum Erdgeschoss erfolgen. Damit ist die zu erwartende Gesamtfahrtenzahl bis zur Seilablegereife

$$Z = \frac{Z_E}{0{,}8} = \frac{455\ 000}{0{,}8}$$

d.h. in Zahlen Z = 569 000.

Eine Überprüfung der Grenzkräfte und des optimalen Seildurchmessers ist bei Aufzügen nicht erforderlich.

3.9.2 Brammentransportkran

Für den in Abschnitt 2.2 dargestellten und nach DIN 15020-1 dimensionierten Seiltrieb eines Brammentransportkranes wird hier die Arbeitspielzahl Z_{A10} ermittelt, die höchstens 10 % der Seilgarnituren (aus 4 Seilsträngen) nicht erreichen werden. In Bild 3.7 ist der Brammentransportkran mit den technischen Daten noch einmal dargestellt. Mit diesen Daten ist in Bild 3.8 die Biegezahl w je Hubspiel und die Seilbiegelänge für einen Seilstrang ermittelt. Danach läuft das meist beanspruchte Seilstück nur über zwei Seilscheiben und die Seiltrommel bei einer Biegelänge je Seil von 1,6 m. Mit der vollständigen Entlastung der Seile zu Beginn und am Ende des Hubspiels (beim Greifen und Absetzen der Bramme) ergibt sich die in Bild 3.9 dargestellte Beanspruchungsfolge.

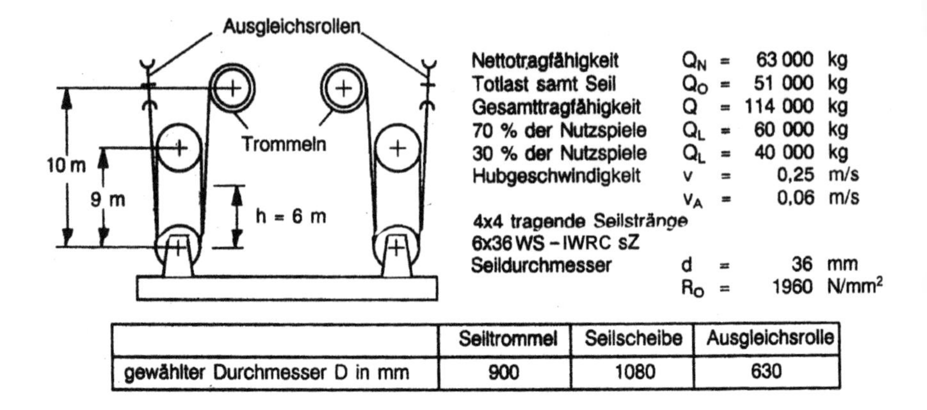

	Seiltrommel	Seilscheibe	Ausgleichsrolle
gewählter Durchmesser D in mm	900	1080	630

Bild 3.7: Seillebensdauer, Beispiel Brammentransportkran

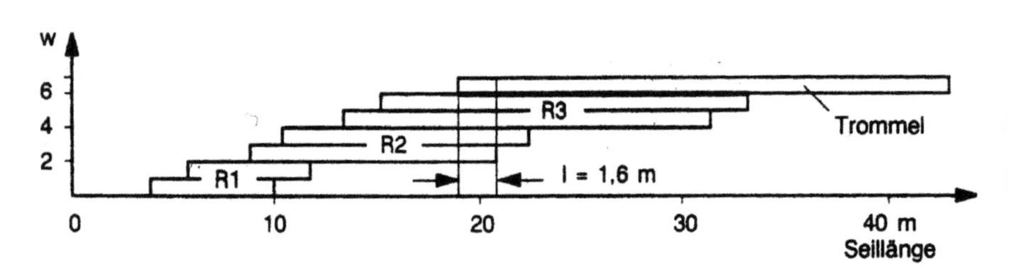

Bild 3.8: Seilbiegewechselzahl w und Seilbiegelänge l im Brammentransportkran nach Bild 3.7

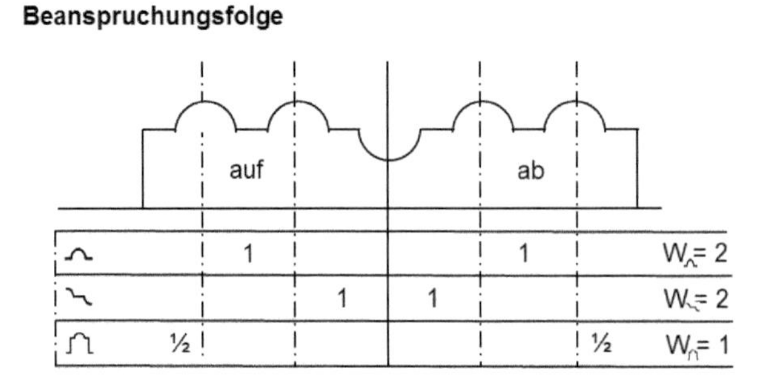

Bild 3.9: Beanspruchungsfolge und deren Elemente für die Seile des Brammentransportkrans nach Bild 3.7

Die Zahl der Biegewechsel je Hubspiel ist also

$$w_{\frown}(Q) = 2 \qquad \text{mit} \quad D_R = 1080\,\text{mm}$$

$$w_{\backsim}(Q) = 2 \qquad \text{mit} \quad D_M = \frac{2 \cdot D_T \cdot D_R}{D_T + D_R} = 982\,\text{mm}$$

$$w_{\sqcap}(O,Q) = 1 \qquad \text{mit} \quad D_R = 1080\,\text{mm}$$

$$w = w_{\frown} + w_{\backsim} + w_{\sqcap} = 5$$

$$w_g = 2.$$

Dabei ist der mittlere Durchmesser D_m nach Gleichung (3.8) für die Gegenbiegung $w_{\backsim}(Q)$ berechnet, die zwischen der Trommel und einer Seilscheibe auftreten. Die Biegelänge des am meisten beanspruchten Seilstückes je Seil beträgt 1,6 m. Deshalb ist bei vier gleich belasteten Seilen die gesamte Biegelänge

$$l = 4 \cdot 1600 = 6400\,\text{mm}$$

und

$$\frac{l}{d} = 178.$$

Der Kran führt jeweils ein Hubspiel ohne Bramme (d.h. nur mit der Grundlast Q_0) und dann ein Hubspiel mit Last aus. Die Nutzlast beträgt 60 t bei 70 % und 40 t bei 30 % der Lasthubspiele. Die von den vier Seilsträngen zu tragenden Lasten Q sind mit den Anteilen a der Hubspiele $z_{A10} = 2 \cdot L_{A10}$

Q_I = 51 000 kg		a_I = 0,5
Q_{II} = 111 000 kg		a_{II} = 0,35
Q_{III} = 91 000 kg		a_{III} = 0,15.

Die Lasten Q und die Anteile a der Hubspiele sind in Tabelle 3.9 noch einmal aufgeführt. In dieser Tabelle werden auch die für die verschiedensten Lasten geltenden Seilkraftfaktoren f_S angegeben. Da die Brammen meist etwas außerhalb der Mitte angehängt sind, wird im Fall II und III der Seilkraftfaktor f_{S3} = 1,1 für alle 4 Seilstränge (in denen abwechselnd eine erhöhte Kraft auftritt) gesetzt.

Mit den dargestellten Daten sind die Biegewechselzahlen für die einzelnen Belastungen berechnet und in den letzten drei Zeilen in Tabelle 3.10 eingetragen. Dabei ist zu beachten, dass sich die für den mittleren Scheibendurchmesser D_m errechneten Biegewechselzahlen zunächst auf die gleichsinnige Biegung und das sich alle Biegewechselzahlen auf das 8litzige Seil beziehen.

Tabelle 3.10: Seilzugkräfte und Biegewechselzahlen im Brammentransportkran

Lastfall		I	II	III
Nutzlast	Q_L in kg	0	60 000	40 000
Last inkl. Seilmasse	Q in kg	51 000	111 000	91 000
Anteil der Hubspiele	a_j	50%	$0{,}5 \cdot 70 = 35\%$	$0{,}5 \cdot 30 = 15\%$
Seilkraftfaktoren				
Lastführung	f_{S1}	1,0	1,0	1,0
wegen Seilwirkungsgrad	f_{S2}	1,03	1,03	1,03
parallele Seile, Last außer Mitte	f_{S3}	1,0	1,1	1,1
Beschleunigung	$f_{S4w} = 1 + \frac{w_g (f_{S4} - 1)}{w}$	1,02	1,02	1,02
$\prod_1^4 f_{Si}$		1,051	1,156	1,156
Seilzugkraft [N]	$S = \frac{Q \cdot 9{,}81}{16} \cdot \prod_1^4 f_{Si}$	32 900	78 700	64 500
Seilkraftfaktor				
Aufsetzen und Schlaffseil	f_{S5}	1,25	1,490	1,424
6 x 36WS–IWRC sZ, D/d = 30				
rechnerische Seilzugkraft [N]				
ohne Aufsetzen	S	32 900	78 700	64 500
mit Aufsetzen	$S_{⎍} = f_{S5} \cdot S$	41 100	117 300	91 800
Biegewechselzahl 8 x 36WS–IWRC sZ				
N_{A10} (D_R)		914 000	133 000	207 000
$N_{A10⎍}$ (D_R)		559 000	55 000	95 000
N_{A10} (D_m)		636 000	99 000	151 000

Die errechneten Biegewechselzahlen sind mit den entsprechenden Biegewechselfaktoren nach Gleichung (3.5)

$$N_{korr} = N \cdot f_{N1} \cdot f_{N2} \cdot f_{N3} \cdot f_{N4}$$

zu korrigieren. Nach Tabelle 3.5 sind die Biegewechselfaktoren

$f_{N1} = 1{,}00$ für gut geschmierte Seile,
$f_{N2} = 0{,}88$ für den Schrägzugwinkel 1° (nur bei Gegenbiegung).
$f_{N3} = 0{,}90$ für den Rillenradius $r = 0{,}54\ d$ und
$f_{N4} = 1{,}00$ da keine Seilverdrehung angenommen.

Die korrigierten Biegewechselzahlen nach Gleichung (3.5) sind in Tabelle 3.11 eingetragen. Die dritte Zeile gibt damit für die auftretende Gegenbiegung als Zwischenergebnis die unter sonst gleichen Bedingungen bei Einfachbiegung zu erwartenden Biegewechselzahlen an. Die Biegewechselzahlen bei Gegenbiegung sind mit Gleichung (3.7)

$$N_{A10\smile korr} = 2{,}67\ N_{A10\frown korr}^{0{,}671} \left(\frac{D}{d}\right)^{0{,}499}$$

errechnet und in der vierten Zeile der Tabelle 3.11 eingetragen.

Tabelle 3.11: Korrigierte Biegewechselzahlen des Seiles im Brammentransportkran

Biegewechselzahl	Lastfall			Biegezahl
	I a_I=0,50	II a_{II}=0,35	III a_{III}=0,15	w
$N_{A10\frown k}(D_R)$	724 000	105 000	164 000	2
$N_{A10\int\urcorner k}(D_R)$	443 000	44 000	75 000	1
($N_{A10\frown k}(D_m)$ Schrägzug	504 000	78 000	120 000	(-)
$N_{A10\smile k}(D_m)$ Schrägzug	93 000	27 000	36 000	2

Mit der Palmgren-Miner-Regel in Form der Gleichung (3.11)

$$\frac{f_Z}{Z_{A10}} = \sum_{j=1}^{k} a_j \sum_{i=1}^{m} \frac{w_i}{n_{ij}}$$

ist die statistisch abgegrenzte Spielzahl in Zahlen

$$\frac{0{,}80}{Z_{A10}} = 0{,}5 \cdot \left(\frac{2}{724\,000} + \frac{1}{443\,000} + \frac{2}{93\,000}\right) + 0{,}35 \cdot \left(\frac{2}{105\,000} + \frac{1}{44\,000} + \frac{2}{27\,000}\right)$$
$$+0{,}15 \cdot \left(\frac{2}{164\,000} + \frac{1}{75\,000} + \frac{2}{36\,000}\right) .$$

Daraus ergibt sich die Hubspielzahl bis zur Ablegereife von höchstens 10 % der Seilgarnituren

$$Z_{A10} = 15\,200 \cdot 0{,}8 = 12\,160.$$

Die Arbeitsspielzahl (Hubspielzahl mit Last + Hubspielzahl ohne Last) ist

$$L_{A10} = 0{,}5 \cdot Z_{A10} = 6\,080.$$

3.9.3 Grenzen

Donandtkraft

Die Donandtkraft, die höchstens von 1 % der Seile unterschritten wird, ist mit Gleichung (3.12) und Tabelle 3.7 bei gleichsinniger Biegung

$$S_{D1\frown} = \left(0{,}664 - 4{,}12\frac{36}{900}\right) \cdot 893\,000 = 445\ 786\,\text{N} > 78\,700\,\text{N}$$

und bei Gegenbiegung mit Gleichung (3.13)

$$S_{D1\sim} = \left(0{,}664 - 0{,}035 - (4{,}12 - 0{,}25) \cdot \frac{36}{900}\right) \cdot 893\,000 = 423\,461 > 78\,700\,\text{N}.$$

Hierbei wurde eine rechnerische Seilbruchkraft von F_e = 893 kN angenommen.

Grenzkraft

Da der Seiltrieb nach einer Technischen Regel dimensioniert ist, ist die Berechnung einer Grenzkraft nicht sinnvoll.

Optimaler Seildurchmesser

Mit der mittleren Seilzugkraft

$$S_m = \sum_{I}^{III} a_j S_A = 0{,}5 \cdot 32\,900 + 0{,}35 \cdot 78\,700 + 0{,}15 \cdot 64\,500 = 53\,670\,\text{N}$$

mit S_A als rechnerischer Seilzugkraft ohne Absetzen in den Lastfällen ist der optimale Seildurchmesser nach Gleichung (3.14) und Tabelle 3.8

$$d_{opt} = 0{,}0835 \cdot \sqrt{900 \cdot \sqrt{53\,670}} = 38{,}1 > 36\text{ mm}.$$

Damit ist die Festigkeitsgrenze (Donandtkraft) und die wirtschaftliche Grenze (optimaler Seildurchmesser) eingehalten.

3.10 Literatur

[1] Feyrer, K.: Drahtseile – Bemessung, Betrieb, Sicherheit. Berlin: Springer Verlag 2000. ISBN 3-540-67829-8

[2] Beck, W., Briem, U.: Correlation between Endurance, Prediction and Service Life of Running Ropes. OIPEEC Round Table Delft 1993, ISBN 90-370-0091-6

[3] Feyrer, K.: Symbols for the loading elements of wire ropes in rope drives. OIPEEC Bulletin 65 (1993) pp. 59-63

[4] Janovsky, L.: Verteilung der Zugkräfte in Aufzugsseilen. Lift-Report 11 (1985) 5/6, S. 35-39

[5] Holeschak, W.: Die Lebensdauer von Aufzugseilen und -treibscheiben im praktischen Betrieb. Dr.-Ing.-Dissertation Universität Stuttgart 1987

[6] Aberkrom, P.: Seilzugkräfte in Treibscheibenaufzügen. Lift-Report 15 (1989) 2, S. 15-20

[7] Feyrer, K.: Drahtseile unter schwellender Zug- und Biegebeanspruchung. DRAHT 43 (1992) 3, S. 226-233

[8] Dudde, F.: Gleichschlagseile unter schwellender Zug- und Biegebeanspruchung. Diplomarbeit, Universität Stuttgart 1991

[9] Heptner, K.: Dynamische Seilkräfte bei Elektro-Hebezeugen, Fördern und Heben 21 (1971) 11, S. 691-694

[10] Roos, H.J.: Ein Beitrag zur Formalisierung der inneren dynamischen Vorgänge in Kransystemen während der Hubspiele. Dr.-Ing.-Dissertation, Techn. Hochschule Darmstadt 1975

[11] Franke, K.-P.: Feder-/Dämpferkoppelelemente in den Radaufhängungen von Brückenkranen. Dr.-Ing.-Dissertation, Universität der Bundeswehr Hamburg 1991

[12] Feyrer, K.: Einfluss der Drahtfestigkeit auf die Biegewechselzahl von Drahtseilen. DRAHT 43 (1992) 7/8, S. 663-666

[13] Müller, H.: Drahtseile im Kranbau. dhf 12 (1966) 11, S. 714-716, und 12 S. 766-773

[14] Woernle, R.: Ein Beitrag zur Klärung der Drahtseilfrage. Z. VDI 72 (1929) 13, S. 417-426

[15] Shitkow, D.G., Pospechow, I.T.: Drahtseile. VEB Verlag Technik, Berlin 1957

[16] Wolf, E.: Seilbedingte Einflüsse auf die Lebensdauer laufender Drahtseile. Dr.-Ing.-Dissertation, Universität Stuttgart 1987

[17] Unterberg, H.-W.: Der Einfluss der Rillenform auf die Lebensdauer von laufenden Drahtseilen. DRAHT 42 (1991) 4, S. 233-234

[18] Haas, H., Krause, H., Ostler, J., Neumann, P. und Stein, D.: Verschleißminderung von Drahtseilen in Schwerlastkrananlagen, Untersuchungsbericht TH Aachen, Lehrgebiet Abnutzung der Werkstoffe und Hoesch Stahl AG, Dortmund MEr.-Ing. Ab. Oktober 1984

[19] Neumann, P.: Untersuchungen zum Einfluss tribologischer Beanspruchungen auf die Seilschädigung. Dr.-Ing.-Dissertation, TH Aachen 1987

[20] Feyrer, K. und Jahne, K.: Seillebensdauer bei Gegenbiegung. DRAHT 42 (1991) 6, S.433-438

[21] Palmgren, A.: Die Lebensdauer von Kugellagern. Z-VDI 68 (1924) pp. 339-341

[22] Miner, M. A.: Cumulative damage in fatigue. J. of Appl. Mech. Trans. ASME 67 (1945) pp. 159-164

[23] Dragon, G.: Spectres de charges et l'étude de l'endurance de câbles par la méthode a charge variable. Table Ronde OIPEEC, Milano 1973

[24] Rossetti, U.: Nouvelle méthode d'interprétation des résultats d'éssais de fatigue sur câbles. OIPEEC Bulletin 26 (1975) pp. 11-12

[25] Ciuffi, R.: Report on B.L.P. (Block load program), OIPEEC Bulletin 35 (1979) pp. 38-52

[26] Feyrer, K.: Ablegedrahtbruchzahl von Parallelschlagseilen. DRAHT 35 (1984) 12, S. 611-615

[27] Jahne, K.: Zuverlässigkeit des Ablegekriteriums Drahtbruchzahl bei laufenden Drahtseilen. Dissertation Universität Stuttgart 1992. Kurzfassung DRAHT 44 (1993) 7/8, S. 427-434

[28] Feyrer, K.: Der optimale Seildurchmesser. DRAHT 36 (1985) 6, S. 289-291

[29] Schönherr, S.: Einfluss der seitlichen Seilablenkung auf die Lebensdauer von Drahtseilen beim Lauf auf Seilscheiben. Dr.-Ing.-Dissertation Universität Stuttgart 2005

[30] Wehking, K.H.: Lifetime and discard for multi-layer spooling in cranes. OIPEEC Technical Meeting CH-Lenzburg Tagungsband S. 47-61

[31] Weber, T.: Beitrag zur Untersuchung des Lebensdauerverhaltens von Drahtseilen unter einer kombinierten Beanspruchung aus Zug, Biegung und Torsion. Dr.-Ing.-Dissertation Universität Stuttgart 2013

4 Hochmodulare Faserseile beim Lauf über Seilscheiben

Gregor Novak

4.1 Vorbemerkungen

Die in den 1960ern eingeführten hochmodularen Faserseile wurden zuerst in der Offshore-Industrie als Mooring-Lines für Plattformen und Schiffe und für das Bergsteigen als Statikseile eingesetzt [1]. Hersteller und Anwender von Hebezeugen möchten hochmodulare Faserseile heutzutage vor allem wegen der hohen Lebensdauer und den Vorteilen hinsichtlich des geringeren Seileigengewichtes einführen.

Im Laufe der 1990er wurde die Kran-Industrie, vor allem im Offshore-Bereich, auf hochmodulare Faserseile aufmerksam und prüfte deren Einsatzmöglichkeiten in sogenannten laufenden Anwendungen als Hubseile. Das Hauptziel war hierbei die Erreichung größerer Tiefen, um schwere Lasten auf den Meeresgrund in Tiefen von bis zu 3000 Metern abzusenken. Aufgrund des großen Eigengewichtes der Drahtseile können Tiefen von 3000 Metern nur mit einer Gewichtsreduzierung der Last erreicht werden. Faserseile haben hier den Vorteil, dass Sie aufgrund einer geringeren Dichte ein kleineres Eigengewicht aufweisen und im Falle von HMPE sogar schwimmfähig sind. Heutzutage möchten die Hersteller und Anwender von Mobilkranen und anderen Hubeinrichtungen wie Regalbediengeräten ebenfalls hochmodulare Faserseile einsetzen. Hochmodulare Faserseile bieten für diese Art von Maschinen zwei Hauptvorteile. Als erstes muss das geringe Seileigengewicht (ca. 75 - 80% weniger im Vergleich zu einem Drahtseil) genannt werden, das bei Mobilkranen ein geringeres Transportgewicht bedeutet und ein geringerer Energiebedarf beim Beschleunigen und Abbremsen bei Regalbediengeräten. Zweitens erlauben hochmodulare Faserseile eine Reduzierung der Umlenkscheiben und der Seiltrommel. Dies führt zu einer kompakteren Bauweise und im Falle der Trommel zu einer Reduzierung der Getriebegröße.

Um hochmodulare Faserseile einsetzen zu können ist es dabei notwendig, die Lebensdauer der Seile beim Lauf über die Seilscheibe zu kennen. Wie bei Drahtseilen können auch Biegeversuche durchgeführt werden, die die tatsächlichen Parameter in bestimmten Seiltrieben widerspiegeln. Die oben erwähnte hohe Lebensdauer von hochmodularen Faserseilen führt jedoch zu sehr lang laufenden Biegeversuchen. Weiter ist die Erarbeitung spezifischer Ablegereifekriterien ein wichtiges Arbeitsgebiet.

In Abbildung 4.1 ist ein Vergleich der untersuchten Eigenschaften von hochmodularen Faserseilen und von Drahtseilen abgebildet. So sind Stahlseile schon weitestgehend erforscht, demgegenüber wurden Faserseile nur sehr rudimentär erforscht.

Stahlseile	Parameter mit Einfluss auf die Seillebensdauer	Faserseile
■■■	Seilkonstruktion	■
■■■	Seileinlage	■
■■■	Seilzugkraft	■■■
■■■■	Seildurchmesser	■■
■■■■	Scheibendurchmesser	■■
■■■	Schrägzug	■
■■■■	Schlaglänge	■
■■■	Umschlingung	■
■■■■	Festigkeit	
■■■■	Biegelänge	■■
■■■	Art der Biegung	
■■	Seilwerkstoff	■■■
■■	Rillenformen	■
■■	Schmierung	■
■■■	Geschwindigkeit	■
■■■	Beschleunigung	

Abb. 4.1: Grad der untersuchten Eigenschaften von laufenden Seilen [2]

4.2 Begriffserklärung – Faserseil

Technische Faserseile werden in zwei Hauptgruppen eingeteilt, die sich im Grundmaterial unterscheiden. Die erste Hauptgruppe umfasst die herkömmlichen Faserseile die aus niederfesten Kunstfasern bestehen. Zu diesen niederfesten Kunstfasern zählen zum Beispiel Polyamid und Polyester, die in der ersten Hälfte des 20. Jahrhunderts entwickelt wurden [1]. Niederfeste Kunststoffe finden als Faserwerkstoffe für Technische Faserseile heutzutage vor allem in der Freizeitindustrie, zum Beispiel bei Kletterseilen, und im Schifffahrtsbereich Anwendung. Im Schifffahrtsbereich werden vor allem Festmacherleinen und Seile für Schlepper aus diesen Werkstoffen hergestellt. Ein weiteres Anwendungsgebiet in diesem Bereich sind Mooring-Lines, mit denen zum Beispiel Offshore-Plattformen am Meeresgrund verankert werden. Hinsichtlich der Normung sind niederfeste Faserseile sehr gut abgebildet.

So sind Normen für Einfach- und Doppelgeflechte aus Polyester [3], [4], [5], verschiedenste Seilkonstruktionen aus Polypropylen [6], Einfach- und Doppelgeflechte aus Polyamid [7], [8] und gedrehte Konstruktionen aus Polyethylen [9] verfügbar. In Abgrenzung zu den weiter unten vorgestellten hochmodularen Faserwerkstoffen weisen die niederfesten Faserwerkstoffe eine eher ungerichtete Molekülstruktur auf (Abb. 4.2).

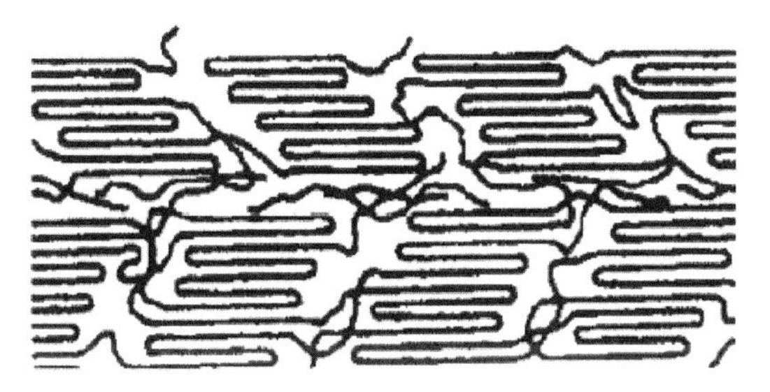

Abb.4.2: Molekülstruktur eines niederfesten Faserwerkstoffes [1]

Die zweite Hauptgruppe umfassen die hochmodularen Faserseile, die aus den niederfesten Kunstfaserseilen hervorgegangen sind. Sie weisen als herausragende Eigenschaft gegenüber den niederfesten Kunstfasern eine in Längsrichtung der Fasern überaus gerichtete Struktur der Molekülketten auf (Abb. 4.3).

Abb. 4.3: Ideale Molekülstruktur eines hochmodularen Faserseiles [1]

Die gerichtete Struktur erlaubt eine gute und gleichmäßige Lastaufnahme der einzelnen Molekülketten, dies führt zu einer hohen Festigkeit des hochmodularen Faserwerkstoffes. Diese Eigenschaften prädestinieren hochmodulare Faserseile als Ersatz für Drahtseile in hochbeanspruchten Anwendungen[10], [11] wie Mobil- und Raupenkrane, Regalbediengeräten, Personenaufzügen usw.

4.2.1 Hochmodulare Faserwerkstoffe

Die oben beschriebene gerichtete Molekülstruktur ermöglicht es Fasern mit sehr hohen Festigkeiten zu erreichen, die über denen von Drähten aus Stahlseilen liegen. Als Werkstoffe kommen insbesondere hochmodulares Polyethylen (HMPE), aromatische Polyamide (Aramid), aromatische Polyester (LCP) und Poly(benzoxazol) (PBO), eine Art Aramid, zur Anwendung. In Tabelle 4.1 sind für die vier aufgeführten hochmodularen Faserwerkstoffe Standardwerte der mechanischen Eigenschaften mit Vergleichswerten für Stahl zu finden.

Tabelle 4.1: Übersicht über Standardwerte der mechanischen Eigenschaften verschiedener hochmodularer Faserwerkstoffe und Stahl [1]

Eigenschaft	Einheit	Aramid	LCP	PBO	HMPE	Stahl
Dichte	g/cm³	1,45	1,40	1,55	0,98	7,85
Schmelzpunkt	°C	500	330	650	150	1.600
Feuchtigkeitsaufnahme, bei 65% RH[1], 20°C	%	1 – 7	0	0	0	0
Zugfestigkeit	N/ mm²	2.900	3.100	5.700	3.400	2.600
Bruchdehnung	%	3,5	3,5	3	3,5	2
E-Modul	N/mm²	90.000	80.000	280.000	100.000	160.000

4.2.2 Seilkonstruktionen

Die Seilkonstruktionen von hochmodularen Faserseilen sind generell mit denen der herkömmlichen Natur- und Kunstfaserseile vergleichbar. Folgende Konstruktionsarten sind gebräuchlich:

Geflochtene Konstruktion

Geflochtene Seilkonstruktionen werden in vielen Anwendungen eingesetzt, insbesondere für laufende Anwendungen [1]. Diese sehr gute Eignung resultiert aus ihrem runden Querschnitt und der guten Lastaufnahme. Aufgrund ihres Aufbaus weist diese Seilkonstruktion im unverdrehten Zustand kein Drehmoment auf. Geflochtene Seilkonstruktionen werden sowohl mit als auch ohne Mantel hergestellt. Bei den geflochtenen Konstruktionen werden drei Macharten unterschieden: 8-litzig, Einfachgeflecht und Doppelgeflecht [12]. Alle Arten von Geflechten sind gut zu spleißen.

Bei der 8-litzigen Ausführung (Abb. 4.4) werden beim Verseilen vier der acht Spulenträger mit rechtsgeschlagenen Litzen und die anderen vier mit linksgeschlagenen Litzen bestückt. Jeweils zwei der rechts- bzw. linksgeschlagenen Spulenträger bewegen sich paarweise beim Verseilprozess, wobei die Litzen auch durch das Seilinnere geführt werden, so dass eine stabile Seilstruktur entsteht. 8-litzige Seile werden in vielen Bereichen aufgrund ihrer guten Abrasionsbeständigkeit und der Drehungsfreiheit eingesetzt. Zusätzlich zu den zuvor genannten Normen sind Rund- und Spiralgeflechte nochmals allgemein genormt [13].

[1] RH: Relative Humidity (engl.), Relative Luftfeuchtigkeit

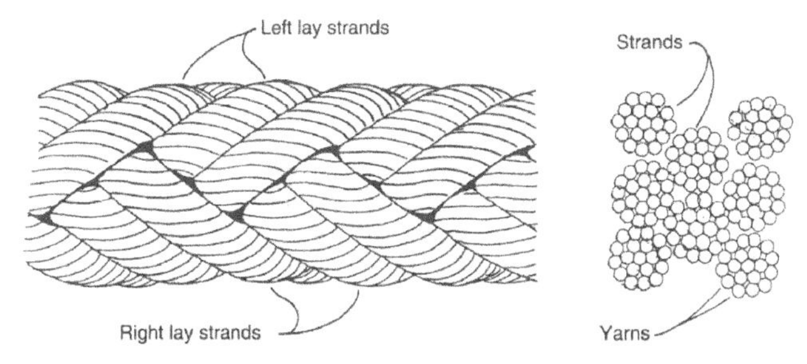

Abb. 4.4: 8-litziges geflochtenes Faserseil [1]

Bei der Herstellung von Einfachgeflechten läuft eine Hälfte der Spulen im Uhrzeigersinn und die andere Hälfte der Spulen entgegen dem Uhrzeigersinn um die Seilachse. Dabei bewegen sich die Spulen gleichzeitig von innen nach außen und wieder nach innen, im englischen Sprachraum wird dieser Herstellungsprozess deswegen auch „Maypole Braiding“ genannt (Abb. 4.5 und Abb. 4.6).

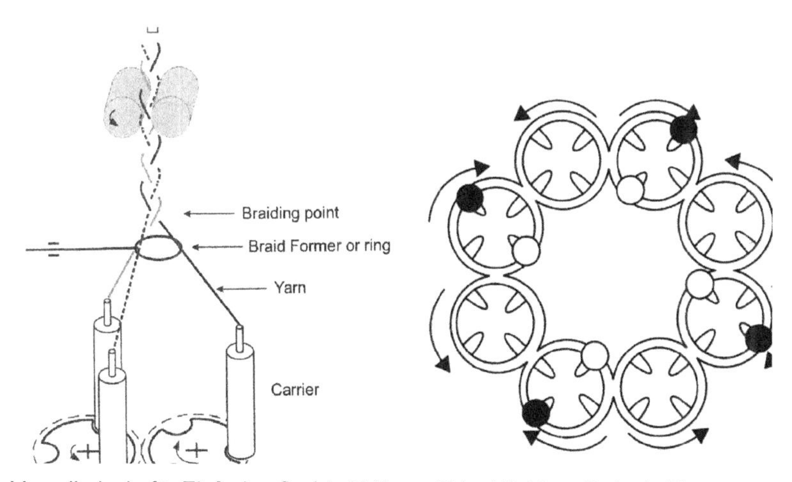

Abb. 4.5: Verseilprinzip für Einfachgeflechte [14]

Abb. 4.6: Verseilprinzip Einfachgeflecht in der Draufsicht [1]

Bei diesem Prozess bleibt im Seilinnern ein Loch (Abb. 4.7), das beim Belasten des Seiles zusammenfällt. Die Spulenanzahl muss immer ganzzahlig sein, im Allgemeinen werden 8-, 12-, 16- und 24-litzige Konstruktionen verwendet. Beim 8-litzigen Einfachgeflecht laufen die Spulen einzeln und nicht in Paaren wie bei einem geflochtenen 8-litzigen Faserseil. Eine Variante bei der Produktion ist die Verseilung von 24 Spulen auf 12 Spulenträgern. Damit können rundere Seile hergestellt werden, deren kleinere Litzenkuppen die Abrasion besser verteilen.

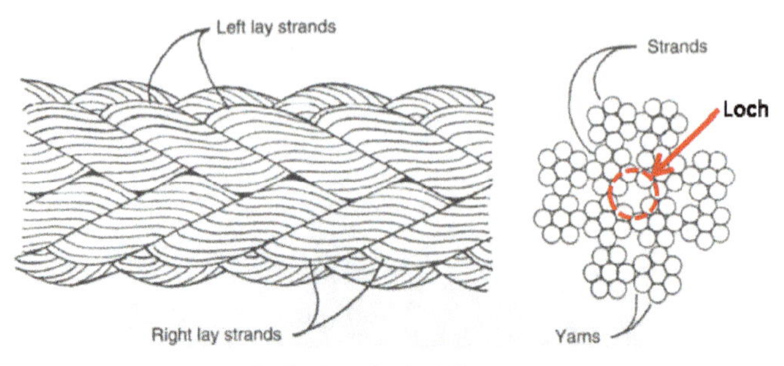

Abb. 4.7: 12-litziges Einfachgeflecht [1]

Doppelgeflechte weisen einen zweilagigen Aufbau auf (Abb. 4.8), wobei beide Lagen lasttragend sind. Der Kern wird mit einer langen Schlaglänge ausgeführt, um eine gute Zugkraftübertragung bei geringer Dehnung zu erreichen. Als Werkstoff werden meist niedermodulare Fasern verwendet, da bei hochmodularen Werkstoffen nicht sichergestellt werden kann, dass die Last gleichmäßig auf die beiden Lagen verteilt wird.

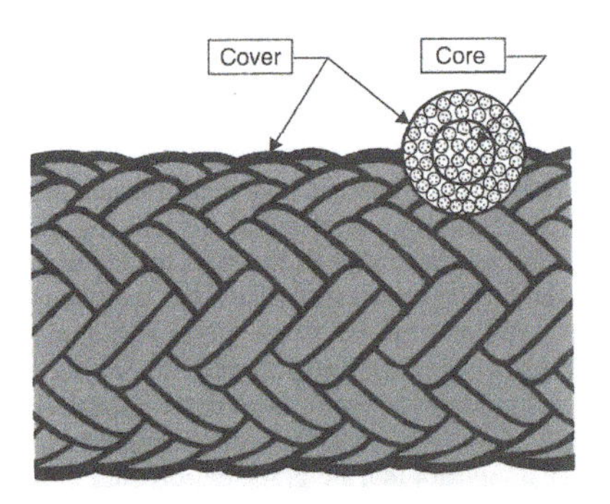

Abb.4.8: Doppelgeflecht [1]

Gelegte Konstruktion

Gelegte Konstruktionen sind in ihrem Aufbau mit Drahtseilen vergleichbar (Abb. 4.9), im Englischsprachigen Raum werden sie daher auch als Wire Rope Construction bezeichnet. Die einzelnen Fasern werden zu Litzen verseilt, die wiederum zu einem ein- oder mehrlagigen Seil verseilt werden. Es gibt sowohl nichtdrehungsfreie Seile, 6-litzige und 8-litzige, als auch drehungsarme, 18-litzige, bzw. drehungsfreie, 36-litzige, Seile. Wie bei einem drehungsfreien Drahtseil wird die äußere dritte Litzenlage bei den drehungsfreien Faserseilen in entgegengesetzter Richtung geschlagen wie die beiden inneren Lagen. Dadurch kommt es zu einem Ausgleich des Drehmomentes der einzelnen Lagen. Neben der Drehmomentfreiheit sind die guten Biegewechseleigenschaften und Zugschwelleigenschaften aufgrund der flexiblen Konstruktion zu nennen. Gelegte Seilkonstruktionen werden immer mit einem Mantel hergestellt, der einen Schutz vor Abrasion und eine Unterstützung der Seilstruktur bewirkt.

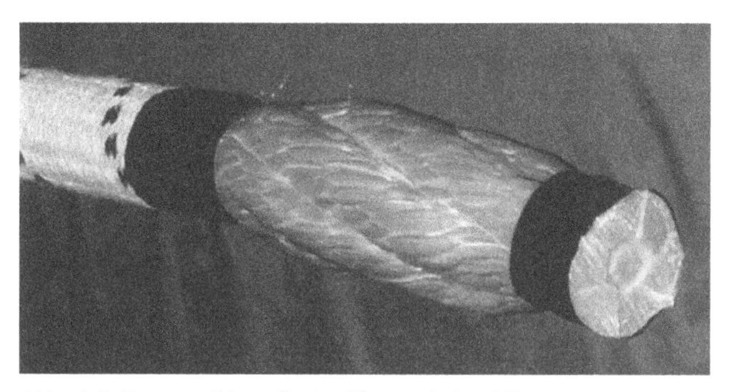

Abb. 4.9: Faserseil in gelegter Konstruktion [1]

4.2.3 Faserbeschichtung

Durch Aufbringung einer Beschichtung der Fasern können spezifische Eigenschaften in das Seil eingebracht werden, die eine Anpassung an die Umgebungsbedingungen erlauben [15]. Zum Beispiel kann auf Aramidfasern eine Beschichtung aufgebracht werden, die eine erhöhte Widerstandsfähigkeit gegen UV-Belastung zur Folge hat. Die Beschichtung kann direkt während der Faserherstellung nach dem Extrusionsprozess oder vor dem Verseilen auf die Fasern aufgebracht werden. Das Beschichten der Fasern ist ein sehr wichtiger Prozess bei der Seilherstellung und unterliegt dem Know-How des jeweiligen Seilherstellers. Dazu gehört nicht nur der Beschichtungsprozess selbst, sondern auch das Beschichtungsmittel. Beschichtungsmittel können als Basis Silikon, Paraffinwachs oder Mineral- oder Pflanzenöl haben [1], [16].

4.2.4. Seilendverbindungen für Faserseile

Die Verfügbarkeit einer zuverlässigen Endverbindung für Faserseile, die die Ausnutzung der vollen Bruchkraft des Seiles zulässt und dies wiederholbar, ist für den Einsatz hochmodularer Faserseile in industriellen Einsatzfeldern von herausragender Bedeutung.

In der Vergangenheit wurden als Seilendverbindungen vor allem Spleiße (Abb. 4.10) benutzt, die jedoch den Nachteil haben, dass für die Herstellung ein gewisse Vorkenntnis von Nöten ist. Weiterhin erlauben Spleiße nicht die volle Ausnutzung der Bruchkraft des Seiles, da der Spleiß einen Schwachpunkt aufgrund der Vielzahl an Überkreuzungsstellen darstellt. Im Zugversuch wird das Faserseil in den meisten Fällen nicht auf der freien Seilstrecke zwischen den Spleißen brechen, sondern im Spleiß selbst. Hinsichtlich der Zugschwelleigenschaften sind Spleiße eher ungeeignet. Vor allem bei nahezu vollständiger Entlastung kann es zu einer Lockerung und Rutschen des Spleißes kommen. Spleiße für Faserseile sind in DIN 83319 genormt [17].

Abb. 4.10: Augspleiß [18]

Als Seilendverbindung für Faserseile können prinzipiell auch Kunststoffvergüsse in der gleichen Machart wie bei Drahtseilen verwendet werden. Wie bei den Drahtseilen wird auf der zu vergießenden Länge das Seil in die einzelnen Litzen und Fäden aufgelöst und in eine passende Gabel- oder Bügelseilhülse eingeschoben (siehe Abb. 4.11). Als Vergussmaterial wird Gießharz verwendet, wie zum Beispiel Socket Fast Blue [19]. Kunststoffvergüsse erreichen insbesondere bei kleinen Seildurchmessern sehr gute Ergebnisse bei der erreichbaren Seilbruchkraft, jedoch verschlechtern sich die Ergebnisse bei größeren Seildurchmessern stark.

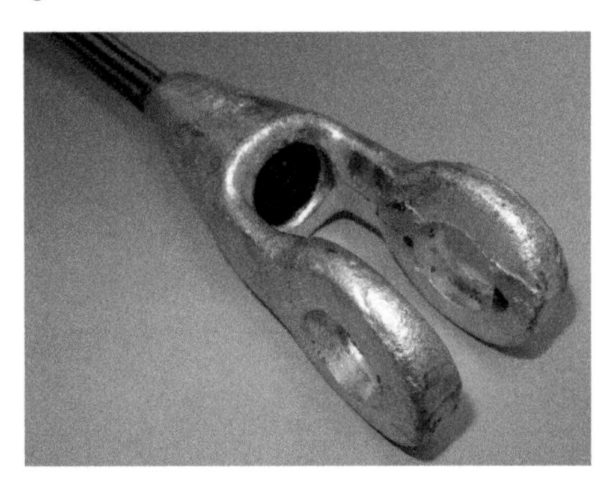

Abb. 4.11: Kunststoffverguss

Am Institut für Fördertechnik und Logistik (IFT) wurde im Rahmen der DFG-Forschergruppe „Hybride Intelligente Konstruktions-Elemente" (HIKE) eine neuartige Seilendverbindung für hochmodulare Faserseile (4.12) entwickelt [20]. Diese als Verguss ausgeführte Seilendverbindung erlaubt es nicht nur bei kleinen Seildurchmessern sehr gute Ergebnisse im Zugversuch zu erreichen, sondern es können auch bei größeren Seildurchmessern Bruchkräfte von bis zu 90% der Mindestbruchlast des Seiles erreicht werden. Hinsichtlich der Zugschwelleigenschaften konnte nachgewiesen werden, dass diese nicht nur mit der entwickelten Endverbindung gut aufgenommen werden können, sondern es wurden in anschließenden Zerreißversuchen Bruchkräfte von 100% der vom Faserseilhersteller angegebenen Mindestbruchlast erreicht.

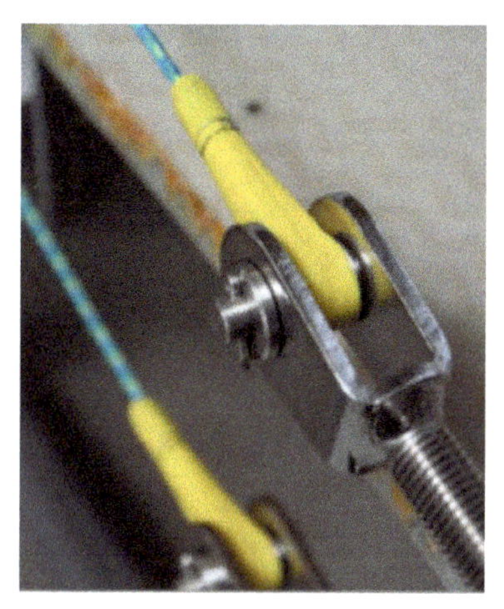

Abb. 4.12: HIKE-Endverbindung für ein 4 mm Faserseil [20]

Weiterhin war es Ziel des Forschungsprojektes, Sensorik in das Faserseil und in die Endverbindung einzubringen. Als Sensorik kann dabei in die Endverbindung zum Beispiel ein Dehnmessstreifen eingebracht werden, der die angreifende Last detektiert und als Lastüberwachung dienen kann. In dieser Variante kann eine möglicherweise zu verbauende Lastmessachse eingespart werden und Bauraum besser ausgenutzt werden.

4.3 Lebensdauer laufender hochmodularer Faserseile

In der Vergangenheit wurden im Vergleich zu Stahlseilen eine geringe Zahl an Untersuchungen hinsichtlich der Seillebensdauer durchgeführt und diese immer nur stichprobenartig. Eine Formel zur Berechnung der Seillebensdauer wurden nur von Feyrer [21], Vogel [22], dem Dyneema-Faser-Herstellers DSM [23], [24] und Heinze [25] aufgestellt.

Generell kann davon ausgegangen werden, dass die Lebensdauer laufender hochmodularer Faserseile höher ist, als bei einem vergleichbaren Drahtseil. Feyrer hat zu diesem Punkt bereits 1991 umfangreiche Untersuchungen mit Biegeversuchen durchgeführt [21]. Bereits in dieser frühen Entwicklungsphase erzielten das hochmodulare Faserseil in einem weiten Bereich höhere Lebensdauern im Vergleich zum Drahtseil (Abb. 4.13).

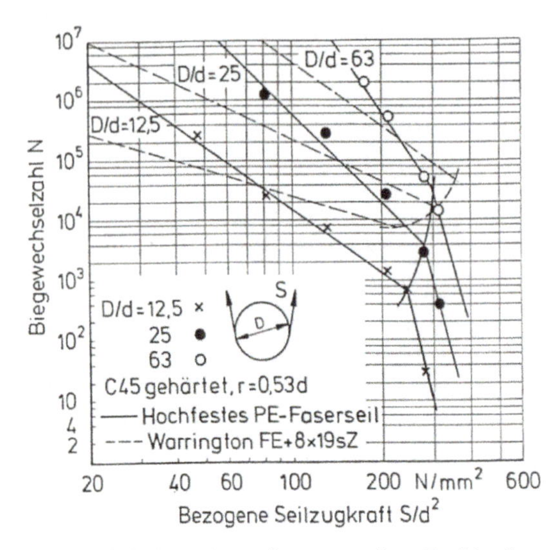

Abb. 4.13: Lebensdauerdiagramm eines Drahtseiles und eines hochmodularen Faserseiles [21]

Dieses Ergebnis konnte in einem am Institut für Fördertechnik und Logistik (IFT) der Universität Stuttgart durchgeführten ZIM-Forschungsprojekt [26] für ein hochmodulares Faserseil aus Liquid Crystal Polymer (LCP) prinzipiell bestätigt werden (Abb. 4.14).

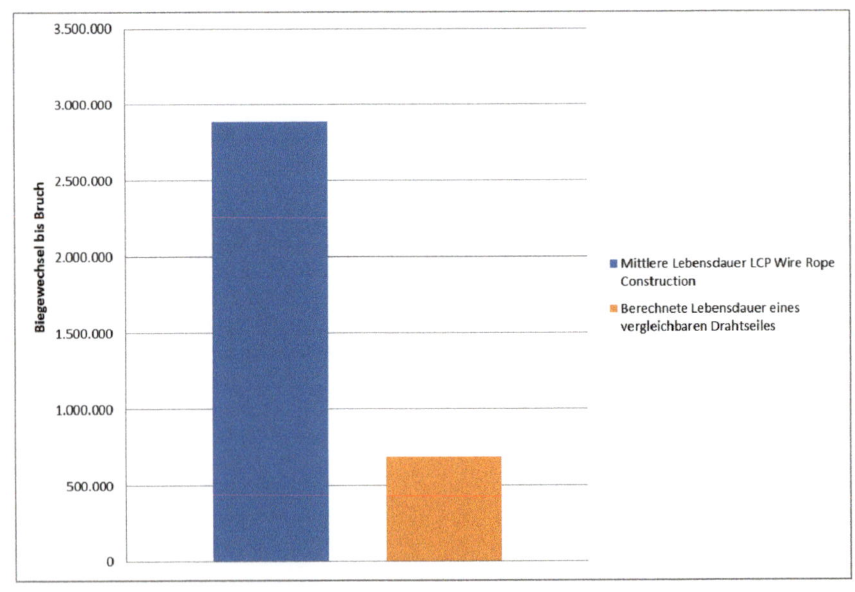

Abb. 4.14: Vergleich der Lebensdauer eines LCP-Faserseiles mit einem Drahtseil

Lebensdauergleichung von Feyrer

Die Formel von Feyrer (1) verwendet die zu dem damaligen Zeitpunkt für laufende Drahtseile verwendete Version [21]. Regressionskoeffizienten wurden für ein Faserseil in gelegter Kern-Mantel-Konstruktion aufgestellt, dessen Kern aus Dyneema SK 60 bestand.

$$\lg N = a_0 + a_1 * \lg\left(\frac{S}{d^2}\right) + a_2 * lg\left(\frac{D}{d}\right) + a_3 * lg\left(\frac{S}{d^2}\right) * lg\left(\frac{D}{d}\right) \quad (1)$$

Mit: N: Biegewechselzahl
a_i: Regressionskoeffizienten
S/d^2: Durchmesserbezogene Seilzugkraft [N/mm²]
D/d: Verhältnis Seilscheibendurchmesser zu Seilnenndurchmesser

Die Regressionskoeffizienten für das von Feyrer untersuchte Seil sind in Tabelle 4.2 abgebildet.

Tabelle 4.2: Regressionskoeffizienten für Lebensdauergleichung von Feyrer

Regressionskoeffizient	**Wert**
a_0	-6,15
a_1	2,22
a_2	15,87
a_3	-5,24

Laut Feyrer wurde ein Bestimmtheitsmaß R^2 von 0,991 erreicht.

Bei den von Feyrer durchgeführten Untersuchungen wurde erstmals eine zu Drahtseilen vergleichbare Belastungsgrenze hinsichtlich eines starken Abfallens der Lebensdauer nachgewiesen. Die bei Drahtseilen „Donandtpunkt" genannte Belastungsgrenze und im Folgenden für hochmodulare Faserseile ebenso genannte Grenze markiert den Übergang vom Bruch durch Materialermüdung zum Gewaltbruch. Bei einem D/d-Verhältnis von 12,5 lag der Donandtpunkt bei einem S/d^2 von 243 N/mm², bei einem D/d-Verhältnis von 25 bei einem S/d^2 von 277,7 N/mm² und bei einem D/d-Verhältnis von 63 lag der Donandtpunkt bei einem S/d^2 von 312,5 N/mm². Feyrer hat zur Ermittlung der wirklichen Bruchkraft einen Zerreißversuch durchgeführt, bei dem das Faserseil mit Aluminiumhülsen verpressten Seilschlaufen als Endverbindungen ausgeführt wurde. Die erreichte Bruchkraft betrug F_w = 53 kN. Wird diese wirkliche Bruchkraft als Grundlage zur Berechnung der Seilsicherheit beim Erreichen des Donandtpunktes herangezogen werden Seilsicherheiten von 1,5, 1,3 und 1,2 für die oben genannten D/d-Verhältnisse von 12,5, 25 und 63 erreicht. Diese niedrigen Seilsicherheiten werden in der Praxis aber nahezu nicht erreicht, so dass der Donandtpunkt für die untersuchten Seilmuster als untergeordnet anzusehen ist.

Lebensdauergleichung von Vogel

Die von Vogel aufgestellte Lebensdauergleichung basiert auf einzelnen Biegeversuchen, die er mit gedrehten und geflochtenen Faserseilen aus zwei verschiedenen

HMPE-Fasern mit Nenndurchmesser 8 mm durchgeführt hat [22]. Im Unterschied zu der von Feyrer aufgestellten und oben vorgestellten Lebensdauergleichung verwendete Vogel einen neuen vereinfachten Ansatz. Dabei stellte er einen Ansatz auf, der sowohl mit der durchmesserbezogenen Seilzugkraft (2) als auch mit der massebezogenen Seilzugkraft (3) verwendet werden kann

$$\lg N = a_0 + a_1 * lg\left(\frac{S}{d^2}\right) \quad (2)$$

$$\lg N = b_0 + b_1 * lg\left(\frac{S}{m^*}\right) \quad (3)$$

Mit: N: Biegewechselzahl
a_i, b_i: Regressionskoeffizienten
S/d^2: Durchmesserbezogene Seilzugkraft [N/mm²]
S/m^*: Massebezogene Seilzugkraft [N/tex]

In Tabelle 4.3 sind die Regressionskoeffizienten für die von Vogel untersuchten Seile aufgeführt.

Tabelle 4.3: Regressionskoeffizienten für die Formel von Vogel

Regressionskoeffizient	**Dyneema SK 60 geflochten**	**Dyneema SK 60 gedreht**	**Dyneema SK 75 geflochten**	**Dyneema SK 75 gedreht**
a_0	7,524	8,224	7,56	7,592
a_1	-1,856	-2,214	-1,852	-1,875
Bestimmtheitsmaß B für durchmesserbezogenen Ansatz	0,986	0,992	0,936	0,971
b_0	2,442	2,086	2,460	2,465
b_1	-1,865	-2,214	-1,875	-1,852
Bestimmtheitsmaß B für massebezogenen Ansatz	0,986	0,992	0,971	0,936

Laut Vogel werden Bestimmtheitsmaße zwischen 0,935 und 0,992 für den durchmesserbezogenen Ansatz und Bestimmtheitsmaße zwischen 0,936 und 0,992 für den massebezogenen Ansatz erreicht. Für den Werkstoff SK60 wurden in etwa die gleichen Bestimmtheitsmaße wie bei der Formel nach Feyrer/ Vogel erreicht, unabhängig von der Seilkonstruktion. Die Bestimmtheitsmaße für SK75 fielen geringer aus als für den Werkstoff SK60, wobei die von Feyrer aufgestellte Formel nur den Werkstoff SK60 abdeckt und somit kein Vergleich für den Werkstoff SK75 gezogen werden kann. Vogel konnte damit zeigen, dass prinzipiell auch ein relativ einfacher Ansatz gute Ergebnisse für eine Abschätzung der Seillebensdauer geben kann.

Lebensdauergleichung von DSM

Die von DSM, Hersteller von Dyneema, entwickelte Formel (4) orientiert sich an der Formel von Feyrer zur Berechnung der Lebensdauer laufender Drahtseile [23], [24].

$$\log N = a_0 + a_1 * \log\left(\frac{F}{d^2}\right) + a_2 * \log^2\left(\frac{F}{d^2}\right) + a_3 * \log^3\left(\frac{F}{d^2}\right) + a_4 * log\left(\frac{D}{d}\right) + a_5 * log\left(\frac{S}{d^2} * \frac{D}{d}\right) + a_6 * log(d) + a_7 * log\left(\frac{D}{d}\right) \quad (4)$$

Mit: N: Biegewechselzahl
a_i: Regressionskoeffizienten
F/d^2: Durchmesserbezogene Seilzugkraft [N/mm²]
D/d: Verhältnis Seilscheibendurchmesser zu Seilnenndurchmesser
d: Seilnenndurchmesser

Regressionskoeffizienten wurden in den vom Autor gefundenen Veröffentlichungen nicht gefunden. Auch wurden keine Angaben zu der Vorhersagegenauigkeit, also dem Bestimmtheitsmaß R^2, gemacht.

Lebensdauergleichung von Heinze

Die von Heinze aufgestellte Formel (5) verwendet im Unterschied zu den vorangegangen vorgestellten Formeln zusätzlich zu der Logarithmusfunktion auch eine Arkustangensfunktion, um laut Heinze die zu erwartende Seillebensdauer besser abzubilden [25]. Mit der entwickelten Formel kann laut Heinze die Seillebensdauer eines geflochtenen Seiles mit Mantel für die Seilwerkstoffe Dyneema SK75, Technora T200 und Vectran HT T97 mit einer hohen Zuverlässigkeit berechnet werden.

$$\lg \bar{N} = p_{00} + p_{01} * \arctan(p_{02} * BV) + p_{10} * \lg(\sigma) + p_{11} * \lg(\sigma) * \arctan(BV) - \lg\left(10^{\sigma - a_{D0} + a_{D1} * BV^{-2}} + 1\right) \quad (5)$$

Mit: $\bar{N}$: Mittlere Biegewechselzahl
p_i, a_{Di}: Regressionskoeffizienten
BV: Biegedurchmesserverhältnis $BV = \frac{D_1^*}{d_{ET}}$
Mit: D_1^*: Auflagedurchmesser (Rillengrunddurchmesser)
d_{ET}: tragender Seilersatzdurchmesser
σ: Seilzugspannung [N/mm²]

In Tabelle 4.4 sind die Regressionskoeffizienten für die Berechnungsformel von Heinze aufgeführt, Bestimmtheitsmaße werden von Heinze nicht angegeben.

Tabelle 4.4: Regressionskoeffizienten für die Formel von Heinze für geflochtene Faserseile mit Mantel

Regressionskoeffizient	Dyneema	Technora	Vectran
p_{00}	5,96	-968129	6,087
p_{01}	2,476	616342	1,814
p_{02}	0,111	4454	0,024
p_{10}	-1,891	58,808	-17,637
p_{11}	0	-40,629	11,119
a_{D0}	-940,4	-1024,3	-284,3
a_{D1}	-31454	-82012	-17654

Fazit: Die bisher für hochmodulare Faserseile verfügbaren Lebensdauerberechnungsverfahren sind im Vergleich zu Drahtseilen noch nicht sehr weit entwickelt. Es besteht hier noch weiterer Forschungsbedarf. Der Autor dieses Beitrages befasst sich in seiner Promotion, die bei Drucklegung dieses Buches im Abschluss begriffen ist, mit diesem Themengebiet.

4.4 Untersuchungen zur Erkennung der Ablegereife laufender hochmodularer Faserseile

Zum vollumfänglichen Einsatz laufender hochmodularer Faserseile ist die sichere Erkennung der Ablegereife wichtig. Für die durchzuführenden regelmäßigen Inspektionen, die zum Beispiel von der Berufsgenossenschaft in deren Richtlinien gefordert werden, muss dazu ein eindeutiger Indikator festgelegt sein der angibt, dass das Seil abgelegt werden muss.

Hinsichtlich der Erkennung der Ablegereife gibt es Ansätze, die mit verschiedensten Technologien verfolgt werden. Die einfachsten Ansätze reichen dabei von visueller Zustandsermittlung mittels einer farbigen Zwischenschicht [27] oder der Zuordnung einer Bildertafel zum Außen- und Innenzustand eines Seiles [28] bis zur Verwendung speziell beschichteter Fasern [29]. Allgemein sollten mehrere Inspektionsmöglichkeiten und Ablegekriterien beim Betrieb hochmodularer Faserseile herangezogen werden, um einen sicheren Einsatz hochmodularer Faserseile zu gewährleisten.

Manitowoc/ Samson Ropes und Liebherr/ Teufelberger benutzen als Ablegereifekriterium wie oben erwähnt eine visuelle Zustandsermittlung. Manitowoc und Samson Ropes verwenden als Ablegereife-Indikator für das K-100-Seil einen sogenannten Pocket Guide, in dem Zustandsbilder des Seiles mit dazugehörigem Schadensindikator (Grün, Gelb, Rot)[2] abgebildet sind (Abb. 4.15).

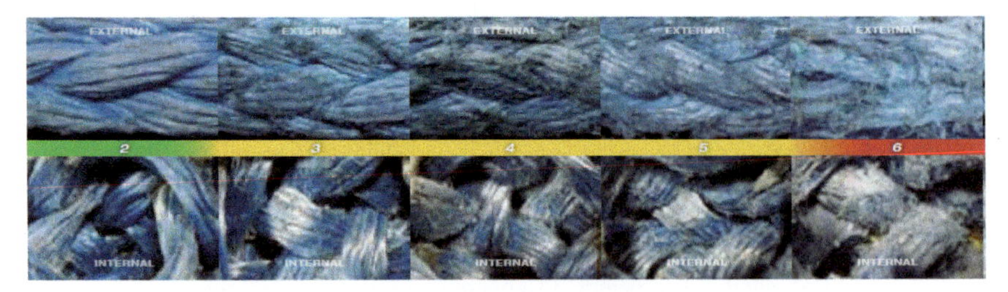

Abb. 4.15: Auszug aus Pocket Guide für AmSteel Blue von Samson Ropes (oben Seilzustand außen, unten Seilzustand im Innern) [28]

Liebherr und Teufelberger haben in das SoLite-Seil eine rote Zwischenschicht eingefügt, die bei Verschleiß des Mantels sichtbar wird und dem Kranführer ein Ablegekriterium gibt (Abb. 4.16).

[2] Grün gibt einen einwandfreien Zustand an, Gelb gibt einen Zustand an, bei dem ein fortschreitender Verschleiß feststellbar ist und Rot gibt an, dass das Seil nicht mehr betriebssicher ist und ausgetauscht werden muss

Abb. 4.16: SoLite mit roter Zwischenschicht [27]

Der amerikanische Seilhersteller Whitehill hat eine Ablegereifeerkennung mittels beschichteter Fasern in Kombination mit der Methode der magnetinduktiven Seilprüfung, wie sie bereits bei Drahtseilen Verwendung findet, entwickelt [29]. Dabei werden einige wenige Faserstränge mit einem Marker-Material behandelt, wobei nicht genannt wird, um welches Marker-Material es sich handelt. Es wurden Biegeversuche mit einem Aramid-Seil durchgeführt, welches Faserbündel mit den behandelten Fasersträngen beinhaltete. Dabei konnte eine prinzipielle Erkennbarkeit der Schädigung in der Biegezone durch eine Signalverbreiterung im Messgraphen der magnetinduktiven Messung festgestellt werden. Im Röntgenbild konnte an Stellen, an denen im Messgraphen ein größeres Signal festgestellt wurde, eine Unterbrechung des behandelten Fasermaterials festgestellt werden.

Eine am IFT [30] verfolgte Möglichkeit beinhaltet die visuelle Inspektion und die automatisierten Ablegereifeerkennung durch das Winspect-System [31]. Mit diesem System kann mittels vier über den Umfang verteilter hochauflösender CCD-Kameras und einer LED-Beleuchtung das Seil aufgenommen und mittels Software-implementierter Erkennungsroutinen im Falle von Drahtseilen nach Drahtbrüchen o.ä. gesucht und angezeigt werden. Eine Weiterentwicklung könnte hierbei der Einsatz bei laufenden hochmodularen Faserseilen sein [30], bei dem das Winspect-System für Durchmesser- und Flechtlängenmessungen (oder Dehnung) und für die Detektion von Unregelmäßigkeiten wie starke Ausfaserungen o.ä. verwendet wird. Weiter wird eine multidimensionale Auswertung mehrerer Inspektionswerte wie z.B. Durchmesser, Flechtlänge und Ausfaserung vorgestellt, die alle Werte, ähnlich zu ISO 4309 [32], in Verhältnis setzt und somit einen sicheren Betrieb gewährleistet.

4.5 Hochmodulare Faserseile in der Normung

Die Bestrebungen hochmodulare Faserseile in der Praxis einzusetzen führte in der unmittelbaren Vergangenheit zu der Entstehung bzw. Überarbeitung von Richtlinien. Im Folgenden sollen die neuentstandene Richtlinie FEM 5.024 „Safe use of high performance fibre ropes in mobile crane applications“ [33] und die überarbeitete Richtlinie VDI 2500 „Faserseile; Beschreibung, Auswahl, Bemessung“ [12], die beide 2017 veröffentlicht wurden, kurz vorgestellt werden. Es kann festgestellt werden, dass im Bereich der Normung noch weitere Anstrengungen zu unternehmen sind, um hochmodulare Faserseile einzusetzen.

4.5.1 – FEM 5.024

Die FEM-Richtlinie (European Materials Handling Federation) 5.024 [33] wurde unter Beteiligung von Kranherstellern, Seilherstellern und der Universität Stuttgart entwickelt. Bei der Erstellung der Richtlinie wurden dabei nicht nur Mobilkrane beachtet, sondern gedanklich auch bereits andere Krananwendungen wie z.B. Turmdrehkrane und Hallenkrane. Mittelfristig soll die Richtlinie als Grundlage für eine internationale Norm auf ISO Ebene dienen, nachdem diese ihre Eignung bewiesen hat.

Die Richtlinie gibt erste Anhaltspunkte, wie ein hochmodulares Faserseil in laufenden Anwendungen aufgebaut sein kann, welche Punkte hinsichtlich des Einsatzes zu beachten sind und wie ein solches Faserseil qualifiziert werden könnte. Anders als bei Drahtseilen wird kein rechnerischer Nachweis der Betriebsfestigkeit geführt (wie z.B. bei DIN EN 13001-3.2), sondern es werden Full-Scale Versuche vorgeschlagen. Diese Versuche umfassen sowohl Biegeversuche als auch, da es sich um eine Richtlinie für Mobilkrane handelt, Mehrlagenwicklungsversuche. Das Faserseil muss bei beiden Versuchsarten nachweisen, dass es bei dem Erreichen der Ablegereife eine Mindestsicherheit bietet:

- 60 % Restlebensdauer bis zum kompletten Seilbruch
- 3-fache Sicherheit im Zerreißversuch

Die Versuchsparameter werden dabei nicht explizit vorgeschrieben, jedoch wird im Anhang ein Versuchsprogramm vorgeschlagen.

4.5.2 VDI 2500

Die VDI-Richtlinie (Verein Deutscher Ingenieure) 2500 [12] wurde im Hinblick auf die Einführung und vermehrter Verwendung von hochmodularen Faserseilen überarbeitet. Es werden die verschiedenen Seilkonstruktionen und -werkstoffe vorgestellt und Hinweise auf deren Eignung und deren Einsatz gegeben. Im Unterschied zur FEM 5.024 werden keine Nachweise der Sicherheit gegeben.

4.6 Literatur

[1] McKenna, H. A.: Handbook of fibre rope technology. CRC Press Woodhead Publishing Ltd. Cambridge, 2004.

[2] Wehr, M.: Beitrag zur Untersuchung von hochfesten synthetischen Faserseilen unter hochdynamischer Beanspruchung. Dissertation. Stuttgart, 2017.

[3] DIN: DIN EN ISO 10547: 2010 – Polyester-Faserseile – Doppelgeflechtausführung. DIN Deutsches Institut für Normung e.V.. Berlin, 2010.

[4] DIN: DIN EN ISO 10556: 2010 – Faserseile aus Polyester/ Polyolefin-Doppelfaserseile. DIN Deutsches Institut für Normung e.V.. Berlin, 2010.

[5] DIN: DIN EN ISO 1141: 2012 – Faserseile – Polyester – 3-, 4-, 8- und 12-litzige Seile. DIN Deutsches Institut für Normung e.V.. Berlin, 2012.

[6] DIN: DIN EN ISO 1346: 2012 – Faserseile – Polypropylen-Splitfilm, Monofilament und Multifilament (PP2) und hochfestes Polypropylen-Multifilament (PP3) – 3-, 4-, 8- und 12-litzige Seile. DIN Deutsches Institut für Normung e.V.. Berlin, 2012.

[7] DIN: DIN EN ISO 10554: 2010 – Polyamid-Faserseile – Doppelgeflechtausführung. DIN Deutsches Institut für Normung e.V.. Berlin, 2010.

[8] DIN: DIN EN ISO 1140: 2012 – Faserseile – Polyamid – 3-, 4-, 8- und 12-litzige Seile. DIN Deutsches Institut für Normung e.V.. Berlin, 2012.

[9] DIN: DIN EN ISO 1969: 2005 – Faserseile – Polyethylen – 3- und 4-litzige Seile. DIN Deutsches Institut für Normung e.V.. Berlin, 2005.

[10] Wehking, K.-H.: Endurance of high-strength fibre ropes running over pulleys. OIPEEC Round Table Reading 1997. Reading 1997.

[11] Wehking, K.-H.: Lebensdauer und Ablegereife von Aramidfaserseilen in Treibscheibenaufzügen der Schindler AG. Interner Forschungsbericht. Ebikon, 2000.

[12] VDI: VDI 2500: 2017 – Faserseile – Beschreibung, Auswahl, Bemessung. VDI Gesellschaft. Düsseldorf, 2017.

[13] DIN: DIN 83307: 2013 – Schiffe und Meerestechnik – Rund- und spiralgeflochtene Chemiefaser-Seile. DIN Deutsches Institut für Normung e.V.. Berlin, 2013.

[14] Kyosev, Y.: Braiding Technology for Textiles. Elsevier Ltd. Cambridge, 2015.

[15] Mammitzsch, J.: Anwendungsspezifische Beschichtungen für Faserseile im Maschinenbau. In: 12. Chemnitzer Textiltechnik Tagung Proceedings, S. 199 - 205. Konferenz 30. September/ 1. Oktober 2009, Chemnitz, 2009.

[16] Kuraray: General considerations for the processing of Vectran® Yarns. Produktblatt Kuraray America, Inc.. Fort Mill, South Carolina, USA, 2011.

[17] DIN: DIN 83319: 2013 – Faserseile – Spleiße – Begriffe, sicherheitstechnische Anforderungen, Prüfung. DIN Deutsches Institut für Normung e.V.. Berlin, 2013.

[18] Paul, H.: Spleißbuch: Das Standardwerk für fachmännisches Spleißen. Geo. Gleistein & Sohn. Bremen, 2008.

[19] Phillystran: Technical Bulletin SocketFast Blue A-20. Phillystran. Montgomeryville, 2013.

[20] Winter, S.: From 4 mm to 50 mm rope diameter – Scaling up a new termination for high-modulus fibre ropes. OIPEEC-Konferenz 2015. Stuttgart, 2015.

[21] Feyrer, K.: Hochfestes Faserseil beim Lauf über Seilrollen. Draht, 42. Jahrgang, 1991, Nr. 11, S. 814 – 818.

[22] Vogel, W.: Dauerbiegeversuche an gedrehten und geflochtenen Faserseilen aus hochfesten Polyethylenfasern. Technische Textilien, 41. Jahrgang, 1998, Nr. 3, S. 126 – 128.

[23] Nuttall, A.: Service life of synthetic fibre ropes in deep water lifting operations. Presentation at: The 15th North Sea Offshore Cranes & Lifting Conference. April 27 - 29 2010. Aberdeen Exhibition & Conference Centre. Aberdeen, UK.

[24] Smeets, P.: New developments on ropes with Dyneema for running wire applications. In: 4. Fachkolloquium InnoZug 2010 Proceedings. S. 3 – 15. Konferenz 22./ 23. September 2010, Chemnitz 2010.

[25] Heinze, T.: Zug- und biegewechselbeanspruchte Seilgeflechte aus hochfesten Polymerfasern. Dissertation. Chemnitz, 2013.

[26] Novak, G.: Entwicklung eines hochfesten Faserseiles für Regalbediengeräte. ZIM-Abschlussbericht. Stuttgart, 2014.

[27] Teufelberger: soLite – Das hochfeste Faserseil für Krane. Produktdatenblatt Teufelberger. Wels, 2016

[28] Samson Ropes: Samson Technical Bulletin – Inspection & Retirement Pocket Guide. Ferndale, 2013.

[29] Huntley, E.: Non-Destructive Test methods for high-performance synthetic rope. OIPEEC-Konferenz 2015. Stuttgart, 2015.

[30] Novak, G.: Entwicklung eines hochfesten Faserseiles für Regalbediengeräte. ZIM-Abschlussbericht. Stuttgart, 2014.

[31] Söhnchen, R.: Securing safety of ropes with a visual rope inspection system. OIPEEC-Konferenz 2015. Stuttgart, 2015.

[32] DIN: DIN ISO 4309: 2013 – Krane – Drahtseile – Wartung und Instandhaltung, Inspektion und Ablage. DIN Deutsches Institut für Normung e.V.. Berlin, 2013.

[33] FEM: FEM 5.024 – Safe use of high performance fibre ropes in mobile crane applications. FEM. Frankfurt, 2017.

5 Seile im Betrieb

Roland Verreet

5.1 Handhabung

5.1.1 Wie sollten Drahtseile entladen werden?

Die ersten Probleme im Umgang mit Drahtseilen treten häufig bereits bei der Anlieferung auf: Die Gabel des Staplers fährt in den Seilring hinein und beschädigt die Drahtseiloberfläche. Der Schaden wird vielleicht erst Tage später entdeckt und eventuell sogar dem Drahtseilhersteller angelastet.

Das auf Ringen oder Haspeln angelieferte Drahtseil sollte nach Möglichkeit überhaupt nicht direkt mit einem Lasthaken oder der Gabel eines Staplers in Berührung kommen, sondern beispielsweise mit Hilfe von breiten textilen Hebebändern angehoben werden. Ein Haspel wird zweckmäßigerweise an einer durch seine Achsbohrung gesteckten Stange angehoben. Wenn die Gabel des Staplers länger ist als die Haspelbreite, kann der Haspel auch an den Flanschen angehoben werden.

5.1.2. Wie sollten Drahtseile gelagert werden?

Drahtseile sollten sauber, kühl und trocken überdacht gelagert werden. Wenn eine Lagerung im Freien unumgänglich ist, müssen die Seile so abgedeckt werden, dass sie nicht mit Feuchtigkeit in Berührung kommen. Eine Kunststofffolie schützt zwar gegen Regen, unter ihr kann sich aber Kondenswasser bilden, welches nicht entweichen kann und das Drahtseil eventuell nachhaltig schädigt.

Ein Bodenkontakt ist zu vermeiden, beispielsweise durch Lagerung auf Platten.

Bei der Lagerung einer größeren Zahl von Ersatzseilen sollte der Grundsatz gelten: first in – first out. Dies bedeutet, dass die Drahtseile in der Reihenfolge ihrer Anlieferung aufgelegt werden sollten. Auf diese Weise wird vermieden, dass einzelne Drahtseile erst nach vielen Jahren Lagerzeit zum Einsatz kommen.

Es versteht sich von selbst, dass bei Verwechslungsgefahr der Seile (zum Beispiel bei gleichen Drahtseilen unterschiedlicher Drahtfestigkeiten) die verschiedenen Lagerpositionen deutlich gekennzeichnet werden müssen. Außerdem muss eine ordentliche Dokumentation geführt werden, die anhand von Lagernummern, Spezifikation, Auftrags- und Lieferdatum für jedes der gelagerten und aufgelegten Drahtseile eine Rückverfolgung bis zum Lieferanten ermöglicht.

5.2 Montage von Drahtseilen

Bei der Montage von Drahtseilen ist generell darauf zu achten, dass die Seile ohne Verdrehung und ohne Beschädigung vom Ring oder Haspel abgewickelt und auf die Anlage aufgelegt werden.

5.2.1. Das Abwickeln vom Ring

Ein auf einem Ring angeliefertes Drahtseil wird entweder von einem Drehteller abgewickelt (Bild 5.1,a) oder am Boden ausgerollt (Bild 5.1,b). In letzterem Fall sollte der Boden möglichst sauber sein, da beispielsweise Sand, der am Schmiermittel des Drahtseiles haften bliebe, auf der Anlage zwischen Drahtseil und Seilrolle zu Drahtbeschädigungen führen könnte.

5.2.2 Das Abwickeln vom Haspel

Ein auf einem Haspel aufgewickeltes Drahtseil wird ebenfalls vorzugsweise von einem Drehteller (Bild 5.1,c) oder aber von einem Bock (Bild 5.1,d) abgewickelt. Ein Ausrollen am Boden (Bild 5.1,e), welches in der einschlägigen Literatur immer wieder empfohlen wird, funktioniert in der Praxis nicht sehr gut, da hierbei der Haspel immer weniger Drahtseile abwickelt als die Wegstrecke, die er zurücklegt, so dass man bei diesem Vorgehen das Drahtseil hinter sich herziehen muss.

In keinem Fall aber darf das Drahtseil seitlich vom Ring oder Haspel abgezogen werden, da auf diese Weise für jede abgezogene Windung eine Torsion in das Drahtseil eingebracht wird. Jede Seilverdrehung aber verändert die Schlaglängen von Litzen und Drahtseil, damit auch die Längenverhältnisse der Seilelemente zueinander und somit letztendlich die Lastverteilungen im Seil.

Ein seitlich vom Ring oder Haspel abgezogenes Drahtseil sperrt sich gegen die aufgezwungene Verdrehung und legt sich in Schlaufen. Bei Belastung eines solchen Seiles ziehen sich die Schlaufen zusammen und erzeugen eine Klanke, eine irreparable Verformung (Bild 5.12). Drahtseile mit Klankenbildung sind nicht mehr betriebssicher und müssen abgelegt werden.

Bild 5.1: Abwickeln von Seilen

5.2.3 Der Montagevorgang

Die vorteilhafteste Art der Drahtseilmontage ist von Anlage zu Anlage verschieden. In jedem Fall ist die Art zu wählen, die bei vertretbarem Aufwand die geringste Gefahr der Seilverdrehung und der Beschädigung des Drahtseiles durch Kontakt mit Konstruktionsteilen gewährleistet.

Bei einigen Geräten kann es empfehlenswert sein, zuerst das alte Drahtseil abzulegen und dann neue Seile zu montieren, bei anderen, insbesondere größeren Geräten empfiehlt es sich, das neue Drahtseil mit dem alten Seil einzuziehen.

Eine weitere Möglichkeit, insbesondere bei der Erstbeseilung, ist die Verwendung eines dünneren Vorseils, mit dessen Hilfe dann das eigentliche Drahtseil eingezogen wird.

In allen Fällen ist abzuwägen, ob das Drahtseil durch die gesamte Seileinscherung eingezogen werden soll oder zunächst direkt vom Ring oder Haspel auf die Seiltrommel umgespult und anschließend von Hand oder mittels Hilfsseil eingeschert werden soll.

Wenn ein Seilende mit einer nicht lösbaren Seilendverbindung versehen ist, bleibt immer nur die Möglichkeit, das freie Seilende durch die gesamte Einscherung zu ziehen.

5.2.4 Das Umspulen vom Haspel auf die Seiltrommel

Jedes Drahtseil erhält schon bei der Fertigung, wo es mittels Abzugscheiben aus dem Verseilkorb gezogen wird, eine bevorzugte Biegerichtung. In diese Richtung gebogen wird es beim Kunden angeliefert. Beim Umspulen vom Haspel auf die Seiltrommel ist darauf zu achten, dass das Seil diese bevorzugte Biegerichtung beibehält.

Wenn der Seilstrang unterhalb der Seiltrommel aufläuft, sollte der Montagehaspel so aufgestellt werden, dass der von ihm ablaufende Seilstrang ebenfalls unterhalb des Haspels abläuft und umgekehrt (Bild 5.2).

5.2.5. Das Einziehen des neuen Seiles mit Hilfe des alten Seiles oder eines Vorseils

Wenn das neue Drahtseil durch das abzulegende Seil oder ein Vorseil eingezogen wird, ist auf eine sichere Verbindung dieser Seile zu achten. Weiterhin muss gewährleistet sein, dass das Vorseil nicht verdrehen kann. Als Vorseil empfehlen sich zum Beispiel drehungsfreie Drahtseilmacharten oder dreilitzige Faserseile. Bei Verwendung konventioneller Drahtseile ist darauf zu achten, dass sie zumindest die gleiche Schlagrichtung wie das einzuziehende Drahtseil haben.

Wenn das neue Drahtseil mit Hilfe des alten Seiles eingezogen wird, werden die beiden Seilenden oft stumpf gegeneinander geschweißt. Eine derartige Verbindung kann den im Seilbetrieb aufgebauten Drall vom alten auf das neue Seil übertragen und dieses schon bei der Montage extrem vorschädigen.

Bild 5.2: Umspulen von Seilen

Dieses Verfahren ist aber auch aus anderen Gründen sehr problematisch: Die Schweißverbindung erzielt zwar bei Verwendung spezieller Elektroden im Zerreißversuch im geraden Strang zufriedenstellende Werte, kann aber dennoch wegen der großen Länge der starren Verbindungszone infolge der Biegebeanspruchung beim Lauf über Rollen brechen.

Wenn diese Verbindung Anwendung findet, sollte sie zusätzlich durch einen Seilstrumpf gesichert werden.

Unproblematischer ist die Verbindung der Drahtseile durch zwei an den Enden angeschweißte Ringe oder Kettenstücke, die mittels Litzen oder dünnen Seilen verbunden werden. Diese Verbindung besitzt eine zufriedenstellende Tragkraft, ist biegsam und verhindert die Übertragung von Drall vom alten zum neuen Seil. Bei Verwendung von zwei Litzen kann anhand der Zahl der Verdrehungen nach der Montage festgestellt werden, ob das alte Seil auf der Anlage stark verdreht worden ist.

Eine weitere Möglichkeit stellt die Verbindung mittels Seilstrümpfen dar. Seilstrümpfe sind Geflechte aus Litzen, die über den Seilenden geschoben werden. Bei Belastung ziehen sich die Seilstrümpfe zusammen und halten die Seilenden mittels Reibung (Bild 5.3). Beim Einziehen eines Gleichschlagseils ist zu beachten, dass die Seilstrümpfe sich trotz der Schnürspannungen wie eine Mutter auf einer Schraube auf dem Seil abdrehen können. Hier schafft ein vorheriges Umwickeln der Seilstrecken, die in die Seilstrümpfe gesteckt werden, mit einem starken Klebeband Abhilfe.

Bild 5.3: Seilstrumpf

5.2.6. Das Auftrommeln unter Last

Für ein einwandfreies Spulen des Drahtseiles auf der Trommel ist es im Falle von Mehrlagenspulung, und hier besonders bei Verwendung der sogenannten Lebusspulung, von großer Wichtigkeit, dass die Drahtseile unter Vorspannung auf die Trommel gebracht werden.

Wenn die unteren Lagen zu locker sind, können sich die höheren Lagen unter Last zwischen tiefliegende Seilstränge einziehen. Dies kann zu gravierenden Seilschäden führen. Da der ablaufende Seilstrang an dieser Stelle vielleicht sogar festgeklemmt wird, kann dies beim Abtrommeln des Seiles plötzlich zu einer Spulrichtungsumkehr und somit zu einem schlagartigen Anheben der abwärts bewegten Last führen.
Die Vorspannung sollte in der Größenordnung von etwa 1 bis 2 Prozent der Mindestbruchkraft der Drahtseile liegen.

Während es in vielen Fällen ausreicht, das Drahtseil normal aufzulegen, um es dann abzutrommeln und mit Hilfe einer äußeren Last wieder aufzutrommeln, ist dies in anderen Fällen, zum Beispiel im Falle eines Turmdrehkranes, der seine höchste Kletterhöhe noch nicht erreicht hat, nicht möglich. In diesen Fällen muss die Vorspannung bereits bei der Montage aufgebracht werden.

5.2.7 Das „Einfahren“ des Drahtseiles

Bevor ein Drahtseil nach seiner Montage die eigentliche Arbeit übernimmt, sollte es eine gewisse Zahl von Lastspielen mit geringen Teillasten durchführen. Es sollte „eingefahren“ werden, damit sich die Seilelemente setzen und der neuen Umgebung anpassen können. Leider wird in der Praxis genau das Gegenteil dieser Empfehlung getan: Nach der Seilmontage erfolgt oft zunächst einmal die Überlastung.

5.3. Inspektion von Drahtseilen

5.3.1 Warum muss ein Drahtseil inspiziert werden?

Ein Drahtseil ist ein Gebrauchsartikel mit einer begrenzten Lebensdauer. Viele Eigenschaften eines Drahtseiles verändern sich im Laufe seiner Einsatzzeit. So steigt beispielsweise seine Bruchkraft zunächst mit zunehmender Laufzeit leicht an, um dann aber nach Überschreiten eines Maximums rapide abzufallen.

Dieser Bruchkraftabfall erklärt sich durch einen zunehmenden Verlust an Metallquerschnitt infolge von Abrieb und Korrosion, durch das Auftreten von Drahtbrüchen und durch Strukturveränderungen des Drahtseiles.

Bei einer Kette, die eine Reihenschaltung der lasttragenden Elemente darstellt, führt der Bruch eines einzelnen Elementes zum vollständigen Versagen des Hebemittels. Im Drahtseil hingegen sind die lasttragenden Elemente parallelgeschaltet. Ein Drahtseil kann daher selbst nach dem Bruch einer größeren Zahl von Drähten noch betriebssicher sein (Bild 5.4).

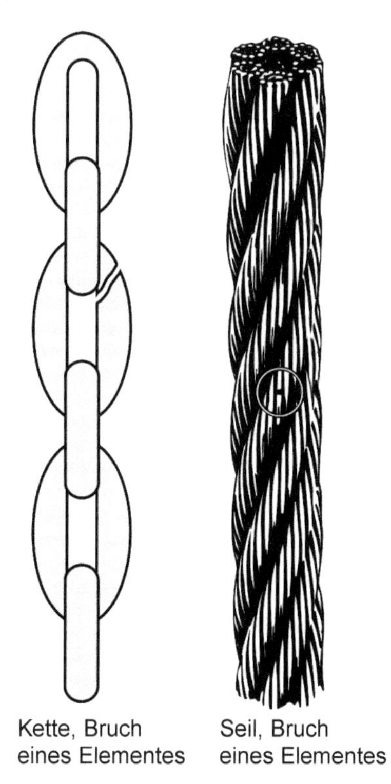

Bild 5.4: Bruch je eines Elementes in Kette und Seil

Die Zahl der Drahtbrüche nimmt in der Regel stetig zu. Den typischen Verlauf der Zunahme der Drahtbruchzahl mit zunehmender Biegewechselzahl zeigt Bild 5.5.

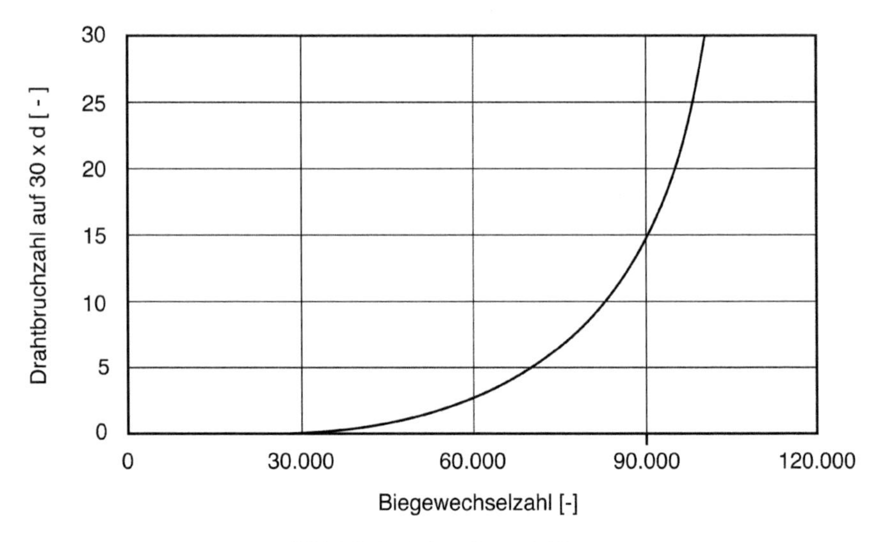

Bild 5.5: Drahtbruchentwicklung

Ein Ziel der Drahtseilinspektion ist es, diesen natürlichen Verlauf zu überwachen, damit das Drahtseil rechtzeitig vor Erreichen eines unsicheren Betriebszustandes abgelegt werden kann.

Ein weiteres Ziel der Inspektion ist es, außergewöhnliche Seilbeschädigungen zu erkennen, die in der Regel durch äußere Einflüsse erzeugt werden. Hierdurch wird einerseits ein rechtzeitiges Ablegen der Drahtseile ermöglicht, andererseits hilft das Erkennen von Schwachstellen im Seiltrieb, Maßnahmen zu ergreifen, die ein wiederholtes Auftreten derartiger Beschädigungen zu vermeiden helfen.

5.3.2 Wann muss ein Drahtseil inspiziert werden?

Die DIN 15020-2 empfiehlt in Punkt 3.4 „Überwachung" eine tägliche Sichtprüfung von Drahtseilen und Seilendbefestigungen auf etwaige Schäden.

In regelmäßigen Zeitabständen sollen ferner die Drahtseile durch ausgebildetes Fachpersonal auf ihren betriebssicheren Zustand hin untersucht werden. Der zeitliche Abstand der Prüfungen ist nach DIN so festzulegen, dass Schäden rechtzeitig erkannt werden. Deswegen sind die Abstände in den ersten Wochen nach dem Auflegen eines neuen Drahtseiles und nach dem Auftreten der ersten Drahtbrüche kürzer zu wählen als während der übrigen Aufliegezeit des Drahtseiles. Nach außergewöhnlichen Belastungen oder bei vermuteten nicht sichtbaren Schäden ist der zeitliche Abstand entsprechend zu kürzen (gegebenenfalls auf Stunden). Außerdem ist eine solche Prüfung durchzuführen bei der Inbetriebnahme nach längeren Stillstandzeiten, bei zum Ortswechsel demontierten Hebezeugen vor jeder Inbetriebnahme an einer neuen Arbeitsstelle und nach jedem Unfall oder Schadensfall, der in Zusammenhang mit dem Seiltrieb aufgetreten ist.

Seilrollen, Seiltrommeln und Ausgleichsrollen sind nach DIN 15020-2 „bei Bedarf, jedoch mindestens einmal jährlich und bei jedem Auflegen eines neuen Drahtseiles“ zu überprüfen.

Regelmäßige Inspektionen des Seiltriebes dienen der Sicherheit des Betreibers in zweifacher Hinsicht: Zunächst einmal wird das Unfallrisiko vermindert. Sollte aber durch einen unglücklichen Zufall dennoch einmal ein Schaden eintreten, helfen lückenlose Dokumente regelmäßiger Überwachungen, einen Vorwurf der Fahrlässigkeit zurückzuweisen.

5.3.3 Übersicht über die Ablegekriterien

Nach DIN 15020-2 muss ein Drahtseil abgelegt werden, wenn eines oder mehrere der folgenden Kriterien erfüllt sind:

1) Drahtbrüche. Ein Drahtseil muss abgelegt werden, wenn die zulässige Drahtbruchzahl gemäß DIN 15020-2 erreicht oder überschritten wurde (siehe Kapitel 6). Bei Auftreten von Drahtbruchnestern ist das Drahtseil ebenfalls abzulegen.

2) Durchmesserverringerung. Ein Drahtseil muss abgelegt werden, wenn es seinen Durchmesser durch Strukturveränderungen auf längeren Strecken um 15 % oder mehr gegenüber dem Nennmaß verkleinert hat.

3) Korrosion. Ein Drahtseil muss abgelegt werden, wenn seine Tragkraft oder seine Betriebsfestigkeit durch Korrosion übermäßig herabgesetzt wurde. Hier muss das Drahtseil bei einer Durchmesserverringerung von 10 % gegenüber dem Nennmaß abgelegt werden, auch wenn keine Drahtbrüche festgestellt werden.

4) Abrieb. Ein Drahtseil muss abgelegt werden, wenn seine statische Bruchkraft oder seine Betriebsfestigkeit durch metallischen Abrieb übermäßig herabgesetzt wurde. Hier muss das Drahtseil bei einer Durchmesserverringerung von 10 % gegenüber dem Nennmaß abgelegt werden, auch wenn keine Drahtbrüche festgestellt werden.

5) Seilverformungen
Korkenzieherartige Verformungen. Ein Drahtseil muss abgelegt werden, wenn eine korkenzieherartige Verformung eine Wellenhöhe von 1/3 des Seildurchmessers erreicht (Bild 5.6).

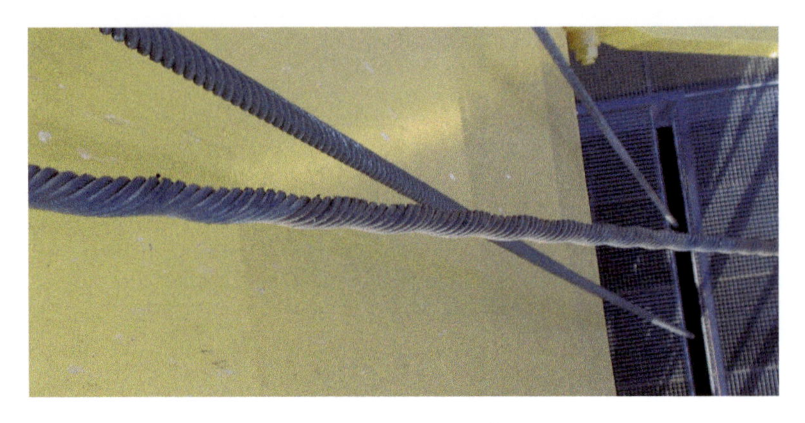

Bild 5.6: Korkenzieherartige Verformung

Korbbildungen. Bei Auftreten einer Korbbildung (Bild 5.7) muss ein Drahtseil abgelegt werden.

Bild 5.7: Korbbildung

Schlaufenbildung. Bei erheblicher Veränderung des Seilverbandes durch Schlaufenbildungen von Drähten (Bild 5.8) muss ein Drahtseil abgelegt werden.

Drahtlockerungen. Bei durch Rost oder Abrieb verursachten Drahtlockerungen muss ein Drahtseil abgelegt werden. Bei anderer Ursache sind die Folgeschäden für das Ablegen entscheidend.

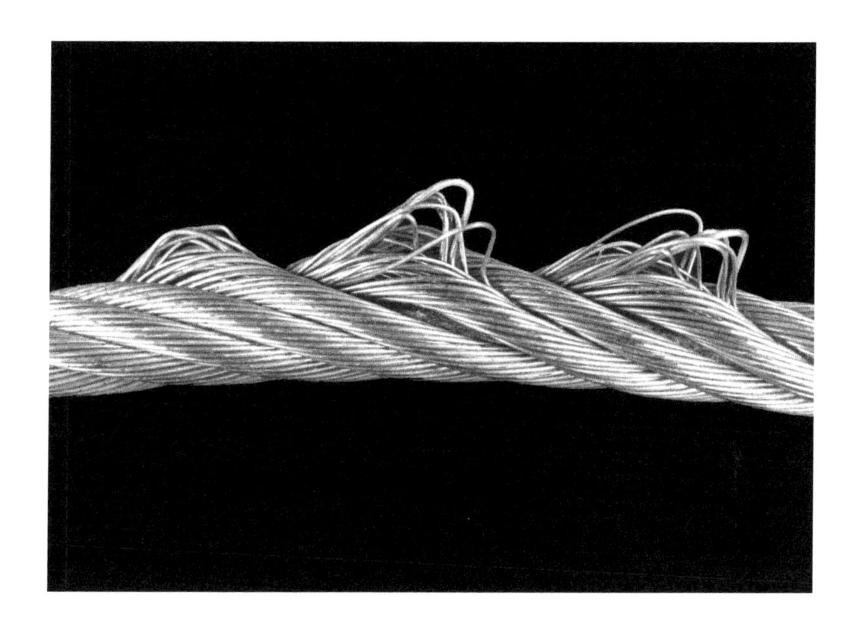

Bild 5.8: Drahtschlaufen (Haarnadeln)

Knotenbildung. Bei starker Knotenbildung (Bildung von lokalen Verdickungen im Seil) muss ein Drahtseil abgelegt werden.

Einschnürungen. Drahtseile mit starken Einschnürungen sind abzulegen.

Lockenartige Verformungen. Drahtseile, die bleibende Verformungen erlitten haben, weil sie über eine Kante gezogen wurden, sind abzulegen.

Klanken. Drahtseile mit Klanken (zugezogene Seilschlinge, Bild 5.9) sind abzulegen.

Bild 5.9: Klanke

Knicke. Drahtseile, die durch gewaltsame äußere Einwirkung Knicke erhalten haben, sind abzulegen.

Hitzeeinwirkung. Drahtseile, die übermäßiger Hitzeeinwirkung ausgesetzt waren, sind abzulegen.

5.3.4 Wo muss ein Drahtseil inspiziert werden?

Eine optische Begutachtung hat generell auf der gesamten Seillänge zu erfolgen, wobei kritischen Stellen natürlich eine erhöhte Aufmerksamkeit gezollt werden sollte. Kritische Stellen sind

a) die Seilzonen, die die größte Zahl von Biegewechseln ausführen. Hier ist mit erhöhtem Abrieb und Drahtbrüchen zu rechnen.
b) die Lastaufnahmepunkte. Wenn ein Hebezeug bevorzugt an einer Stelle eine Last aufnimmt oder abgibt, sind alle Seilzonen, die in dieser Stellung auf Seilrollen liegen oder auf der Trommel auf- oder von ihr ablaufen, besonderen Beanspruchungen unterworfen.
c) die Seilendbefestigungen. An den Seilendbefestigungen ist das Drahtseil in seiner Elastizität beeinträchtigt, die Seilgeometrie ist hier eingefroren. Die Befestigung übt oft zusätzliche Pressungen auf das Drahtseil aus, die Übergangszonen sind häufig zusätzlichen Spannungen durch Seilschwingungen ausgesetzt. Oft kann sich in den Endbefestigungen Feuchtigkeit festsetzen. Daher ist hier mit Drahtbrüchen und Korrosion zu rechnen.
d) Seilzonen auf Ausgleichsrollen. Im Gegensatz zu einer Einschätzung nach DIN 15020-1, die für Ausgleichsrollen kleinere Durchmesser gestattet als für die übrigen Rollen im Seilbetrieb, sind die Seilzonen auf Ausgleichsrollen durch Schwingungen der Last oder ungleichmäßiges Spulen zweier Seiltrom-

meln z.T. sehr hohen Biegewechselzahlen unterworfen. Oft kann sich hier auch Feuchtigkeit zwischen Seil und Rolle festsetzen und örtlich verstärkte Korrosion bewirken.

e) Seilzonen auf Seiltrommeln. Lastaufnahmepunkte und Überkreuzungsstellen auf Seiltrommeln sind verstärktem Verschleiß unterworfen und daher besonders auf Abrieb, Drahtbrüche und Strukturveränderungen zu prüfen. Bei Mehrlagenspulung können sich untere Lagen lockern und zu Hindernissen für die auflaufenden Seilstränge werden, auch können sich höhere Lagen in lockere untenliegende Lagen hineinziehen. Berührungsstellen mit den Trommelflanschen und Steigungszonen sind außerdem besonders zu begutachten, da sie starkem Verschleiß ausgesetzt sein können.

f) Seilscheiben. Seilscheiben sind, sofern dies möglich ist, auf ihre Gängigkeit hin zu prüfen. Der Rillengrund der Scheiben, der im Durchmesser etwa Seilnenndurchmesser plus 6 bis 8 % betragen sollte, ist mit Hilfe einer Lehre zu überprüfen. Die verbleibende Wandstärke von Rollen sollte gemessen werden, seitliches Einarbeiten ist zu vermerken. Rollen mit Negativabdrücken der Seiloberfläche im Rillengrund sollten ausgetauscht werden.

g) Seilzonen, die aggressiven Medien oder Hitze ausgesetzt sind. Chemikalieneinfluss oder Hitze können die Tragkraft von Drahtseilen deutlich herabsetzen. Dauertemperaturen von etwa 250 Grad Celsius sind für das Drahtmaterial noch unkritisch, jedoch können Temperaturen von 50 °C schon zum vollständigen Schmiermittelverlust des Drahtseiles und somit zu einer deutlichen Verschlechterung der Arbeitsbedingungen führen.

5.3.5 Wie muss ein Drahtseil inspiziert werden?

5.3.5.1 Hilfsmittel

Bei einer fachmännischen Inspektion des Drahtseiles und des Seiltriebes sollten folgende Hilfsmittel zur Verfügung stehen:

- eine Schieblehre (eventuell mit Messflächen)
- ein Bandmaß
- ein Stück weiße Kreide, 1 Stück schwarze Wachskreide
- eine Endlosrolle Papierstreifen
- ein Schraubendreher
- eine Lupe (eventuell Messlupe, Fadenzähler)
- zwei Satz Rillenlehren
- ein Putzlappen
- ein Notizblock oder ein Inspektionsformular
- die Protokolle der vorausgegangenen Inspektionen
- ein Kugelschreiber o.ä.
- eine Übersicht über die Ablegekriterien

5.3.5.2 Ermittlung der Drahtbruchzahlen

Die Ermittlung der Drahtbruchzahlen kann durch eine äußere visuelle Begutachtung oder durch eine magnetinduktive Prüfung erfolgen. Die magnetinduktive Prüfung wird in Kapitel 7 behandelt werden.

Bei der visuellen Begutachtung muss zunächst einmal durch eine Überprüfung möglichst der gesamten Seillänge die Seilzone mit der größten Drahtbruchhäufung ermittelt werden.

Diese Zone kann durch optische Inaugenscheinnahme gefunden werden, durch ein Abtasten des stehenden Seiles oder durch ein Spulen des Seiles durch die Hand, wenn eine genügend langsame Seilgeschwindigkeit erzielt werden kann. Bei einem derartigen Verfahren ist natürlich größte Vorsicht geboten, da ein aus dem Seilverband hervorstehender Draht zu schlimmen Verletzungen führen kann.

In vielen Fällen behilft sich der Inspekteur durch ein Abfahren des Seiles mittels eines Holzstücks, welches durch vorstehende Drahtbruchenden zurückgeschlagen wird.

Auf den schlechtesten Seilzonen werden mit Hilfe eines Bandmaßes Strecken der Länge 30 x Seildurchmesser abgemessen und mit Kreide markiert. Bei Auftreten von Drahtbruchnestern oder lokalen Beschädigungen des Drahtseiles wird außerdem eine Strecke von 6 x Seildurchmesser (ungefähr eine Seilschlaglänge), die die Schäden beinhalten, markiert. Auf diesen Strecken werden nun sorgfältig alle Drahtbrüche durch Sichtkontrolle und Abtasten des Seiles auf den Umfang gezählt. Zur besseren optischen Kontrolle kann es hierbei erforderlich sein, die Seiloberfläche mit Hilfe eines Putzlappens und die Täler zwischen den Litzen mit einem Schaber von Schmiermittel und Schmutz zu befreien.

Das Abtasten des Seiles ist bei der Ermittlung der Drahtbruchzahl ebenso wichtig wie die optische Kontrolle, da sich häufig, besonders bei gut vorgeformten Seilen, die Drahtbruchenden nicht aus dem Seilverband herausheben. Außerdem ist häufig der schmale Spalt zwischen den Bruchenden mit Schmiermittel zugesetzt und daher optisch selbst bei gesäuberten Seilen kaum wahrnehmbar. Wer bei der Seilkontrolle keine schmutzigen Finger bekommt, arbeitet nicht gründlich genug!

Drahtbrüche von Außendrähten, die nicht auf den Litzenkuppen, sondern an den Berührungsstellen zweier benachbarter Drähte oder sogar an der Litzenunterseite auftreten, sind sehr schwer zu erkennen. Bei dünnen Seilen, die vollständig entlastet werden können, lassen sich derartige Drahtbrüche durch starkes Biegen des Seiles sichtbar machen (Bild 5.10).

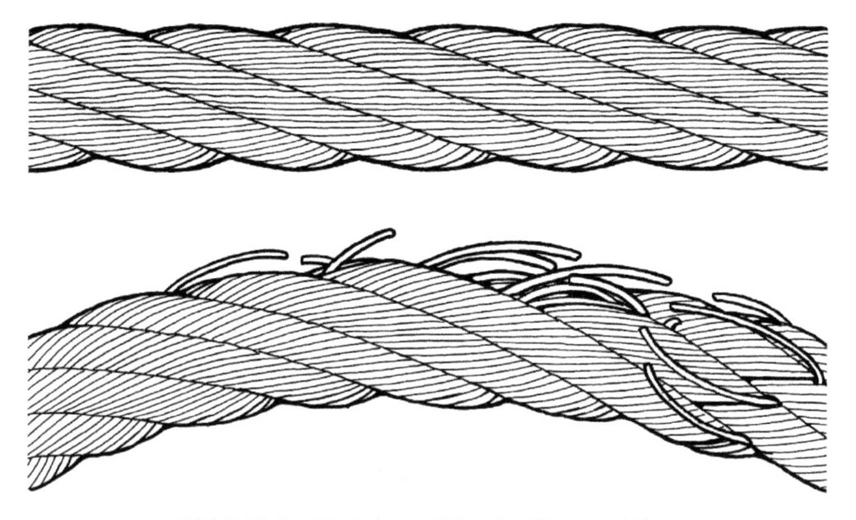

Bild 5.10: Drahtbrüche an Litzenberührungsstellen
(erkennbar nur bei starkem Biegen des Seiles)

Die ermittelten Drahtbruchwerte werden notiert und mit den nach DIN 15020-2 zulässigen Drahtbruchzahlen verglichen. Bei Überschreiten der zulässigen Drahtbruchzahlen muss das Drahtseil abgelegt werden.

5.3.5.3 Ermittlung des Seildurchmessers

Die Messung des Seildurchmessers sollte bereits am fabrikneu angelieferten Seil mehrfach durchgeführt werden. Zum einen kann durch diese Messung festgestellt werden, ob das neue Seil innerhalb der von den Normen vorgeschriebenen Toleranz von Seilnenndurchmesser + 0 Prozent bis Seilnenndurchmesser + 5 Prozent liegt (bei Verwendung spezieller Spulsysteme kann der zulässige Durchmesserbereich für das Drahtseil weiter eingeengt sein). Zum anderen kann der Mittelwert der gemessenen Durchmesser im Neuzustand als Vergleichswert für alle folgenden Messungen dienen.

Durch Messungen des Seildurchmessers während der weiteren Betriebszeit des Seiles soll gewährleistet werden, dass abnormal schnelle Verringerungen des Seildurchmessers (zum Beispiel durch Bruch der Stahleinlage) schnell erkannt werden. Bei einer Abnahme des Seildurchmessers auf 10 % unter den Nenndurchmesser muss nach DIN 15020-2 ein Drahtseil abgelegt werden.

Zur exakten Bestimmung des Seildurchmessers an verschiedenen charakteristischen oder auch außergewöhnlichen Zonen des Drahtseiles bedienen wir uns einer Schieblehre.

Die Schieblehre sollte nach Möglichkeit zwei plane Messflächen aufweisen. Eine Digitalanzeige ist vorteilhaft.

Betrachten wir ein sechslitziges Drahtseil im Querschnitt: Eine Messung der Seildicke über die Kuppen (Bild 5.11,a) ergibt einen höheren Wert als eine Messung über die Täler (Bild 5.11,b). Als Durchmesser des Drahtseiles gilt definitionsgemäß der Durchmesser des Hüllkreises.

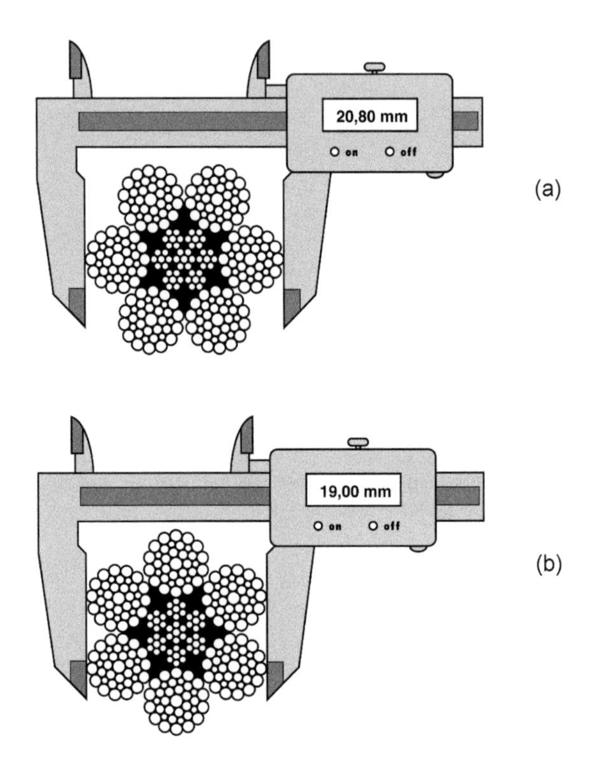

Bild 5.11: Messung des Seildurchmessers

Drahtseile mit gerader Außenlitzenzahl (4-, 6-, 8-, 10- und mehrlitzige Seile) müssen bei einer Messung mit einer herkömmlichen Schieblehre von Litzenkuppe zu Litzenkuppe gemessen werden. Eine Schieblehre mit breiten Messflächen hingegen erfasst selbst bei „falscher“ Messung die benachbarten Maxima und zeigt den „richtigen“ Durchmesser an (Bild 5.12).

Bild 5.12: Messung mit Schieblehre mit breiten Backen

Schwieriger ist die Messung des Durchmessers bei Drahtseilen mit einer ungeraden Außenlitzenzahl (3-, 5-, 7- und 9-litzige Seile): Hier liegt einer Kuppe auf der einen Seite immer ein Tal auf der anderen Seite gegenüber.

Eine gewöhnliche Schieblehre muss daher bei der Messung schräg zur Seilachse gehalten werden, so dass eine dem Tal benachbarte Kuppe mit erfasst wird. Auch hier hat eine Schieblehre mit breiten Messflächen eindeutige Vorteile, da sie die Maxima immer erfasst.

In allen Fällen sollten an jeder Messstelle zwei senkrecht zueinander stehende Seildurchmesser gemessen werden, um auch eventuelle Unrundheiten des Seiles erkennen zu können.

Die Eintragung in das Prüfprotokoll könnte heißen: „Seildurchmesser 20.4/20.5 mm“.

5.3.5.4 Messung der Seilschlaglänge

Zur Messung der Seilschlaglänge benötigen wir Bandmaß und Kreide. Um den Fehler bei der Messung möglichst gering zu halten, messen wir über drei oder mehr Schlaglängen und dividieren anschließend die gemessene Länge durch das gewählte Vielfache.

Wie der Durchmesser soll auch die Seilschlaglänge beim fabrikneu angelieferten Seil durch mehrere Messungen ermittelt und schriftlich festgehalten werden, auch hier kann der Mittelwert als Vergleichswert für alle folgenden Messungen dienen. In der Regel kann die Seilschlaglänge im Anlieferungszustand des Seiles, jedoch auch später noch auf den Totwindungen auf der Trommel gemessen werden.

Die Größe der Schlaglänge allein besitzt für den Seilbetreiber keine Aussagekraft, deutliche Veränderungen der Seilschlaglänge sind jedoch ein Alarmsignal, welches darauf hinweist, dass irgendetwas nicht in Ordnung ist.

Eine andere Möglichkeit, die Seilschlaglänge zu messen, die gleichzeitig noch ein archivierbares Dokument liefert, ist der Abdruck der Seiloberfläche auf einem langen Papierstreifen.

Vor Ort kann durch Übereinanderlegen eines Abdrucks der toten Trommelwindungen und der untersuchten Zone und Betrachtung gegen das Licht bereits grob festgestellt werden, ob sich Veränderungen ergeben haben.

5.3.5.5 Überprüfung der Festigkeit des Drahtseilgefüges

Die Festigkeit des Drahtseilgefüges ermitteln wir, indem wir einen Schraubendreher zwischen zwei Decklitzen stecken und ohne große Gewaltanwendung versuchen, durch Drehen des Handgriffs einen Spalt zu erzeugen. Wenn das Drahtseil dieser Verdrehung keinen großen Widerstand entgegensetzt, uns eventuell sogar ein Durchstecken des Schraubendrehers unter zwei benachbarte Litzen erlaubt, liegen Lockerungen des Seilgefüges vor.

In gleicher Weise überprüfen wir, ob sich die Außendrähte des Seiles im Litzenverband gelockert haben.

Ein gewaltsames Anheben der Decklitzen mit Hilfe eines Schraubers oder eines Spleißnagels, wie es verschiedentlich praktiziert wird, um den Zustand des Herzseiles zu begutachten, sollte nach Möglichkeit vermieden werden. Nur zu oft trägt hier das Drahtseil bleibende Beschädigungen davon.

5.3.5.6 Überprüfung auf Strukturveränderungen

Im Hauptarbeitsbereich laufender Drahtseile, d.h. in den Seilzonen, die die größte Zahl von Biegewechseln ausführen, erwartet man im Normalfall die ersten Seilschäden. Seilverformungen wie Korkenzieher, Korbbildungen oder Schlaufenbildungen, finden sich aber sehr häufig außerhalb des Hauptarbeitsbereiches der Seile, da die Seilrollen die sie verursachenden Litzen- oder Drahtüberlängen aus dem Überrollungsbereich herausmassieren. Auch vor der Seiltrommel oder aber vor den Endbefestigungen können sich derartige Seilschäden ausbilden. Diese Bereiche sind daher mit der gleichen Sorgfalt zu untersuchen.

Während der Untersuchung sind die Seile einmal zu bewegen, um auch momentan nicht zugängliche Seilzonen begutachten zu können.

Schleifspuren an Konstruktionsteilen können wertvolle Hinweise auf einen nicht einwandfreien Seilbetrieb und mögliche Seilschäden sein.

Störungen des Seilverbandes sind die am schwierigsten zu beurteilenden Ablegekriterien. Wenn auch nur die geringsten Zweifel an der Betriebssicherheit des Drahtseiles vorliegen, sollte das Seil abgelegt werden.

5.3.5.7 Überprüfung von Seilrollen und Seiltrommeln

Neben dem Drahtseil selbst verdienen auch alle Teile der Anlage, mit denen das Seil in Berührung kommt, unsere Aufmerksamkeit. Die im Folgenden für die Seilrollen gemachten Aussagen gelten in analoger Form auch für die Seiltrommeln.

Die Rillen der Rollen sollten glatt sein und einen Durchmesser aufweisen, der geringfügig größer ist als der Effektivdurchmesser des Seiles. DIN 15020-1 empfiehlt einen Rillendurchmesser von mindestens 1,05 mal dem Seilnenndurchmesser. Die Normen DIN 5881-2 für die Erdölindustrie und DIN 15061-1 für Hebezeuge schreiben die Minimalradien für Seilrollen und Seiltrommeln explizit vor, unterschreiten hier aber teilweise die in der DIN 15020-1 empfohlenen Werte.

Der optimale Durchmesser im Rillengrund liegt bei etwa 1,06 bis 1,08 mal Seilnenndurchmesser. Durch eine zu enge Rille wird das Drahtseil starken Pressungen in radialer Richtung ausgesetzt. Diese Beanspruchung führt frühzeitig zu Drahtbrüchen oder zu Strukturveränderungen des Seiles. Eine zu weite Rille hingegen bietet dem Drahtseil zu wenig Auflagefläche und seitliche Unterstützung. Die erhöhten Pressungen im Rillengrund und die Zusatzspannungen durch die verstärkte Seilverformung (Ovalisierung des Seiles) führen ebenfalls zu einem Abfall der Seillebensdauer (Tabelle 4.4).

Die Überprüfung der Rillen erfolgt mittels Rillenlehren. Derartige Lehren sind zwar im Handel erhältlich, am besten sind jedoch auf der Drehbank hergestellte kreisrunde Schablonen.

Beengte Platzverhältnisse erschweren auf vielen Anlagen die Begutachtung. Wenn keine Möglichkeit besteht, die Anschmiegung der Schablonen von der Seite her zu kontrollieren, kann man die Schablonen durch die Rillen ziehen und die Beurteilung anhand der Gleitspuren im Schmiermittel vornehmen.

Während der Messung der Rille überprüfen wir gleichzeitig die Tiefe des Rillengrundes und seine Oberflächenbeschaffenheit. Eingrabungen und andere Oberflächenveränderungen setzen die Seillebensdauer oft stark herab. Wenn sich im Rillengrund ein Negativprofil des aufliegenden Drahtseiles herausgebildet hat (Bild 5.13), so kann dieses Profil für das jeweilige aufliegende Seil zwar optimale Auflageverhältnisse bieten, spätestens aber das beim nächsten Seilwechsel aufgelegte Seil würde nicht mehr in diese Kontur hineinpassen und sehr schnell zerstört werden. Rollen mit derartigen Eingrabungen müssen bei einem Seilwechsel ebenfalls ausgetauscht werden.

Bild 5.13: Negativabdruck des Seiles in der Rille

Auch die Flanken der Seilrollen sollten regelmäßig überprüft werden. Radial zum Rillengrund weisende Schleifspuren zeigen uns, dass das Seil beim Lauf über die Rolle zunächst auf die Flanke aufläuft und dann erst bei weiterer Drehung der Rolle in den Grund hinabrutscht (Bild 5.14). Hierbei besteht zum einen die Gefahr einer gewaltsamen Seilverdrehung, die zu Strukturveränderungen führt, zum anderen die Gefahr eines Herausspringens des Seiles aus der Rolle. Der seitliche Ablenkwinkel sollte, soweit möglich, reduziert werden.

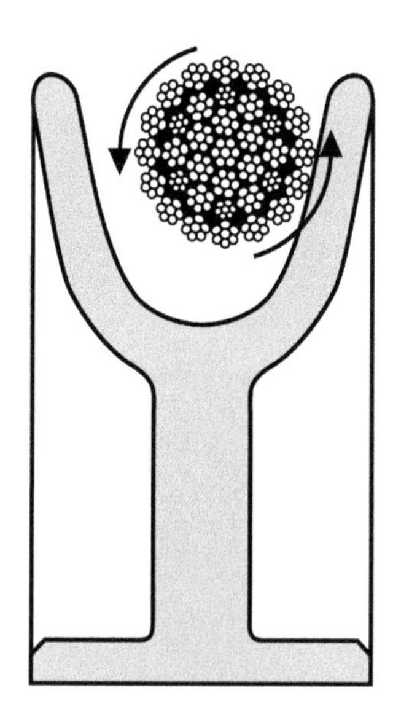

Bild 5.14: Auflaufen des Seiles auf die Rillenflanke

5.4 Wartung von Drahtseilen

Drahtseile müssen nach DIN 15020-2 „regelmäßig gewartet werden, wobei die auszuführenden Arbeiten abhängen von der Art des Hebezeuges, dessen Benutzung und die Seilart“. Durch eine regelmäßige Wartung kann die Lebensdauer eines Drahtseiles vergrößert werden.

5.4.1 Die Nachschmierung von Drahtseilen

Während seiner Herstellung erhält ein Drahtseil eine intensive Schmierung, die einen Schutz gegen Korrosion und eine Verbesserung der Reibwerte zwischen den Seilelementen untereinander sowie zwischen Drahtseil und Seilrolle oder Trommel erreichen soll. Dieser Vorrat reicht jedoch nur für eine begrenzte Zeit und sollte regelmäßig ergänzt werden.

Die DIN 15020-2 schreibt: „Drahtseile müssen in regelmäßigen Abständen, die von den Betriebsverhältnissen abhängen, nachgeschmiert werden, insbesondere im Bereich der Biegezone“. Weiter heißt es: „Wenn aus betrieblichen Gründen das Nachschmieren des Seiles unterbleiben muss, ist mit einer kürzeren Aufliegezeit zu rechnen und die Überwachung entsprechend einzurichten.“ Den Einfluss von Schmierung und Nachschmierung auf die Seillebensdauer zeigen die entsprechenden Faktoren f_{N2} in Tabelle 4.4 (bitte mit Kap. 4 vergleichen!!!).

Bei der Wahl des Nachschmiermittels ist darauf zu achten, dass es mit dem Fabrikat des Drahtseilherstellers verträglich ist.

Das Aufbringen des Schmiermittels kann auf verschiedene Arten erfolgen:

Die wohl gebräuchlichste Methode ist das Aufbringen mittels Pinsel (Bild 5.15,A) oder Handschuh (Bild 5.15,B).

Auch das Aufbringen von Schmiermittel im Bereich einer Seilrolle (Bild 5.15B, C) wird häufig praktiziert, verschiedentlich wird das Schmiermittel kontinuierlich an einer Seilrolle als Tropfschmierung aufgebracht. Bei geringerem Schmiermittelbedarf finden häufig Sprühdosen Anwendung.

Verschiedene Anlagen erlauben das Durchlaufen einer Schmiermittelwanne (Bild 5.15,C).

Bild 5.15: Nachschmieren von Drahtseilen

Ein vollständiges Eindringen des Schmiermittels in alle Hohlräume des Drahtseiles garantiert allerdings nur eine Hochdruckschmierung mittels Druckmanschette (Bild 5.15,D). Hierbei werden die mit Gummidichtungen versehenen Halbschalen um das Drahtseil geklappt und verschraubt. Während das Drahtseil die Manschette durchläuft, wird mit Drücken um 30 bar Schmiermittel in die Manschette gepresst.

Wichtig bei jeder Drahtseilnachschmierung ist, dass sie von Anfang an regelmäßig erfolgt und nicht erst aufgenommen wird, wenn bereits die ersten Schäden festgestellt wurden.

5.4.2 Die Reinigung von Drahtseilen

Die DIN 15020-2 schreibt: „Sehr stark verschmutzte Drahtseile sollten von Zeit zu Zeit äußerlich gereinigt werden.“ Dies gilt besonders für Drahtseile, die in stark abrasiver Umgebung arbeiten oder aber im Betrieb chemisch wirksame Stoffe anlagern. Eine wirksame Reinigung ist allerdings ohne die richtigen Hilfsmittel sehr mühsam. Das kanadische Rigging Manual empfiehlt zur Seilreinigung eine Vorrichtung mit drei rotierenden Bürsten und nachgeschalteter Druckluft.

5.4.3 Das Entfernen von gebrochenen Drähten

Wenn bei einer Drahtseilinspektion Drahtbruchenden gefunden werden, die sich möglicherweise über benachbarte Drähte legen und diese dann beim Lauf über Rollen ebenfalls zerstören könnten, müssen diese Bruchenden entfernt werden. Auf keinen Fall sollten die Drähte mit einer Zange abgekniffen werden. Die beste Methode ist, die Drähte so lange hin- und herzubiegen, bis sie an der letzten Stelle, an der sie im Litzenverband gehalten werden, brechen (Bild 5.16).

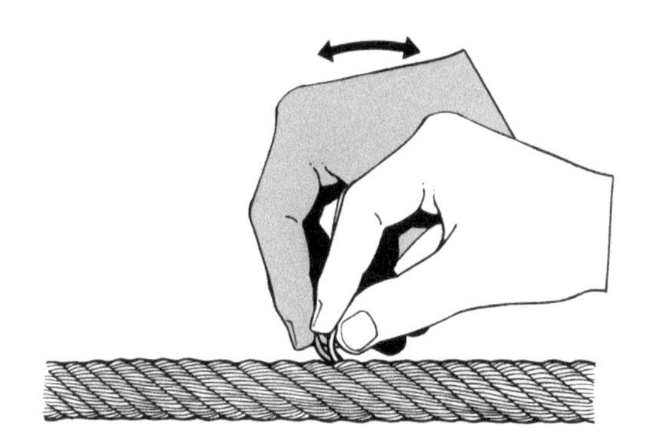

Bild 5.16: Entfernen eines losen Drahtes

5.4.4 Kürzen oder Rücken von Drahtseilen

Sehr häufig müssen Drahtseile abgelegt werden, weil kurze Seilzonen, beispielsweise das Seilstück, welches auf der Trommel von der ersten in die zweite Lage klettern muss, stark beschädigt sind, während die restliche Seillänge noch in einwandfreiem Zustand ist.

In derartigen Fällen kann die Aufliegezeit von Drahtseilen zum Teil drastisch dadurch erhöht werden, dass die Seile am Festpunkt um eine Strecke gerückt oder gekürzt werden, die das am stärksten beanspruchte Seilstück auf der Hauptbeanspruchungszone herausführt. Nach diesem Vorgang wird nun eine benachbarte Zone den stärkeren Beanspruchungen ausgesetzt sein.

Eine weitere typische lokale Beschädigung tritt auf der Seiltrommel an den Stellen auf, wo der Seilstrang gegen die benachbarte Windung läuft (crossover point) und zur Seite abgelenkt werden muss. Wenn die hier entstehenden Beschädigungen die Hauptursache für das Ablegen des Drahtseiles darstellen, kann durch mehrfaches Rücken des Seiles und Verschieben der Beanspruchungszonen die Seillebensdauer eventuell vervielfacht werden.

5.4.5 Das Wenden von Drahtseilen

Auf einigen Anlagen werden die Drahtseile auf verschiedenen Zonen völlig unterschiedlichen Beanspruchungen ausgesetzt. So wird zum Beispiel das Zugseil eines Schürfkübelbaggers (dragline) am Trommelende im wesentlichen auf Biegewechsel beansprucht, das Kübelende wird durch den Boden gezogen und starkem Verschleiß ausgesetzt. Hier ist es, besonders im Ausland, eine gängige Praxis, das Drahtseil nach einer gewissen Laufzeit zu wenden (end-for-ending), sodass nun das in der Regel noch besser erhaltene Trommelende dem starken Verschleiß ausgesetzt werden kann. Der Erfolg derartiger Maßnahmen ist allerdings umstritten.

5.5 Maßnahmen zur Vermeidung von Drahtseilschäden

Einige vorbeugende Maßnahmen zur Vermeidung von Drahtseilschäden sind bereits in den Kapiteln Handhabung und Montage beschrieben worden. In diesem Abschnitt sollen nun weitere Maßnahmen vorgestellt werden, mit deren Hilfe Konstrukteure und Betreiber einer Anlage Drahtseilschäden vermeiden und die Seilstandzeiten verbessern können.

5.5.1 Konstruktive Maßnahmen

5.5.1.1 Der optimale Drahtseildurchmesser

Im Einzelfall kann die Drahtseillebensdauer deutlich erhöht werden, wenn der Seildurchmesser dem Optimum (siehe Abschnitt 4.7) angenähert wird. Leider lässt die DIN 15020-1 dem Konstrukteur hier nicht sehr viel Spielraum.

5.5.1.2 Vermeidung unnötiger Biegewechsel

Durch geschickte Wahl der Seilführung oder ihrer geometrischen Abmessungen kann häufig die Zahl der Biegewechsel bei der Arbeit eines Hebezeuges erheblich reduziert werden. Dies soll an zwei Beispielen erläutert werden.

1. Beispiel: Variation der Seilführung

Die Seilführung eines Hubseils nach Bild 5.17,a hat den Vorteil, dass die durch die Belastung des Hakens im Drahtseil geweckten Seilkräfte gleichzeitig Haltekräfte für den Ausleger erzeugen, also das Auslegerverstellseil entlasten. Das Verstellseil kann daher erheblich geringer dimensioniert werden, was enorme Einsparungen an Seiltrommel, Getriebe, Seilrollen, Drahtseil und Platz bedeutet. Das Hubseil konnte jedoch nur unbefriedigende Seilstandzeiten erzielen, da es bei jedem Hubvorgang die gesamte linke Einscherung durchlaufen musste und hier neben Biegewechseln auch noch die Ablenkwinkel zwischen den Rollen ertragen musste.

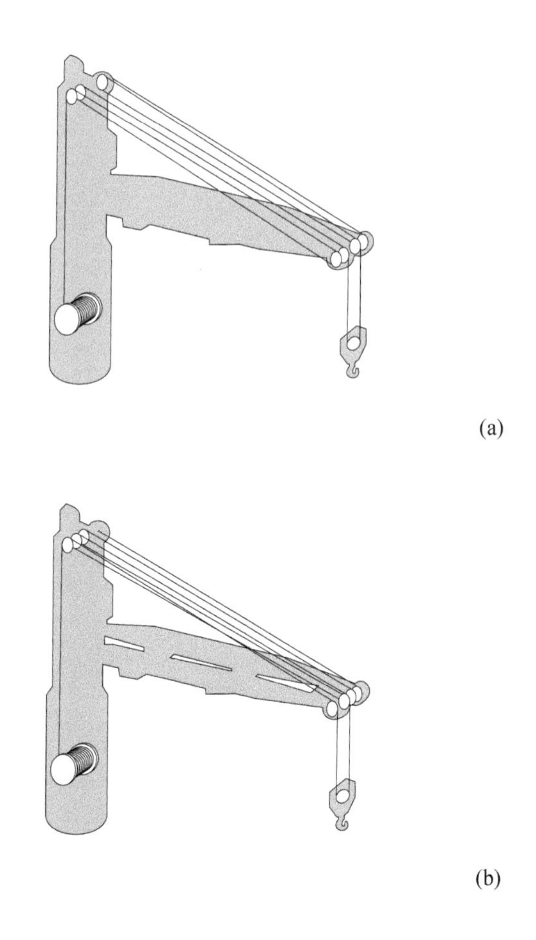

Bild 5.17: Optimierung einer Seilführung

Dieses Problem wurde unter Beibehaltung aller oben erwähnten Vorteile gelöst durch eine Seilführung nach Bild 5.17,b, die den Ausleger asymmetrisch beansprucht. Hier wurde die gesamte Einscherung des Hubseils auf die Festpunktseite des Auslegers verlegt. Das Hubseil läuft nun beim Heben der Last zwischen Unterflasche und Seiltrommel nur noch über 2 Rollen anstelle von 6 Rollen in der früheren Ausführung, und die Ablenkwinkel konnten vollständig eliminiert werden.

2. Beispiel: Variation der Geometrie der Seilführung

Auf einer hochfrequenten Anlage erbrachte das Drahtseil nur unbefriedigende Standzeiten. Es zeigte sich, dass alle Seilstrecken nur über eine Rolle liefen, die kurze Seilzone jedoch, die jeweils zum Ablegen des Drahtseils führte, über zwei. Durch Verlängern eines Trägers und Versetzen einer Rolle wurde gewährleistet, dass nun auch die kritische Seilzone nur noch über eine Rolle lief. Diese einfache Maßnahme verdoppelte die Seilstandzeiten.

5.5.1.3 Vermeidung von Wechseln der Biegeebene der Drahtseile

Drahtseile sollten nach Möglichkeit gleichsinnig den Seiltrieb durchlaufen. Gegensinnige Biegungen sind zu vermeiden.

Ein Wechsel der Biegeebenen um 90 Grad kann für die Seillebensdauer noch nachteiliger sein. Um seine bevorzugte Biegeebene beizubehalten, wird ein Drahtseil in einem solchen Fall immer versuchen, sich selbst zu verdrehen. Dies kann zu Strukturveränderungen des Drahtseiles führen.

5.5.1.4 Vermeidung einer Seilumlenkung durch Stützrollen

Stützrollen oder Walzen sind Seilmörder. Sie dürfen nur dort eingesetzt werden, wo unbelastete, horizontal laufende Drahtseile sonst infolge ihres Durchhangs mit dem Boden oder Konstruktionsteilen in Berührung kämen.

Auch bei starken Seilschwingungen werden häufig zum Schutz von Drahtseil und Konstruktion Walzen eingesetzt. Hier sind Kunststoffplatten erheblich besser geeignet, da die lokalen Pressungen beim Schlag wegen der größeren Berührungsflächen geringer ausfallen.

5.5.2 Fragen der Seilauswahl

Die Auswahl des richtigen Drahtseiles ist für das einwandfreie Funktionieren des Seiltriebes von großer Bedeutung.

5.5.2.1 Drehungsfreie oder nicht-drehungsfreie Drahtseile?

Für einsträngiges Heben muss in jedem Fall ein drehungsfreies Seil eingesetzt werden, ansonsten auch überall dort, wo bei großer Hubhöhe die Gefahr besteht, dass die Last in Drehung versetzt wird oder die Seilstränge zusammenschlagen.

Die bei bekanntem Drehmomentfaktor des Drahtseiles maximal mögliche Hubhöhe ohne Zusammenschlagen der Seilstränge kann berechnet werden. Hier gibt der Drahtseilhersteller Auskunft.

Drehstabilität kann auch erzielt werden durch den Einsatz von rechtsgängigen und linksgängigen Drahtseilen, deren Drehmomente sich gegenseitig aufheben. Bei Kranen, die mit angehängter Last schwenken, ist jedoch durch Verwendung drehungsfreier Drahtseile eine größere Stabilität zu erzielen, da die durch das Schwenken bewirkte Seilverdrehung in drehungsfreien Seilen etwa um den Faktor 4 bis 5 höhere Rückstellmomente erzeugt.

5.5.2.2. Einsatz eines Wirbels oder nicht?

Nicht drehungsfreie Seile und auch drehungsarme Macharten wie Seile nach DIN EN 12385-4 (18x7) dürfen auf keinen Fall mit einem Wirbel (Drallfänger) arbeiten. Das permanente Auf- und Zudrehen der Seile bei Be- und Entlastung würde zu einer Torsionsermüdung der Drähte führen.

Die Bruchkraft dieser Drahtseile würde außerdem enorm herabgesetzt, sodass die Sicherheit des Seiltriebes nicht mehr gegeben wäre. Durch Aufdrehen am Wirbel entlastet ein Drahtseil seine Außenlitzen und überlastet seine Stahlseele. Dieser Umstand führt zu innerer Seilzerstörung und eventuell zu einem Versagen der Drahtseile ohne vorherige Warnung durch äußere Drahtbrüche.

Drehungsfreie Drahtseile können ohne diese Gefahren mit einem Wirbel eingesetzt werden, der Wirbel bringt hier sogar große Vorteile. Er erlaubt dem Seil, einen durch fehlerhafte Montage oder durch gewaltsame Seilverdrehung in den Seiltrieb eingebrachten Drall auszudrehen und wieder seinen unverdrehten Gleichgewichtszustand einzunehmen. In vielen Fällen wird bei drehungsfreien Seilen eine Korbbildung durch den Einsatz eines Wirbels verhindert.

5.5.2.3. Linksgängige oder rechtsgängige Seile?

Eine eherne Regel der Seiltechnik heißt: Eine linksgeschnittene Trommel benötigt ein rechtsgängiges Seil, eine rechtsgeschnittene Trommel ein linksgängiges Seil.

Diese Regel sollte nach Möglichkeit befolgt werden, auch wenn es genügend Fälle gibt, wo aus Lagerhaltungsgründen auf den Einsatz linksgängiger Seile verzichtet wird und dennoch keine gravierenden Probleme auftreten. Mit abnehmendem D/d-Verhältnis der Anlage und größer werdenden Ablenkwinkeln steigt die Bedeutung der Regel.

Wie jede Regel hat aber auch diese ihre Ausnahmen: Im Falle von Mehrlagenspulung sollte die Schlagrichtung des Seiles nach der am häufigsten benutzten oder der am stärksten beanspruchten Lage oder nach der Richtung der Einscherung gewählt werden: Für eine linksgängige Einscherung wählt man ein rechtsgängiges Seil, für eine rechtsgängige Einscherung ein linksgängiges Seil.

5.5.2.4 Wahl der Seilkonstruktion nach dem Versagensmechanismus

Ein frühzeitiges Auftreten von Ermüdungsbrüchen (stumpfen Drahtbrüchen, Bild 5.18) kann in einem zu großen Durchmesser des Außendrahtes des Drahtseiles begründet liegen. Hier kann der Einsatz einer Seilmachart von höherer Litzenzahl (z.B. achtlitzige Seile anstelle von sechslitzigen) oder einer Machart von Vorteil sein, deren Außenlitzen eine höhere Außendrahtzahl aufweisen (z.B. Filler 25 anstelle von Seale 19).

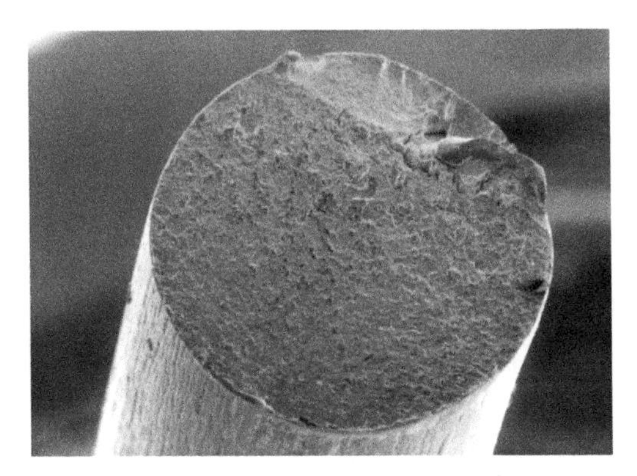

Bild 5.18: Ermüdungsdrahtbruch

Umgekehrt kann bei Auftreten von übermäßigem Verschleiß (Bild 5.19) ohne viele Ermüdungsbrüche der Einsatz einer Seilmachart mit dickeren Außendrähten ratsam sein. Seile mit verdichteten Außendrähten weisen ebenfalls einen hohen Widerstand gegen Abrieb auf.

Bild 5.19: Draht mit starkem Verschleiß

Auch bei starkem Verschleiß auf der Trommel durch Verzahnung der Außendrähte (Bild 5.20,a) schafft der Einsatz von Drahtseilen mit verdichteten Außenlitzen Abhilfe. Bei diesen Litzen ist eine Verklammerung der Außendrähte nicht möglich (Bild 5.20,b). Drahtseile mit wenigen Außenlitzen (Bild 5.20,c) können sich stärker ineinander verklammern als Drahtseile mit höherer Außenlitzenzahl (Bild 5.20,d).

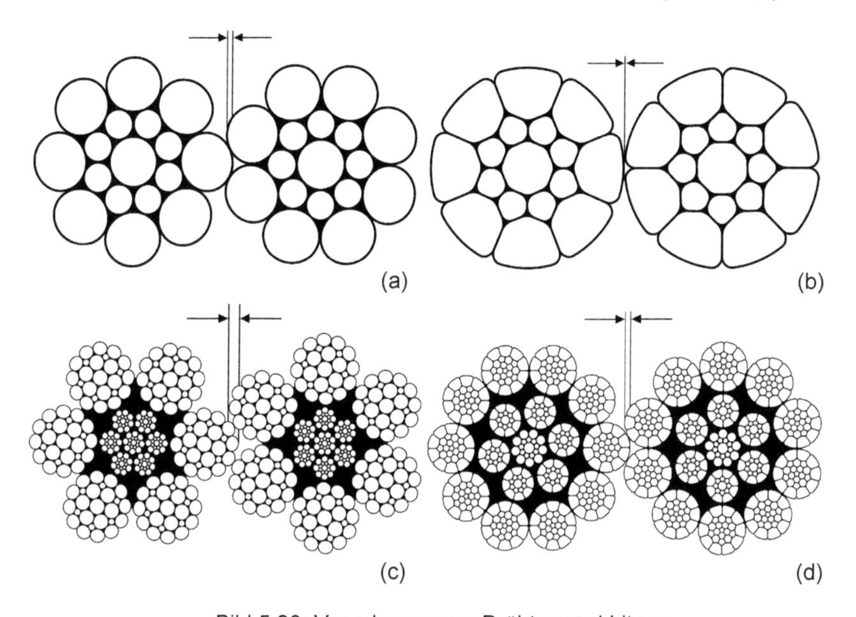

Bild 5.20: Verzahnung von Drähten und Litzen

Bei Strukturveränderungen wie Korkenziehern oder Korbbildungen hilft der Einsatz von Drahtseilen mit Kunststoffzwischenlage. Der Kunststoff fixiert die Lage der Außenlitzen relativ zum Kernseil und erlaubt keine Litzenaufschiebungen.

Bei starker Korrosionseinwirkung (Bild 5.21) kann der Einsatz von Drahtseilen aus verzinkten Drähten vorteilhaft sein, jedoch ist darauf zu achten, dass auch verzinkte laufende Drahtseile regelmäßig nachgeschmiert werden müssen.

Bild 5.21: Stark korrodierter Draht

6. Ablegedrahtbruchzahl

Karl-Heinz Wehking, Dirk Moll

6.1 Einleitung

Von allen Ablegekriterien für laufende Drahtseile ist die Ablegedrahtbruchzahl, d.h. die Zahl der Drahtbrüche auf einer Bezugslänge, das Wichtigste. Als Ablegedrahtbruchzahl gilt regelmäßig die Zahl der äußerlich sichtbaren Drahtbrüche, auf die sich auch die ausführlichen Untersuchungen zur Bestimmung der Ablegedrahtbruchzahl beziehen. Solange keine ausreichenden Untersuchungsergebnisse über die Gesamtzahl der inneren und äußeren Drahtbrüche vorliegen, muss die in den gültigen technischen Regeln vorgeschriebene Ablegedrahtbruchzahl für die äußerlich sichtbaren Drahtbrüche auch für alle inneren und äußeren Drahtbrüche gelten, wenn diese Drahtbrüche z.B. durch eine magnetinduktive Seilprüfung ermittelt werden können.

6.2 Drahtbruchentwicklung

Die laufenden Seile sind nicht dauerfest. Durch schwellende Spannungen und unterstützt durch den Verschleiß treten in den Biegezonen nach und nach Drahtbrüche auf. Nach einer zunächst drahtbruchfreien Zeit wächst die Anzahl der Drahtbrüche umso schneller, je größer die Zugspannung σ_z, und je kleiner das Durchmesserverhältnis von Scheibe zu Seil *D/d* ist. Ein Diagramm von Hugo Müller [1], Bild 6.1, lässt die Entwicklung der Drahtbrüche mit wachsender Biegewechselzahl eines 6-litzigen Seale-Seiles mit Stahleinlage in Kreuzschlag unter verschiedenen Zugspannungen gut erkennen.
Von der Zahl der Drahtbrüche und vor allem von der Zahl der äußeren Drahtbrüche kann nur bedingt auf die verbleibende Seilbruchkraft geschlossen werden. Innere Drahtbrüche können unbemerkt bleiben, und in entgegengesetzter Weise täuscht ein in kurzen Abständen mehrfach gebrochener Draht eine Schwächung des Seiles vor, die gar nicht besteht. Die kritische Seillänge, auf der ein gebrochener Draht wieder vollständig mitträgt, hängt von der Art der Belastung und von der Konstruktion der Seile ab [2, 3]. Außerdem ist die Restbruchkraft des über eine Seilscheibe bewegten Seiles durch die Überwindung der Reibung bei der Relativbewegung der Drähte weiter herabgesetzt, [3].
Wegen der dargestellten Unsicherheiten wird die Ablegedrahtbruchzahl zweckmäßigerweise aus den Drahtbruchzahlen, z.B. bei 80% der Seillebensdauer ermittelt, das heißt durch wiederholte Zählung der Drahtbrüche im Verlauf von Biege- oder Zugschwellversuchen auf festen Bezugslängen, ohne sich auf die unsichere Restbruchkraft zu beziehen, die erst kurz vor dem Seilbruch steil abfällt, [2, 4, 5]. Wenn also die Ablegereife des Drahtseiles an der Drahtbruchzahl rechtzeitig vor dem Seilbruch erkannt wird, dann bleibt im Normalfall eine ausreichende Restbruchkraft erhalten, die die auftretende Seilzugkraft bei weitem übersteigt.
Die Drahtbruchzahl auf den bei Biegeversuchen üblichen relativ kurzen Biegezonen wächst recht uneinheitlich. Ein Beispiel für die Drahtbruchentwicklung eines Filler-Seiles bei verschiedenen Seilzugspannungen und drei verschiedenen Durchmesserverhältnissen *D/d* von Seilscheibe und Seil ist in Bild 6.2 [5] zu sehen.

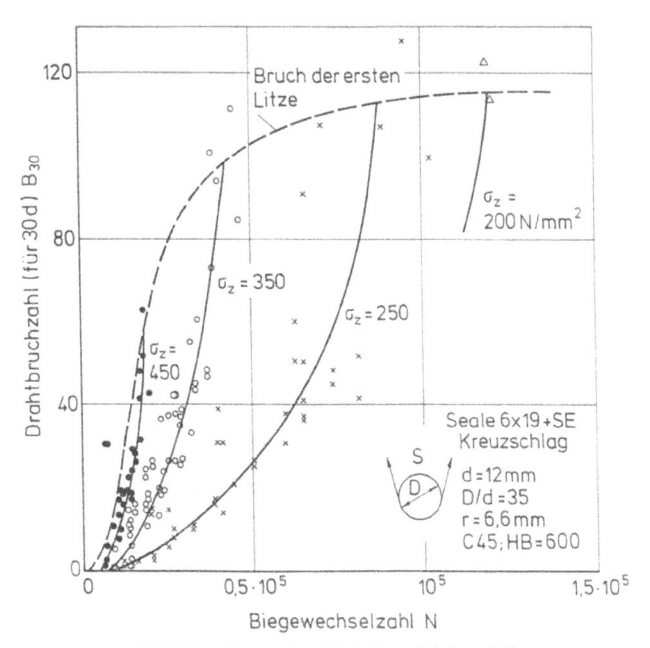

Bild 6.1: Typische Drahtbruchfolge, [1]

Andere Beispiele von Drahtbruchentwicklungen sind zu finden für verschiedene Belastungen in [2, 6, 7, 8] und für innere und äußere Drahtbrüche in [9, 10]. Die Drahtbruchzahl kurz vor dem Seilbruch nimmt im Allgemeinen mit wachsender Seilzugspannung σ_z ab und mit wachsendem Durchmesserverhältnis *D/d* zu. Der Verlauf der Drahtbruchzunahme ist aber vor allem von dem Durchmesserverhältnis *D/d* abhängig. Bei großem Durchmesserverhältnis beginnt die Drahtbruchentwicklung sehr früh, oft schon bei 10% oder 20% der Lebensdauer, das heißt bei einer relativen Biegewechselzahl N_{Bruch} = 10% bzw. N_{Bruch} = 20%. Dagegen setzt bei kleinem Durchmesserverhältnis *D/d* die Drahtbruchentwicklung erst relativ kurz vor dem Seilbruch ein.

Bei größeren Biegelängen ergibt sich ein glatter Verlauf für die Drahtbruchentwicklung. Das gilt selbstverständlich auch für die mittlere Drahtbruchzahl aus mehreren Biegeversuchen mit jeweils kurzer Biegelänge, vergleiche Bild 6.1. Sehr deutlich wird dies in Bild 6.3 aus [6], das die Gesamtdrahtbruchzahl B_{360} aus 8 Biegeversuchen mit je 2 Biegezonen auf Stücken von demselben Warrington-Seil unter derselben Belastung zeigt. Die Gesamtdrahtbruchzahl B_{360} setzt sich zusammen aus den Drahtbruchzahlen $B_{22.5}$ auf 16 Biegezonen mit den Teillängen L = 22,5 *d*.

Aus Bild 6.4 ist zu ersehen, dass die Drahtbruchzahl bis etwa B_{360} = 10 exponentiell mit der Biegewechselzahl *N* wächst. Dies ist gleichbedeutend mit einem exponentiellen Wachstum der mittleren Drahtbruchzahl

$$\overline{B}_{30} = a_0 e^{a_1 N} \tag{6.1a}$$

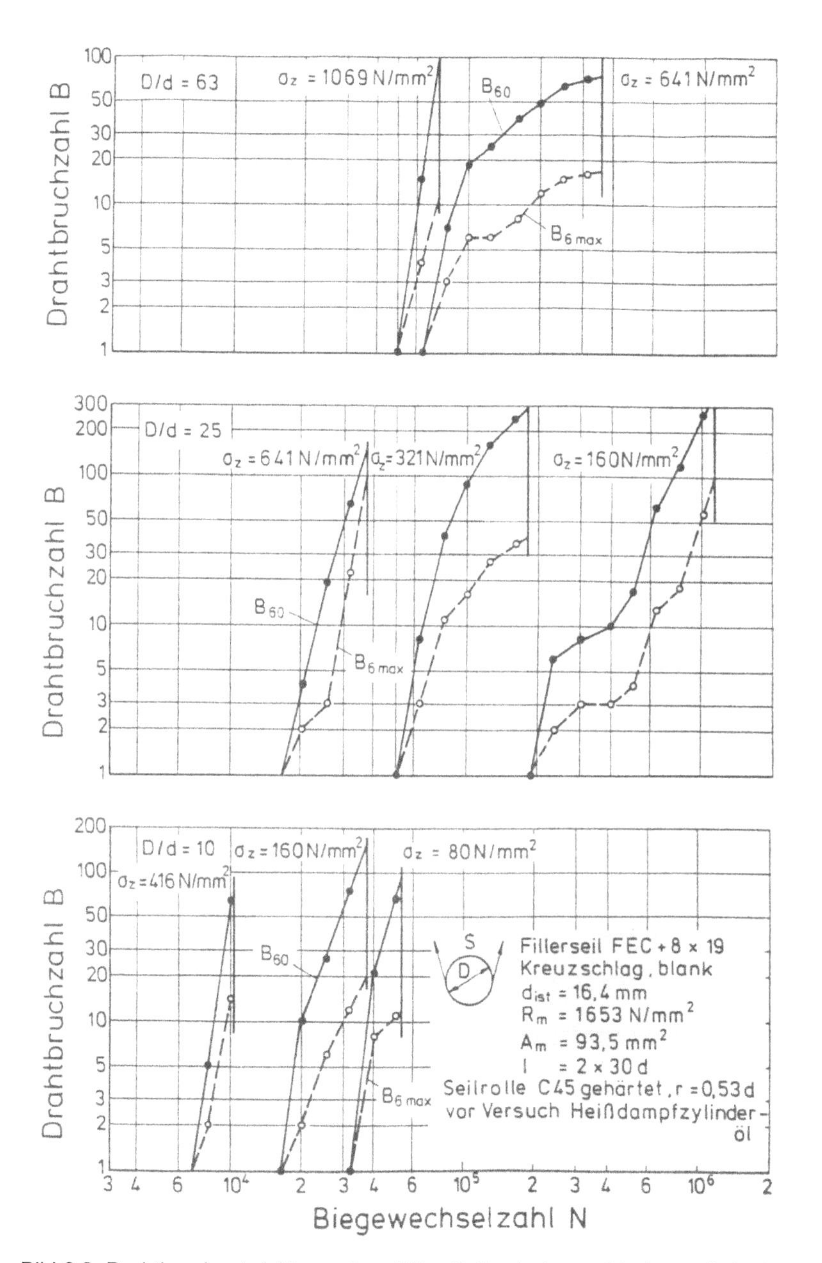

Bild 6.2: Drahtbruchentwicklung eines Filler-Seiles bei verschiedenen Belastungen, [5]

bis etwa $B_{30} \approx 1$. Diese Drahtbruchentwicklung zeigt sich in gleicher Weise bei den Schachtförderseilen [11, 12] und den Seilbahnseilen [13], bei denen die Gesamtzahl der Drahtbrüche über eine noch viel größere Biegelänge registriert wird. Da diese Seile relativ früh abgelegt werden, kann nur der Bereich bis zu einer Drahtbruchzahl von im Mittel $\overline{B}_{30}$ = 1 bis 2 erfasst werden, in dem die Drahtbruchzahl regelmäßig exponentiell wächst.

In Bild 6.4 ist die Gesamtdrahtbruchzahl B_{360} (Bild 6.3) über der Biegewechselzahl N in dem meist verwendeten doppellogarithmischen Netz aufgetragen. Zusätzlich ist in Bild 6.4 die maximale Drahtbruchzahl $B_{22,5max}$ eingezeichnet, die auf einer der 16 Teilstrecken gefunden wurde. Die errechnete maximale Drahtbruchzahl ist als Treppenzug gezeichnet. Sie stimmt recht gut mit der beobachteten maximalen Drahtbruchzahl überein. Die Berechnung, die anschließend vorgestellt wird, basiert auf der Voraussetzung, dass die Drahtbruchzahlen der Teilabschnitte nach Poisson verteilt sind, [14]. Wie in den meisten Fällen liegt die maximale Drahtbruchzahl $B_{22,5max}$ in dem doppellogarithmischen Papier nahezu auf einer Geraden. Demnach ist die maximale Drahtbruchzahl auf der Bezugsänge L [15]

$$B_{L\,max} = a_0 \cdot N^{a_1}\,. \qquad (6.1b)$$

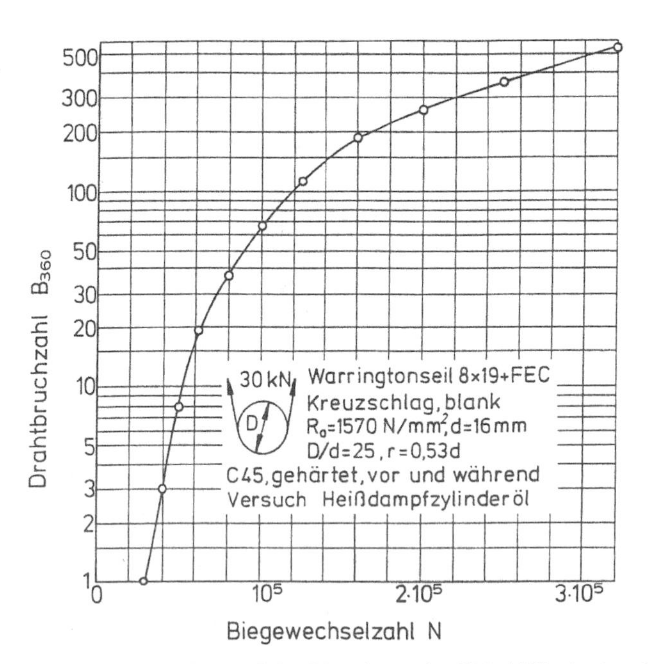

Bild 6.3: Drahtbruchzahl B_{360} auf der Biegelänge l = 360 d, Warrington-Seil, [6]

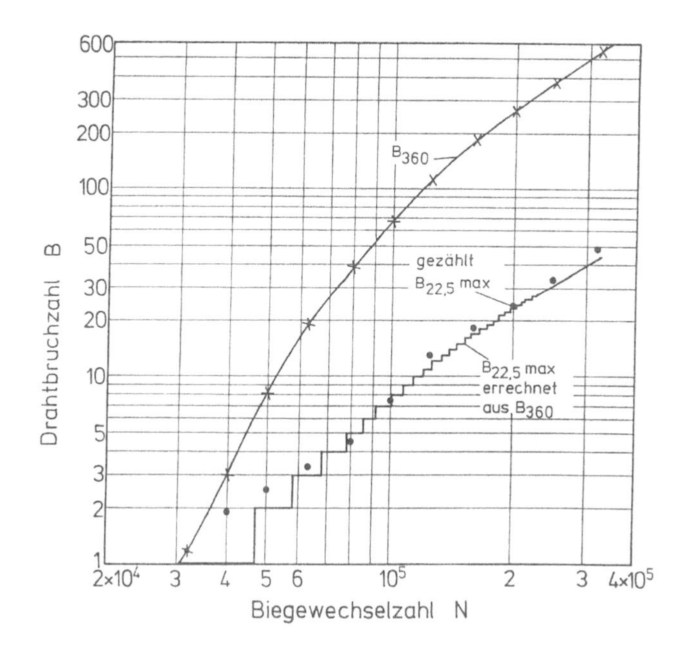

Bild 6.4: Drahtbruchzahl B_{360} und $B_{22,5max}$ auf einer Biegelänge $l = 8 \cdot 2 \cdot 22{,}5 \cdot d = 360 \cdot d$, Warrington-Seil, [6]

6.3 Verteilung der Drahtbrüche auf einem Seil

Für den Fall, dass ein Drahtseil auf der Beanspruchungslänge (Biegelänge) *l* derselben Beanspruchung mit derselben Beanspruchungshäufigkeit unterzogen wird, gilt für die Verteilung der Drahtbruchzahl auf vielen Teilstrecken (Bezugslänge *L*) die Poissonverteilung, so lange die Drahtbrüche wie beim Würfeln rein zufällig in den Bezugslängen auftreten und sich nicht gegenseitig bedingen, [14].

Im Einzelnen gelten folgende Voraussetzungen:

- Die Drahtbrüche müssen unabhängig voneinander entstehen. Diese Voraussetzung gilt im letzten Abschnitt der Drahtbruchentwicklung nur bedingt, da die Drähte in der Umgebung eines gebrochenen Drahtes gemeinsam vorgeschädigt sein können, und da sie als Folge eines benachbarten Drahtbruches höher beansprucht sind.
- Die Bezugslängen *L* (Teillängen, auf denen die Drahtbrüche gezählt werden) müssen sehr viel kleiner sein als die Beanspruchungslänge *l*. Dies ist nach [16] hinreichend erfüllt, wenn $l/L \geq 10$.
- Die Wahrscheinlichkeit, auf einer Längeneinheit einen Drahtbruch anzutreffen, muss klein sein, d.h. die Drahtbruchrate $\lambda = B_l/l$ muss klein sein. Diese Anforderung ist im Allgemeinen erfüllt. Als Längeneinheit für die Messung der Beanspruchungslänge *l* kann man sich die Länge eines Drahtbruches, also etwa $0{,}05 \cdot d$ oder $0{,}1 \cdot d$ eingesetzt denken, mit *d* für den Seilnenndurchmesser.

Die Bezugslänge L muss größer sein als die Längeneinheit, und das Produkt aus Drahtbruchrate und Bezugslänge $\lambda \cdot L = \overline{B}$ muss endlich sein. Diese Anforderung ist ohne weiteres erfüllt.

Zu den Bekannten gelten im Folgenden die Bezeichnungen:

$B = B_L$	Drahtbruchzahl auf der Bezugslänge L,
B_l	Drahtbruchzahl auf der Gesamtlänge (Beanspruchungslänge) l,
$\overline{B}_L = \frac{L}{l} \cdot B_l$	mittlere Drahtbruchzahl auf der Bezugslänge L,
B_{Lmax}	max. Drahtbruchzahl auf der Länge L,
B_{AL}	Ablegedrahtbruchzahl auf der Bezugslänge L,
l	Beanspruchungslänge,
L	Bezugslänge,
ΔL	Schrittlänge und
z	Anzahl der Schritte.

Die Wahrscheinlichkeit w für das Auftreten der Drahtbruchzahlen $B = 0, 1, 2, 3$ usw. auf den Bezugslängen L ist nach der Poissonverteilung mit den genannten Bezeichnungen

$$w = \frac{\overline{B}^B}{B!} \cdot e^{-\overline{B}}. \tag{6.2}$$

Die Varianz ist

$$V = \sigma^2 = \overline{B}. \tag{6.3}$$

Mit der Summe von w erhält man den Anteil p – die Häufigkeitssumme – der betrachteten Bezugslängen L, für die die Drahtbruchzahl kleiner oder gleich B ist.

$$p = \sum_0^B w = \sum_0^B \frac{\overline{B}^B}{B!} \cdot e^{-\overline{B}}. \tag{6.4}$$

Angaben zu der Grenze, mit der bei vorgegebener Sicherheit die mittlere Drahtbruchzahl aus einer Stichprobe für die Gesamtheit gilt, sind (zugeschnitten auf das Drahtbruchproblem) in [14] zu finden.

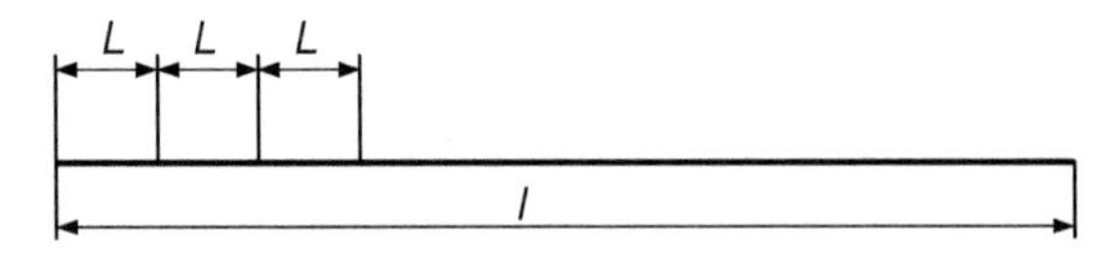

Bild 6.5: Aufteilung eines Seiles der Länge l in Teilstrecken L (Bezugslängen)

Die Aufteilung eines Seiles der Länge l in die Teilstrecken mit der Bezugslänge L ist in Bild 6.5 zu sehen. Die maximale Drahtbruchzahl B_{max}, die für die Ablegereife des Seiles bestimmend ist, tritt nicht in jedem Fall auf einer Bezugslänge L in der gewählten Aufteilung der Seilbiegelänge l auf. Die größte Drahtbruchzahl wird deshalb besser dadurch ermittelt, dass ein Fenster mit der Bezugslänge L in Schritten mit der kleinen Schrittlänge ΔL über die Seilbiegelänge l hinwegbewegt wird. Nach jedem Schritt werden die Drahtbrüche in dem Fenster mit der Bezugslänge L gezählt und daraus das Maximum ausgesucht. Ein Beispiel für die Verteilung der Drahtbruchzahlen in Teilabschnitten und die nach der Fenstermethode mit ΔL = *d* ermittelte maximale Drahtbruchzahl bei drei Biegewechselzahlen ist in Bild 6.6 zu sehen.

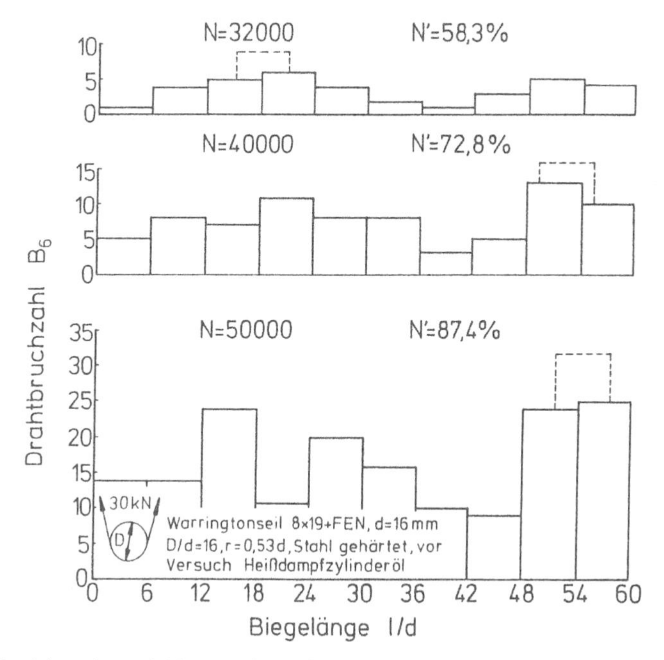

Bild 6.6: Drahtbruchentwicklung auf der Biegelänge bei Biegewechselversuchen mit einem Warrington-Seil

Da die Drahtbrüche relativ selten sind, ist es zweckmäßig ΔL nicht zu klein zu wählen. Eine zweckmäßige Festlegung ist etwa ΔL = *d* und bei magnetinduktiver Seilprüfung ΔL = 6·*d*.

Die größte Drahtbruchzahl ist dann aus den bei *z* Schritten gezählten Drahtbruchzahlen auszusuchen. Die Schrittzahl ist

$$z = \frac{l + L}{\Delta l} + 1 \qquad (6.5a)$$

oder wenn die Beanspruchungslänge als zu einem Ring zusammengeschlossen gedacht wird

$$z = \frac{l}{L}. \qquad (6.5b)$$

Die wahrscheinlich größte Drahtbruchzahl B_{max} ist die größte Drahtbruchzahl, die mindestens einmal in einer Bezugslänge L auftritt. Diese Drahtbruchzahl B_{max} ist zu ermitteln aus (für die Poisson-Verteilungen)

$$z \cdot \left(1 - \sum_{B=0}^{B_{max}-1} \frac{\overline{B}^B}{B!} \cdot e^{-\overline{B}}\right) \geq 1 \geq z \cdot \left(1 - \sum_{B=0}^{B_{max}} \frac{\overline{B}^B}{B!} \cdot e^{-\overline{B}}\right). \tag{6.6}$$

Für die Poisson-Verteilungen ist hervorzuheben, dass die maximale Drahtbruchzahl B_{max} wegen der festgelegten Varianz nach Gleichung (6.3) nur von der mittleren Drahtbruchzahl $\overline{B}$ und der Anzahl der Schritte z abhängig ist. B ist in Gleichung (6.6) die laufende Größe.

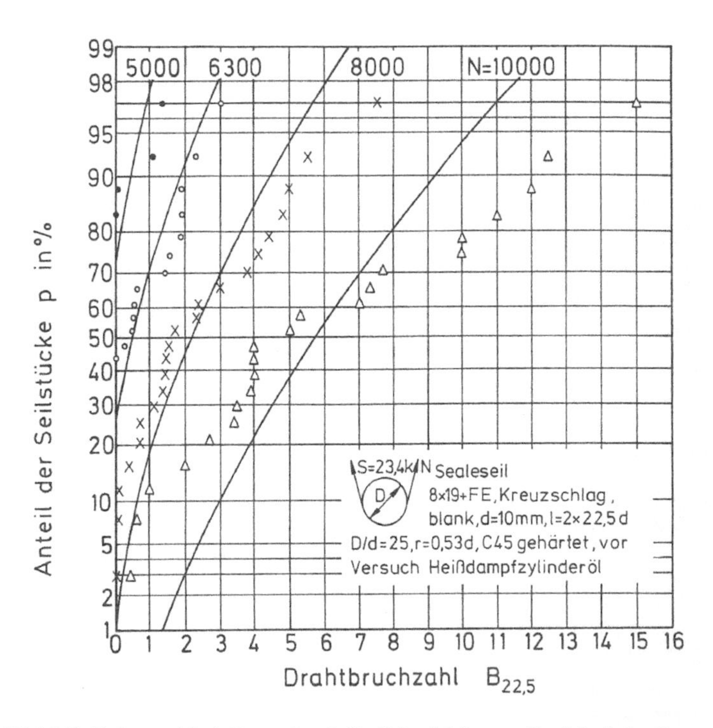

Bild 6.7: Poisson-Verteilung der äußerlich sichtbaren Drahtbrüche $B_{22,5}$, Seale-Seil, [14]

In Bild 6.7 und Bild 6.8 sind typische Drahtbruchzahl-Verteilungen aus Versuchen mit Poisson-Verteilungen verglichen. Die an sich diskreten Poisson-Verteilungen sind als glatte Kurvenzüge gezeichnet, damit sie insbesondere bei kleinen mittleren Drahtbruchzahlen $\overline{B}$ besser auseinander gehalten werden können.

Die gezählten Drahtbruchzahlen sind als Punkte in das Wahrscheinlichkeitsnetz eingetragen. Sie sind oft recht gut an die Poisson-Verteilung angepasst. Nur die Drahtbruchzahlen bei den letzten Zählungen zeigen eine größere Abweichung. Dabei hat die wirkliche Verteilung eine größere Varianz als die Poisson-Verteilung. Wie schon dargestellt, ist dies darauf zurückzuführen, dass die Drähte in der Umgebung von Drahtbrüchen höher beansprucht sind. In Seilabschnitten mit vielen Drahtbrüchen treten deshalb bevorzugt weitere Drahtbrüche auf. Für diesen Fall hat Ren [17] eine so genannte Geburtsverteilung abgeleitet, mit der sich zum Beispiel die Verteilung der Drahtbrüche bei der letzten Zählung in Bild 6.7 erklären lässt.

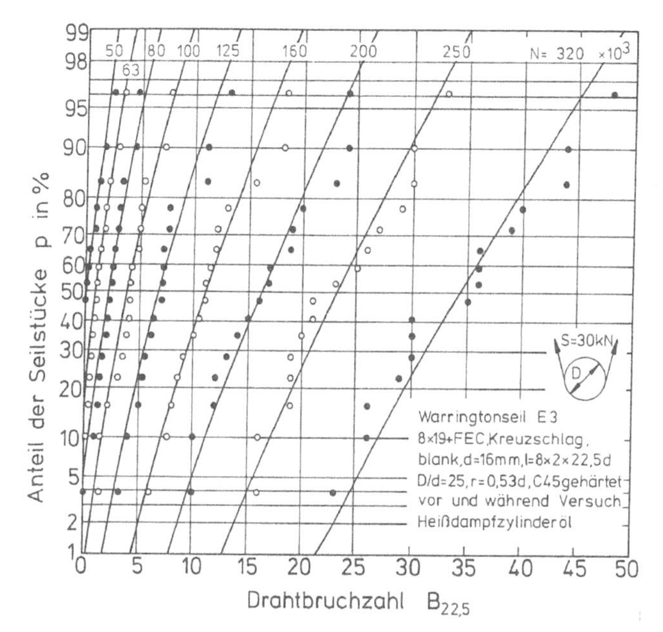

Bild 6.8: Poisson-Verteilung der äußerlich sichtbaren Drahtbrüche $B_{22,5}$, Warrington-Seil, [14]

6.4 Geltende Technische Regeln

Die folgende Darstellung der Seilablegereife infolge der erkennbaren Drahtbrüche beschränkt sich auf die wichtigsten Technischen Regeln. Bis 2013 war die nationale Norm DIN 15020-2 (1974) [18] gültig. Diese wurde durch die internationale Norm DIN ISO 4309 (2013) [19] ersetzt, die hinsichtlich der Ablegedrahtbruchzahlen weitestgehend vergleichbar zur DIN 15020-2 ist. Die Unterschiede bei den erlaubten Drahtbruchzahlen ist zum einen die fehlende Unterscheidung bei drehungsarmen Seilen zwischen Krauz- und Gleichschlag und der Aufnahme spezifischer Zahlenwerte für Seilabschnitte die auf eine mehrlagig wickelnde Trommel aufwickeln.
Für die Schachtförderanlagen ist durch die Bergverordnungen [20] einfach vorgeschrieben, dass die Förderseile zur Seilfahrt – d.h. zur Personenbeförderung – nicht mehr benutzt werden dürfen, wenn Anzeichen dafür festgestellt worden sind, dass die beim Auflegen vorhandene ermittelte Bruchkraft der Seile um mehr als 15 % vermindert ist. Es bleibt nach dieser Vorschrift dem Sachverständigen vorbehalten, Drahtbrüche und andere Schäden als Bruchkraftverlust zu deuten.

Für die Seilbahnen ist durch die Vorschriften für den Bau und Betrieb von Seilbahnen (BOSeil) [21], sowie durch die neue prEN 12927 („Sicherheitsanforderungen an Seilbahnen für den Personenverkehr – Seile") [22] die Seilablegereife aufgrund verschiedener Seilschäden festgelegt. Das Hauptablegekriterium, sowohl in der BOSeil (für bestehende Anlagen) als auch in der neuen prEN 12927 (für Neuanlagen), ist der Querschnittsverlust, der auf drei verschiedenen Bezugslängen definiert ist, s. Tabelle 6.1 und Tabelle 6.2. Die größte und die kleinste Bezugslänge beziehen sich nur auf die Zahl der Drahtdauerbrüche bzw. auf den Querschnittverlust durch Drahtdauerbrüche. Für die Bezugslänge $L = 40 \cdot d$ ist zusätzlich der Querschnittsverlust durch Abnützung der Drähte zu berücksichtigen.

Tabelle 6.1: Ablegereife von Seilbahnseilen nach BOSeil, [21]

Seilart	Bezugslänge L	Höchster zulässiger Verlust des metallischen Querschnitts	
Verschlossene Seile (Tragseile)	1 m	Das Seil ist abzulegen, wenn innerhalb der Bezugslänge von 1 m mehr als 3 Außendrähte Dauerbrüche aufweisen oder Drahtbrüche so zueinander liegen, dass ein Aufsteigen der Drahtbruchenden befürchtet werden muss.	
	$200 \cdot d$	10 %	durch äußerlich feststellbare Dauerbrüche und durch Abnützung der Drähte.
Förder-, Zug-, Gegen-, Spann- und Fangseile (Litzenseile)	$6 \cdot d$	5 %	der Zahl der als tragend anzunehmenden Drahtzahl des Seiles durch äußerlich feststellbare Drahtbrüche.
	$40 \cdot d$	10 %	durch äußerlich feststellbare Drahtdauerbrüche und Abnützung der Drähte.
	$500 \cdot d$	25 %	durch äußerlich feststellbare Drahtdauerbrüche.

Tabelle 6.2: Ablegereife von Seilbahnseilen nach prEN 12927, [22]

Seilklasse	Bezugslänge L	Höchster zulässiger Verlust des metallischen Querschnitts	
Verschlossene Spiralseile	$6 \cdot d$	5 %	durch Drahtbrüche, Verschleiß und Korrosion
	$30 \cdot d$	8 %	
	$200 \cdot d$	10 %	
Litzenseile	$6 \cdot d$	6 %	
	$30 \cdot d$	10 %	
	$500 \cdot d$	40 %	

Laufende Seile von Seilbahnen sind Gleichschlagseile. Diese Seile zeigen vor allem dann, wenn sie wie in Seilbahnen üblich, über mit weichem Werkstoff gefütterte Rollen laufen, nur selten äußerlich sichtbare Drahtbrüche. Unter dem in der BOSeil [21] verwendeten Ausdruck äußerlich feststellbare Dauerdrahtbrüche" sind deshalb nicht nur Drahtbrüche zu verstehen, die äußerlich sichtbar sind, sondern auch solche, die mit Hilfe der magnetinduktiven Seilprüfung oder anderen Prüfmethoden festgestellt werden.
Über die Seilablegereife bei Litzenseilen entscheidet regelmäßig die Drahtbruchzahl auf der Bezugslänge $L = 500 \cdot d$, da 25% der Drähte auf einer Länge von $500 \cdot d$ mit viel größerer Wahrscheinlichkeit gebrochen sind als 10% der Drähte auf einer Länge $L = 40 \cdot d$ oder 5% der Drähte auf einer Länge von $L = 6 \cdot d$. Gleiches gilt auch für Tragseile, wo ebenfalls regelmäßig die Drahtbruchzahl auf der größten Bezugslänge von $L = 200 \cdot d$ über die Seilbalegereife entscheidet. Bei der Prüfung von Seilbahnseilen ist dies immer wieder festzustellen. Besonders deutlich wird es aber an einem Rechenbeispiel, dessen Ergebnisse in Tabelle 6.3 aufgeführt sind. In diesem Beispiel wird ein Seil mit einer für Seilbahnen typischen Länge von $l = 100\,000 \cdot d$ betrachtet.
Wenn man voraussetzt, dass das Seil über die Länge l eine gleichmäßige Qualität hat und gleichmäßig beansprucht ist, dann gilt für kleine mittlere Drahtbruchzahlen die Poissonverteilung. Damit können die zu erwartenden maximalen Drahtbruchzahlen – wie in Tabelle 6.3 geschehen – nach Gleichung (6.6) ermittelt werden. Die maximalen Drahtbruchzahlen sind errechnet für das Seil mit 100 Drähten für die Bezugslängen $L = 6 \cdot d$, $30 \cdot d$, $40 \cdot d$ und $500 \cdot d$ bei einer Schrittweite $\Delta l = 6 \cdot d$. Aus der Tabelle 6.3 ist zu sehen, dass die Ablegedrahtbruchzahl auf der Bezugslänge $L = 500 \cdot d$ schon bei der Gesamtbruchzahl $B_{ges} = 2100$ zu erwarten ist. Auf den kleineren Bezugslängen zeigt sich die Ablegereife erst wesentlich später bei Gesamtdrahtbruchzahlen von $B_{ges} = 6000$ bzw. 7000. Beck [23] hat mit derselben Methode die Ablegedrahtbruchzahlen der verschiedenen nationalen Vorschriften verglichen, die teilweise auf unterschiedlichen Bezugslängen basieren.

Tabelle 6.3: Maximale Drahtbruchzahlen nach Gleichung (6.6) für ein Seil mit 100 Drähten, Seilbiegelänge $l = 100\,000 \cdot d$, Schrittlänge $\Delta l = 6 \cdot d$

B_{ges}	$L = 6 \cdot d$		$L = 30 \cdot d$		$L = 40 \cdot d$		$L = 500 \cdot d$	
	$\overline{B}_6$	$B_{6\,max}$	$\overline{B}_{30}$	$B_{30\,max}$	$\overline{B}_{40}$	$B_{40\,max}$	$\overline{B}_{500}$	$B_{500\,max}$
2100	0,126	3	0,63	5	0,84	6	10,5	25
6000	0,360	4	1,80	9	2,4	10	30	53
7000	0,420	5	2,10	10	2,8	11	35	60

Für Seiltriebe von Kranen (DIN EN 13001-3.2 [24], DIN 15020-1 [25], und ISO 16625 [26]) und Hebezeugen und für Seiltriebe, für die nicht besondere Technische Regeln erlassen sind, gelten die Ablegekriterien entsprechend der internationalen Norm DIN ISO 4309 (2013), [19].

Wie oben beschrieben wird in der Norm zwischen einlagig und parallel verseilten Seilen und drehungsarmen Seilen unterschieden. In Tabelle 6.4 ist die Anzahl der maximal äußerlich sichtbaren Drahtbrüche für einlagig und parallel verseilte Seile und in Tabelle 6.5 die Anzahl der maximal äußerlich sichtbaren Drahtbrüche angegeben. Das Seil ist abzulegen, wenn an irgendeiner Stelle auf der Bezugslänge von $6 \cdot d$ bzw. von $30 \cdot d$ die in dieser Tabelle angegebene Zahl der äußerlich sichtbaren Drahtbrüche erreicht ist. Die einmal vorkommende Ablegedrahtbruchzahl $B_6 = 1$ für einlagig und parallel verseilte Seile bedeutet praktisch, dass dieses Seil nicht für ein Hebezeug eingesetzt werden kann, da es schon mit einem Drahtbruch auf der gesamten Seillänge ablegereif ist.

Für Aufzüge gilt die DIN EN 81-20 („Sicherheitsregeln für die Konstruktion und den Einbau von Aufzügen – Elektrisch betriebene Personen- und Lastenaufzüge“), [25]. Die DIN EN 81-20 enthält jedoch keinen Verweis auf eine Norm oder technische Regeln bezüglich den Ablegekriterien für die Tragmittel.

Tabelle 6.4: Ablegedrahtbruchzahlen für einlagig und parallel verseilte Seile aus DIN ISO 4309 [19]

Seil-kategorie-zahl RCN (siehe Anhang G)	**Gesamtzahl last-tragender Drähte in der äußeren Litzen-lage des Seils**[a] n	**Anzahl sichtbarer Außendrahtbrüche**[b]					
		Seilabschnitte, die über Stahlscheiben laufen und/oder auf eine einlagig wickelnde Trommel aufwickeln (zufällige Verteilung der Drahtbrüche)				Seilabschnitte, die auf eine mehrlagig wickelnde Trommel aufwickeln[c]	
		Klassen M1 bis M4, oder Klasse unbekannt[d]				Alle Klassen	
		Kreuzschlag		Gleichschlag		Kreuzschlag und Gleichschlag	
		über eine Länge von $6d$[e]	über eine Länge von $30d$[e]	über eine Länge von $6d$[e]	über eine Länge von $30d$[e]	über eine Länge von $6d$[e]	über eine Länge von $30d$[e]
01	$n \leq 50$	2	4	1	2	4	8
02	$51 \leq n \leq 75$	3	6	2	3	6	12
03	$76 \leq n \leq 100$	4	8	2	4	8	16
04	$101 \leq n \leq 120$	5	10	2	5	10	20
05	$121 \leq n \leq 140$	6	11	3	6	12	22
06	$141 \leq n \leq 160$	6	13	3	6	12	26
07	$161 \leq n \leq 180$	7	14	4	7	14	28
08	$181 \leq n \leq 200$	8	16	4	8	16	32
09	$201 \leq n \leq 220$	9	18	4	9	18	36
10	$221 \leq n \leq 240$	10	19	5	10	20	38
11	$24 \leq n \leq 260$	10	21	5	10	20	42
12	$261 \leq n \leq 280$	11	22	6	11	22	44
13	$281 \leq n \leq 300$	12	24	6	12	24	48
	$n > 300$	$0{,}04 \times n$	$0{,}08 \times n$	$0{,}02 \times n$	$0{,}04 \times n$	$0{,}08 \times n$	$0{,}16 \times n$

ANMERKUNG Seile mit Außenlitzen in Seale-Machart, bei denen die Anzahl der Drähte pro Litze 19 oder weniger beträgt (z. B. 6 × 19 Seale) werden in dieser Tabelle zwei Zeilen über der Zeile, in der die Machart aufgrund der Anzahl von lasttragenden Drähten in den Außenlitzen normalerweise stehen würde, eingeordnet.

[a] Für die Zwecke dieser Internationalen Norm werden Fülldrähte nicht als lasttragende Drähte betrachtet und sind in dem Wert für n nicht enthalten.

[b] Ein gebrochener Draht hat zwei Enden (als ein Draht gezählt).

[c] Die Werte gelten für Schädigungen in den Überkreuzungsbereichen und Überlagerungen von Wicklungen aufgrund von Ablenkungswinkeln (nicht für Seilabschnitte, die nur über Seilscheiben laufen und nicht auf die Trommel aufwickeln).

[d] Für Seile auf Triebwerken der Gruppen M5 bis M8 kann das Doppelte der aufgeführten Drahtbruchzahl angewandt werden.

[e] d = Seil-Nenndurchmesser.

Tabelle 6.5: Ablegedrahtbruchzahlen für drehungsarme Seile aus DIN ISO 4309 [19]

Seilkategorie-Nummer RCN (siehe Anhang G)	Gesamtzahl lasttragender Drähte in den Außenlitzen, des Seils[a] n	Anzahl sichtbarer Außendrahtbrüche[b]			
		Seilabschnitte, die über Stahlscheiben laufen und/oder auf eine einlagig wickelnde Trommel aufwickeln (zufällige Verteilung der Drahtbrüche)		Seilabschnitte, die auf eine mehrlagig wickelnde Trommel aufwickeln[c]	
		über eine Länge von $6d$[d]	über eine Länge von $30d$[d]	über eine Länge von $6d$[d]	über eine Länge von $30d$[d]
21	4 Litzen $n \leq 100$	2	4	2	4
22	3 oder 4 Litzen $n \geq 100$	2	4	4	8
	mindestens 11 Litzen in der Außenlage				
23-1	$71 \leq n \leq 100$	2	4	4	8
23-2	$101 \leq n \leq 120$	3	5	5	10
23-3	$121 \leq n \leq 140$	3	5	6	11
24	$141 \leq n \leq 160$	3	6	6	13
25	$161 \leq n \leq 180$	4	7	7	14
26	$181 \leq n \leq 200$	4	8	8	16
27	$201 \leq n \leq 220$	4	9	9	18
28	$221 \leq n \leq 240$	5	10	10	19
29	$241 \leq n \leq 260$	5	10	10	21
30	$261 \leq n \leq 280$	6	11	11	22
31	$281 \leq n \leq 300$	6	12	12	24
	$n > 300$	6	12	12	24

ANMERKUNG Seile mit Außenlitzen in Seale-Machart, bei denen die Anzahl der Drähte in jeder Litze 19 oder weniger beträgt (z. B. 18 × 19 Seale – WSC) werden in dieser Tabelle zwei Zeilen über der Zeile, in der die Machart normalerweise aufgrund der Anzahl von lasttragenden Drähten in den Außenlitzen stehen würde, eingeordnet.

[a] Für die Zwecke dieser Internationalen Norm werden Fülldrähte nicht als lasttragende Drähte betrachtet und sind in dem Wert für n nicht enthalten.

[b] Ein gebrochener Draht hat zwei Enden).

[c] Die Werte gelten für Schädigungen in den Überkreuzungsbereichen und Überlagerung von Wicklungen aufgrund von Ablenkungswinkeln (nicht für Seilabschnitte die nur über Seilscheiben laufen und nicht auf die Trommel aufwickeln)

[d] d = Seil-Nenndurchmesser.

6.5 Ablegedrahtbruchzahlen aus Biegeversuchen

Bei vielen Seilbiegeversuchen sind die Drahtbrüche im Versuchsverlauf mehrfach gezählt und in Diagrammen entsprechend Bild 2 aufgezeichnet worden, [5]. Daraus ist dann durch Interpolation die Drahtbruchzahl ermittelt worden, die bei 80% der Lebensdauer erreicht war. Aus diesen Drahtbruchzahlen, die auch für eine bestimmte Seilkonstruktion sehr stark streuen, ist dann mit Hilfe einer Regressionsrechnung und einer sinnvollen Abgrenzung die Ablegedrahtbruchzahl berechnet worden. Die so abgeleitete Ablegedrahtbruchzahl B_{A30} auf einer Bezugslänge von 30-fachem Seildurchmesser ist nach [5]

$$B_{A30} = g_0 - g_1\left(\frac{S \cdot d_0^2}{S_0 \cdot d^2}\right) - g_2\left(\frac{d}{D}\right)^2 - g_3\left(\frac{d}{D}\right)^2 \cdot \left(\frac{S \cdot d_0^2}{S_0 \cdot d^2}\right) \qquad (6.7)$$

und die Ablegedrahtbruchzahl B_{A6} auf einer Bezugslänge von 6-fachem Seildurchmesser

$$B_{A6} = 0{,}5 \cdot B_{A30} \qquad (6.8)$$

mit

der Seilzugkraft	S in N,
der Einheitsseilzugkraft	S_0 = 1 N,
dem Seildurchmesser	d in mm,
dem Einheitsseildurchmesser	d_0 = 1 mm und
dem Seilscheibendurchmesser	D in mm.

Das Seil ist abzulegen, wenn eine der Ablegedrahtbruchzahlen B_{A30} oder B_{A6} nach Gleichung (6.7) und (6.8) auf irgendeinem Seilabschnitt zu beobachten ist.

Zur Berechnung der Ablegedrahtbruchzahlen sind sicherheitshalber die größte überwiegend auftretende Seilzugkraft und der kleinste Biegedurchmesser D einzusetzen. Die Konstanten g_i für 8-litzige Seile sind für die Einfachbiegung der Tabelle 6.4 zu entnehmen. Für die entsprechenden 6-litzigen Seile ist die Ablegereife bei 75% der errechneten Ablegedrahtbruchzahlen der 8-litzigen Seile erreicht. Für Gegenbiegung empfiehlt Jahne [26] die Ablegedrahtbruchzahl zu verwenden, die sich für eine um $\Delta S/d^2$ = N/mm^2 höhere durchmesserbezogene Seilzugkraft bei der Einfachbiegung ergibt.

Gegenüber der ursprünglichen Festlegung in [5] ist die Ablegedrahtbruchzahl der Seile 8 x 19 auf rund 2/3 reduziert. Die schärfere Abgrenzung hat sich aus den Drahtbruchzahlen der mittlerweile durchgeführten Dauerbiegeversuche mit Warrington-Seale-Seilen im Vergleich zu den Erfahrungen im praktischen Betrieb ergeben. Außerdem ist der kleine Unterschied der Ablegedrahtbruchzahlen von Seale-Seilen einerseits und Warrington- und Filler-Seilen andererseits aufgrund der Auswertungen einer größeren Zahl von Dauerbiegeversuchen von Jahne [26] entfallen.

Tabelle 6.5: Ablegedrahtbruchzahlen, Konstanten zu Gleichung (6.7) nach [5], [15]

Bei Gegenbiegung ist die durchmesserbezogene Seilzugkraft um $\Delta S/d^2 = 50$ N/mm² zu erhöhen.

Für 6-litzige Seile beträgt die Ablegedrahtbruchzahl 75% von der von 8-litzigen Seilen.

Seile			g_0	g_1	g_2	g_3
Filler, Warr. und Seale	FC+8x19	Kreuzschl.[1) 3)] Gleichschl.[2) 3)]	18	0,000174	1550	0,0260
	IWRC+8x19	Kreuzschl. Gleichschl.[2) 3)]	33,3	0,000184	1830	0,0447
Warr.-Seale	FC+8x36	Kreuzschl. Gleichschl.[2)]	29	0,000271	2400	0,0403
	IWRC+8x36	Kreuzschl. Gleichschl.[2)]	44,5	0,000222	2200	0,0536
Spiral-Rundlitzenseil	drehungsarm[2) 4)]		14	0,00016	-350	0,035
	drehungsfrei[2) 4)]		20	0,00023	-500	0,050

[1)] Ablegedrahtbruchzahl auf etwa 2/3 reduziert gegenüber [4].
[2)] Magnetinduktiv ermittelte Drahtbrüche. Sichtbare Drahtbrüche, falls für das betreffende Seil durch Versuche nachgewiesen.
[3)] Für Kreuzschlagseile B_{A30} = 26 und für Gleichschlagseile B_{A30} = 13 (sichtbare Drahtbrüche) beim Lauf über Aufzugtreibscheiben mit Keilrillen oder unterschnittenen Sitzrillen $\alpha \geq 90°$.
[4)] Bei Mehrfachbewicklung von Trommeln Ablegedrahtbruchzahl nach Erfahrung.

Beim Lauf über Aufzugtreibscheiben mit Keilrillen oder unterschnittenen Sitzrillen mit dem Unterschnittwinkel $\alpha \geq 90°$ kann es aber bei den seither geltenden Ablegedrahtbruchzahlen für 8-litzige (6-litzige) Parallelschlagseile 8 x 19 (6 x 19) bleiben und zwar für Kreuzschlagseile B_{A30} = 26 (19) und für Gleichschlagseile B_{A30} = 13 (10). Eine Änderung ist nicht erforderlich, weil von den mindestens drei parallelen Seilen eines Aufzuges höchstens ein Seil bezogen auf 1 Million Aufzugsjahre durch Ermüdung gebrochen ist, ohne dass seine Ablegereife vorher entdeckt worden wäre. Diese Aussage kann als sehr zuverlässig gelten, da die Aufzüge sehr sorgfältig überwacht werden, [29]. In Bild 6.9 ist die Ablegedrahtbruchzahl B_{A30} beispielhaft für die Filler- und Warrington-Seile FC + 8 x 19 sZ dargestellt. Daraus ist zu ersehen, dass die Ablegedrahtbruchzahl mit wachsender Seilzugkraft abnimmt und dass sie mit wachsendem Durchmesserverhältnis D/d von Seilscheibe und Seil zunimmt.

Die Ablegedrahtbruchzahlen für äußerlich sichtbare Drahtbrüche nach Gleichung (6.7) und (6.8) gelten für Seile beim Lauf über Seilscheiben, Trommeln und Treibscheiben mit Rundrillen aus Stahl und aus Grauguss. Sie gelten nicht für Seilrillen aus Kunststoff oder anderen Werkstoffen mit kleinem Elastizitätsmodul, da für sie in Biegeversuchen keine zuverlässige Ablegedrahtbruchzahl (äußerlich sichtbar) gefunden wurde.

Für Gleichschlagseile ist bei den Dauerbiegeversuchen mit Seilscheiben in Rundrillen ohne Unterschnitt keine zuverlässige Ablegedrahtbruchzahl (sichtbare Drahtbrüche) gefunden worden. Für Spiral-Rundlitzenseile trifft dies ebenfalls für einen Teil der Seile zu. Die mit den Konstanten in Tabelle 6.5 berechnete Ablegedrahtbruchzahl für Spiral-Rundlitzenseile gilt beim Lauf in passenden Seilrillen nur für die Seile, die bei Seilbiegeversuchen äußerlich sichtbare Drahtbrüche in ausreichender Zahl zeigen. Wenn dagegen die Seile wegen der mehrlagigen Bewicklung von Trommeln ihre Ablegereife in diesem Bereich anzeigen, gelten besondere Ablegekriterien, die aus Beobachtungen der

Seile im praktischen Betrieb abgeleitet werden müssen. Für den Sonderfall, dass die Seile magnetinduktiv überwacht werden, können die Ablegedrahtbruchzahlen nach Gleichung (6.7) für die Gleichschlagseile und die Spiral-Rundlitzenseile verwendet werden und zwar unabhängig von dem Werkstoff der Seilscheiben. Dabei ist die für Kreuzschlagseile festgelegte Ablegezahl der äußerlich sichtbaren Drahtbrüche auch für Gleichschlagseile zu benutzen.
Bei Seiltrieben, bei denen die Ablegedrahtbruchzahlen B_{A30} und B_{A6} groß sind, ist die Ablegereife mit größerer Sicherheit zu erkennen als bei solchen, bei denen die Ablegedrahtbruchzahlen klein sind. Bei Hebezeugen, die Personen tragen, und bei anderen sicherheitstechnisch wichtigen Anwendungen, sollte deshalb die Ablegedrahtbruchzahl mindestens $B_{A30} \geq 15$ betragen. Die Zuverlässigkeit, mit der die Ablegedrahtbruchzahl B_{A30} auf einer Bezugslänge bei 80% der Seillebensdauer spätestens zu beobachten ist, wächst im allgemeinen sehr stark mit der Biegelänge, [26, 29]. Für die Biegelänge $l = 60 \cdot d$, für die die Ablegedrahtbruchzahlen abgeleitet wurden, ist diese Zuverlässigkeit meist nur wenig größer als 90%. Jahne [26] hat eine Regressionsgleichung entwickelt, mit der die Ausfallwahrscheinlichkeit Q des Ausfallkriteriums Drahtbruchzahl bestimmt werden kann.

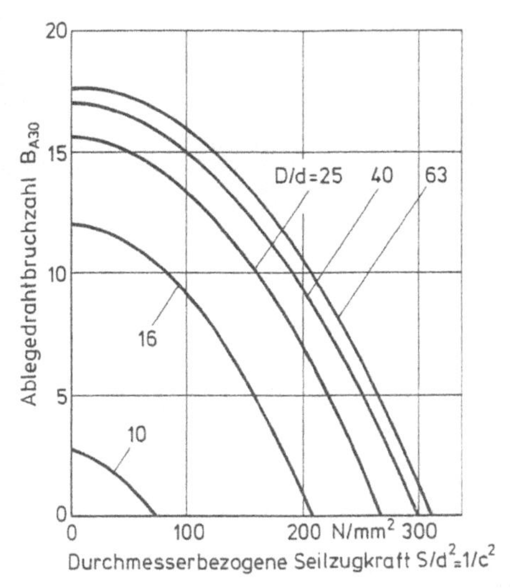

Bild 6.9: Ablegedrahtbruchzahl B_{A30} bei Parallelschlagseilen FC + 8 x 19 sZ, [5, 15]

Biegelängen unter $l = 30 \cdot d$ sollten möglichst vermieden werden. Ebenso tragen hohe Zusatzbelastungen vor allem auf kurzen Strecken einer ansonsten großen Biegelänge dazu bei, dass die Ablegereife nur schwer erkannt werden kann. Das gilt auch für die vergrößerte schwellende Seilspannung durch die Seilzugkraftentlastung beim Absetzen der Last und das anschließende Fahren in das Schlaffseil. Wenn dabei immer dieselbe Seilstelle beim Auflaufen auf die Seilrolle belastet wird, wie das in automatischen Förderanlagen oft der Fall ist, wird die Ablegereife der Seile durch Drahtbrüche nicht mehr sicher angezeigt. Das Absetzen von personentragenden Fahrkörben ist deshalb abzulehnen.

Eine Ausnahme bildet die Biegelänge auf Ausgleichsrollen, die möglichst klein sein soll. Falls die Biegelänge auf der Ausgleichsrolle nämlich hinreichend klein ist, dann sind die schwellenden Biegebeanspruchungen trotz des kleinen Durchmessers der Ausgleichsrollen kleiner als beim Lauf über die größeren Seilrollen [27, 28], so dass die Ablegereife auf der größeren Biegelänge zu erkennen ist, bevor der durch die Ausgleichsrolle beanspruchte Seilabschnitt einen gefährlichen Zustand erreicht. Das gilt aber nur für sehr kleine Ausgleichswege (Biegelängen) auf der Ausgleichsrolle $l < 2 \cdot d$. Bei großem Seilhub muss auch mit einem großen Ausgleichsweg gerechnet werden. In diesem Fall sollte für die Ausgleichsrolle ein größerer Durchmesser gewählt werden als in der Tabelle DIN 15 020, Blatt 1, angegeben.
Soweit die Ablegedrahtbruchzahlen nach den bestehenden Technischen Regeln kleiner sind als die Ablegedrahtbruchzahlen B_{A30} und B_{A6} nach Gleichungen (6.7) und (6.8), gelten selbstverständlich die Ablegedrahtbruchzahlen nach den Technischen Regeln. In den anderen Fällen sollten zur Vermeidung von Unfällen schon jetzt die Ablegedrahtbruchzahlen B_{A30} und B_{A6} nach Gleichungen (6.7) und (6.8) angewendet werden. Ein Vergleich der Ablegedrahtbruchzahlen B_{A30} aus Biegeversuchen mit DIN 15020-2 für die Parallelschlagseile 8 x 19 sZ mit Faser- und Stahleinlage ist in Bild 6.10 zu sehen. Danach ist insbesondere bei den Seilen mit Fasereinlage für viele Triebwerksgruppen die Ablegedrahtbruchzahl B_{A30} aus den Biegeversuchen kleiner als die nach DIN 15020-2.

Die Ablegedrahtbruchzahl, die bei einem sehr geordneten Betrieb der Seile wie etwa beim Aufzug (trockene Räume, gute Schmierung, Seilverlauf ohne wesentliche seitliche Ablenkung usw.) erscheint, kann aber nicht ohne weiteres auf andere Einsatzgebiete übertragen werden. Jedenfalls reißen in Ausnahmefällen immer wieder Seile ohne erkennbare äußere Schäden, bei denen nach DIN 15020-2 oder den hier angegebenen Regeln äußere Drahtbrüche erscheinen sollten. Das kann zum Beispiel der Fall sein, wenn hohe Zugschwellspannungen auftreten, oder wenn die Seile durch Aufdrehen in ihrem Verband gestört sind. Andererseits kann die Seilablegereife in manchen Anwendungsfällen auch besonders sicher erkannt werden: etwa an einem sehr starken äußeren Verschleiß und den an den Verschleißstellen auftretenden Drahtbrüchen.

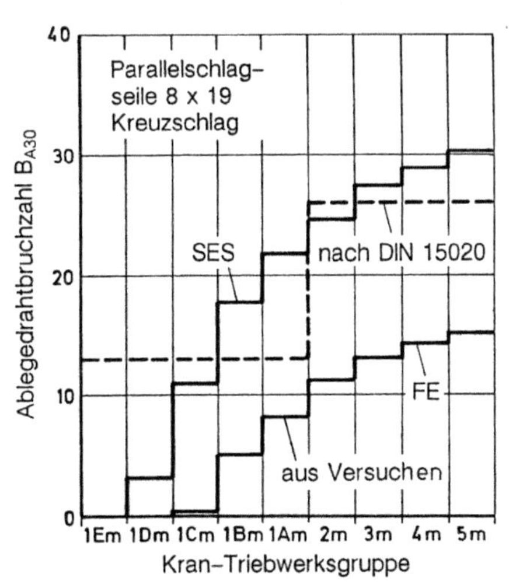

Bild 6.10: Vergleich der Ablegedrahtbruchzahlen B_{A30} nach Gleichung (6.7) und DIN 15020-2

Insgesamt ist festzustellen, dass die angegebenen Ablegedrahtbruchzahlen wichtige Basiswerte sind, die in besonderen Anwendungsfällen durch die dort herrschenden Beanspruchungen zu relativieren sind. Die Erfahrung der Praktiker ist deshalb zur Beurteilung der Seilablegereife unentbehrlich.

Es bleibt stets eine – wenn auch kleine – Unsicherheit, dass gefährliche innere Seilschäden im Einzelfall nicht entdeckt werden. Deshalb werden in sicherheitstechnisch sehr wichtigen Seiltrieben die Seile magnetinduktiv geprüft – siehe Abschnitt 7 – oder die Seile werden mehrfach (redundant) angeordnet.

6.6 Literatur

[1] Müller, H.: Neue Ergebnisse der Drahtseilforschung. Vortrag bei der Mitgliederversammlung der Drahtseilvereinigung 06.12.1966

[2] Woernle, R.: Ein Beitrag zur Klärung der Drahtseilfrage. Z.VDI 73 (1929) 13, S. 417-426

[3] Herbst, H.: Zur Bewertung von Drahtbrüchen für die Sicherheit von Förderseilen. Der Bergbau 47 (1934) 15, S. 215-220

[4] Woernle, R.: Drahtseilforschung. Z.VDI 75 (1931) 49, S. 1485-1489

[5] Feyrer, K.: Ablegedrahtbruchzahl von Parallelschlagseilen. DRAHT 35 (1984) 12, S. 611-615

[6] Feyrer, K.: Die Drahtbruchentwicklung von laufenden Seilen. DRAHT 34 (1983) 5, S. 245-249

[7] Rossetti, U., Thaon di Revel, M.: On the discarding criterion based on the external wire breakages. OIPEEC Round Table Luxembourg Oct. 1977,4-2, OIPEEC Politecnico di Torino

[8] Gräbner, P., Schmidt, U.: Beitrag zur Ermittlung der Ablegereife. Wissensch. Zeitschrift der Hochschule für Verkehrswesen, Dresden 26 (1979) H. 5, S. 883-890

[9] Oplatka. G.: Die zeitliche Folge von Drahtbrüchen in auf Wechselbiegung beanspruchten Drahtseilen. 3. Internationaler Seilbahnkongress. Th 2.1.7 Luzern 1969

[10] Babel, H.: Metallische und nichtmetallische Futterwerkstoffe für Aufzugtreibscheiben. Diss. Universität Karlsruhe 1980

[11] Daeves, K., Linz, P.: Die Beanspruchung und Entwicklung von Förderseilen für hohe Förderdichten. Glückauf 77 (1941) 43, S. 601-606

[12] Ulrich, E.: Schädigungen durch den Betrieb bei Förderseilen großer Durchmesser in Treibscheibenanlagen. DRAHT 31 (1980) 1, S. 3-6

[13] Beck, W.: Die Drahtbruchentwicklung bei Zugseilen. 3. Internationales IRS-Symposium. Wien 22. und 23. April 1985

[14] Feyrer, K.: Die Verteilung der Drahtbrüche auf einem Seil. DRAHT 34 (1983) 4, S. 154-159

[15] Feyrer, K.: Drahtseile – Bemessung, Betrieb, Sicherheit, 2. Auflage. Springer Verlag 2000. ISBN 3-540-67829-8

[16] Stange, K.: Angewandte Statistik. Zweiter Teil. Mehrdimensionale Probleme. Springer Verlag 1971

[17] Ren, G.: Drahtbruchprozess bei laufenden Drahtseilen. Diss. Universität Stuttgart 1997

[18] DIN 15020-2:1974-04
„Hebezeuge; Grundsätze für Seiltriebe, Überwachung im Gebrauch“

[19] DIN ISO 4309:2013-06
„Krane – Drahtseile – Wartung und Instandhaltung, Inspektion und Ablage“

[20] Bergverordnung für Schacht- und Schrägförderanlagen des Landes Nordrhein-Westfalen. BVOS vom 04.12.2003

[21] BOSeil (Vorschriften für den Bau und Betrieb von Seilbahnen und deren Ausführungsbestimmungen). Stand Nov. 2004. Bayerisches Staatsministerium für Wirtschaft; Infrastruktur, Verkehr und Technologie

[22] prEN 12927:2017-06
„Sicherheitsanforderungen an Seilbahnen für den Personenverkehrs – Seile“

[23] Beck, W.: Comparison of the discard criteria in the regulations of the different countries. OIPEEC Round Table Conference 1989, Zürich, ETH, pp 1.1-1.17

[24] DIN: DIN EN 13001-3-2:2015-10 – Krane – Konstruktion allgemein – Teil 3-2: Grenzzustände und Sicherheitsnachweis von Drahtseilen in Seiltrieben. DIN Deutsches Institut für Normung e.V.. Berlin, 2015.

[25] DIN: DIN 15020:1974 – Teil 1: Hebezeuge; Grundsätze für Seiltriebe, Berechnung und Ausführung. DIN Deutsches Institut für Normung e.V.. Berlin, 1974.

[26] ISO: ISO 16625:2013 – Cranes and hoists – Selection of wire ropes, drums and sheaves. ISO. Genf, 2013.

[27] DIN EN 81-1:2010-06
„Sicherheitsregeln für die Konstruktion und den Einbau von Aufzügen – Teil1: Elektrisch betriebene Personen- und Lastenaufzüge“

[28] Jahne, K.: Zuverlässigkeit des Ablegekriteriums Drahtbruchzahl bei laufenden Seilen. Diss. Universität Stuttgart 1992, Kurzfassung: DRAHT 44 (1993) 7/8, S. 427-434

[29] Müller, H.: Das Verhalten der Drahtseile bei Wechselbeanspruchung. Drahtwelt 47 (1961) 3, S. 193-201 und Nachdruck in dhf 8 (1962) 2, S. 49-52 und 3, S. 89-92

[30] Feyrer, K.: Die äußerlich sichtbaren Drahtbrüche als Ablegekriterium von Drahtseilen. DRAHT 33 (1982) 5, S. 275-278

[31] Gareis, C.: Die Aufzugunfälle der Jahre 1982 bis 1986. Lift-Report 14 (1988) 4, S. 12-18

7 Seilbahnseile und deren magnetische Seilprüfung

Dirk Moll, basierend auf einem Beitrag von Sven Winter aus dem Jahr 2005

7.1 Einleitung

Seile von Seilbahnen sind keine dauerfesten Bauteile, d. h. sie ermüden im Laufe ihres Einsatzes. Die Bestimmung des Zeitpunktes zudem das alte Seil durch ein neues Seil zu ersetzen ist (Ablegereife erreicht), ist außerordentlich wichtig. Der sichere Betrieb mit Seilen kann nur durch regelmäßige Inspektion gewährleistet werden. Die Inspektion kann dabei

- visuell und/oder taktil
- magnetinduktiv
- mittels Durchstrahlung (γ-Strahlen bzw. Röntgenstrahlen)

durchgeführt werden.

Bei laufenden Seilen tritt vorwiegend Biegung unter veränderlicher Zugspannung auf, auch z.B. bei Tragseilen von Seilbahnen beim Befahren mit dem Laufwerk. Diese Belastungen führen somit zu Ermüdung im Seil, d.h. zum Bruch einzelner Drähte und schlussendlich zum Erreichen der Ablegereife des Seiles. Bei Litzenseilen von Seilbahnen entstehen die Ermüdungsbrüche der Drähte überwiegend im Seilinneren insbesondere wenn es sich um Gleichschlagseile handelt, die über gefütterte Scheiben laufen. Für verschlossene Spiralseile ist dieses Phänomen ebenfalls bekannt, da die höchste Belastung im Inneren eines Spiralseiles auftritt. Somit ist es unverzichtbar, die Seile in regelmäßigen Abständen zur visuellen Seilkontrolle zusätzlich einer magnetinduktiven Seilkontrolle zu unterziehen. Die Durchstrahlungsprüfung, wird bedingt durch den bedeutenden Zeitaufwand, nur bei so genannten Drahtbruchnestern lokal eingesetzt.

7.1.1 Gliederung der Seilbahnarten und Seile

Seile für Seilbahnen werden ihrer Anwendung entsprechend eingeteilt. Nach der Seilbahnrichtlinie [1] sind die Seilbahnarten definiert. Seile werden in der Norm DIN EN 1907 „Sicherheitsanforderungen an Seilbahnen für den Personenverkehr – Begriffsbestimmungen“ [2] und der Norm DIN EN 12927 „Sicherheitsanforderungen an Seilbahnen für den Personenverkehr – Seile“ [9] geregelt. Üblicherweise werden bei den Seilbahnen einlagige Litzenseile mit Faser- oder Stahlseele verwendet. Bei Tragseilen kommen verschlossene Spirallitzenseile zum Einsatz. In der Norm DIN EN 1907 „Sicherheitsanforderungen an Seilbahnen für den Personenverkehr – Begriffsbestimmungen“ sind die verschiedenen Seilbahnarten wie folgt gegliedert:

Einseilbahn: Seilschwebebahn, bei der die Fahrzeuge durch ein Förderseil gleichzeitig getragen und bewegt werden

Doppel-Einseilbahn: Einseilbahn, bei der die Fahrzeuge durch zwei parallel laufende Förderseile oder durch ein Förderseil, das eine Doppelschleife bildet, gleichzeitig getragen und bewegt werden

Zweiseilbahn:	Seilschwebebahn, bei der die Fahrzeuge durch zwei getrennte Seile oder Seilgruppen, als Tragseile und als Zugseile bezeichnet, getragen und bewegt werden
Kabinenumlaufbahn:	Umlaufbahn mit mehreren geschlossenen Fahrzeugen mit kleinem Fassungsvermögen
Sesselbahn:	Umlaufbahn mit Sesseln
Standseilbahn:	Seilbahn, bei welcher die Fahrzeuge durch ein oder mehrere Seile auf einer auf dem Boden befindlichen oder durch feste Bauwerke unterstützen Fahrbahn bewegt werden
Schlepplift:	Seilbahn, bei welcher die Personen auf Skiern oder anderen geeigneten Sportgeräten mittels einer Schleppvorrichtung auf einer Schleppspur befördert werden

Bei den einzelnen Seilbahnarten kommen unterschiedliche Seilarten mit verschiedenen Seilkonstruktionen zum Einsatz.
Entsprechend der Norm sind die am häufigsten eingesetzten Seilarten:

Zugseil:	bewegtes Seil, das die mit ihm verbundenen Fahrzeuge bewegt, ohne sie zu tragen
Förderseil (für Seilschwebebahnen):	bewegtes Seil, das für die Bewegung der Fahrzeuge bestimmt ist und dieselben gleichzeitig trägt
Förderseil (für Schlepplift)	bewegtes Seil, das für die Bewegung der Schleppvorrichtungen bestimmt ist
Tragseil:	ruhendes Seil, das Fahrzeuge, die darauf mittels eines Laufwerkes fahren, trägt
Spannseil:	Seil, welches das nicht fest verankerte Seilende eines ruhenden Seiles oder die Seilscheibe einer Seilschleife mit dem Spanngewicht oder der Spanneinrichtung verbindet.

7.1.2 Entwicklung der Seilprüfung

Drahtseile im Betrieb haben eine begrenzte Lebensdauer. Ein sicherer Betrieb ist deshalb nur möglich, wenn die Seile regelmäßig inspiziert werden und die Ablegereife, d. h. der Seilzustand, bei dem das Seil ausgewechselt werden muss, rechtzeitig und sicher erkannt wird, bevor ein gefährlicher Betriebszustand eintritt. Üblicherweise zeigen Seile ihre beginnende Zerstörung nach einer gewissen Laufzeit durch Abrieb und Drahtbrüche an.

Drahtseile verteilen die Beanspruchung auf bis zu vierhundert Einzeldrähte und sind in der Regel auch dann noch betriebssicher, wenn nur einige der Drähte gebrochen sind. Die Ablegedrahtbruchzahlen sind entsprechend der Seilanwendung in den jeweiligen Normen festgelegt. Bei der visuellen Kontrolle können lediglich die Außendrähte eines Drahtseiles begutachtet werden. Die Innendrähte bleiben der Sichtprüfung verborgen.

Bild 7.1 zeigt den Querschnitt eines vollverschlossenen Tragseiles. Visuell ist nur die äußere Z-Lage kontrollierbar.

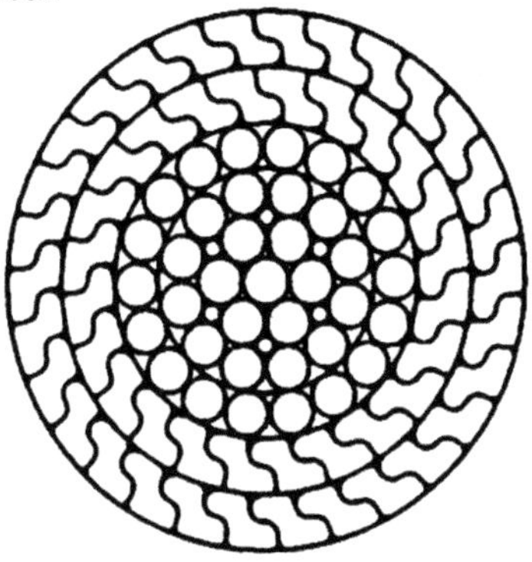

Bild 7.1: Querschnitt eines vollverschlossenen Tragseils

Bild 7.2 zeigt die zweite Z-Lage eines vollverschlossenen Tragseiles. Wie deutlich zu erkennen ist, sind hier viele Drähte in kurzen Abständen gebrochen.

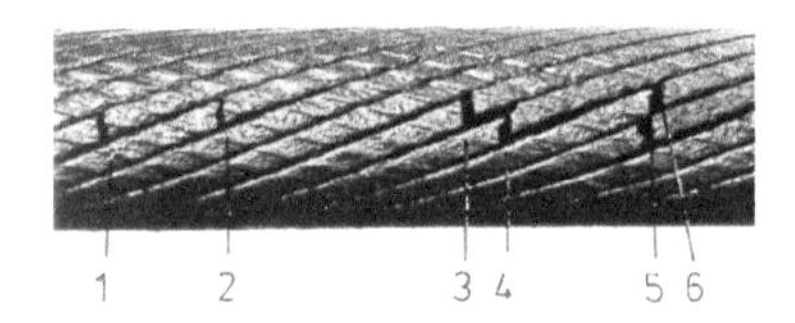

Bild 7.2: Tragseil mit Drahtbrüchen, Decklage entfernt

Bei sicherheitstechnisch bedeutsamen Einsätzen ist es daher notwendig, den äußeren und den inneren Zustand des Drahtseiles messtechnisch zu erfassen. Hierzu hat sich bereits sehr früh wegen seiner Praxistauglichkeit und Zuverlässigkeit das magnetinduktive Verfahren durchgesetzt. Insbesondere Betreiber von Seilbahnen und Förderseilen im Bergbau bedienen sich der magnetinduktiven Prüfung von Drahtseilen. Die Geschichte der magnetinduktiven Seilprüfung reicht zurück bis zum Beginn des 20. Jahrhunderts. 1906 haben die Südafrikaner McCann und Colson erstmals die magnetische Prüfung von Drahtseilen beschrieben. 1931 wurden von Woernle am Institut für Fördertechnik und Logistik (IFT) der Universität Stuttgart Forschungsarbeiten auf dem Gebiet der magnetinduktiven Seilprüfung aufgenommen.

Bis in die siebziger Jahre erfolgte die Magnetisierung des Seiles noch mittels Gleichstrom durchflossener Spulen. Im Bestreben, die magnetinduktive Seilprüfung weiter zu vereinfachen, wurde Mitte der siebziger Jahre vom Institut für Fördertechnik der Universität Stuttgart ein Prüfgerät mit Dauermagneten entwickelt. Durch den Einsatz von leistungsfähigen Magnetwerkstoffen ließen sich Gewicht und Abmessung der Magnetisierungseinheit erheblich verringern. Somit konnte die Handhabung für den Praxiseinsatz wesentlich verbessert und die Prüfdauer deutlich reduziert werden.

Magnetisierungsverfahren

Bei der magnetischen Prüfung von Drahtseilen müssen die Seile bis zur magnetischen Sättigung aufmagnetisiert werden. Dies kann durch Elektromagnete oder durch Dauermagnete geschehen. Eine ausreichende Sättigung ist erreicht, wenn die magnetische Induktion B im aufmagnetisierten Bereich 2 Tesla beträgt. Elektromagnete werden sinnvollerweise in Hauptschlussanordnung (Tabelle 7.1, Bild I) eingesetzt, bei Verwendung von Dauermagneten wird die Nebenschlussanordnung am häufigsten eingesetzt (Tabelle 7.1, Bilder IV und V).

Tabelle 7.1: Zusammenstellung der üblichen Magnetkreiskonfigurationen zur Drahtseilprüfung

	Elektromagnet	**Dauermagnet**
Hauptschlussanordnung	I 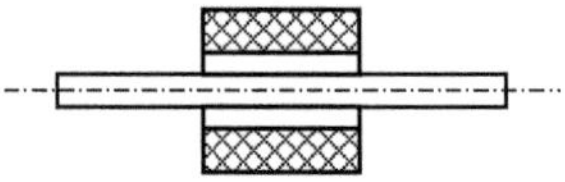	II 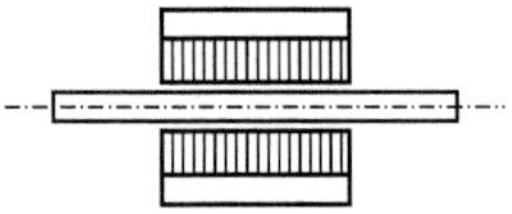
Nebenschlussanordnung	III 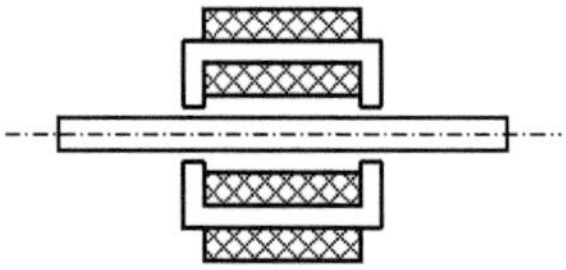	IV 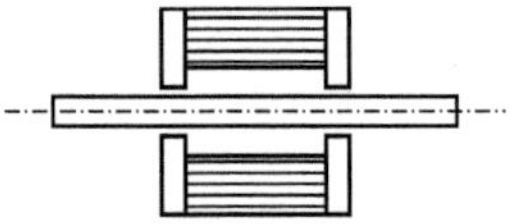
		V 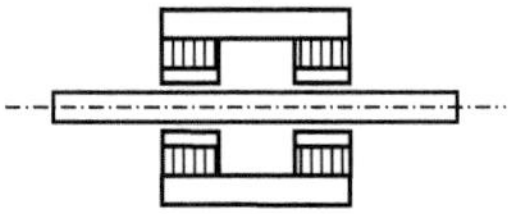

7.1.3.1 Elektromagnet

Bei der Hauptschlussanordnung eines Elektromagneten (Tabelle 7.1, Bild I), einer sogenannten Solenoid-Spule, lässt sich die Leerlauffeldstärke zur Aufmagnetisierung sehr einfach berechnen [3].
Die Feldstärke H einer Spule beträgt in der Mitte der Spule:

$$H = \frac{I \cdot N}{\sqrt{4R^2 + L^2}} \tag{7.1}$$

I – der im Leiter fließende Strom,
N – die Zahl der Windungen,
R – der mittlere Windungsradius,
L – die Länge der Spule.

Für L >> R (lange, dünne Spule) ist die Feldstärke in der Spulenmitte

$$H = \frac{I \cdot N}{L} \,. \tag{7.2}$$

Bei einem Verhältnis von L/R = 3 ergibt sich bereits eine um 20 % geringere Leerlauffeldstärke als für die lange, dünne Spule. Beim Solenoid muss zum Erreichen der ausreichenden magnetischen Sättigung des Seiles berücksichtigt werden, dass das aufmagnetisierte Seil ein Gegenfeld aufbaut. Das zeigt sich in einem Kippen der Magnetisierungskurve, der sogenannten Scherung (Bild 7.3).

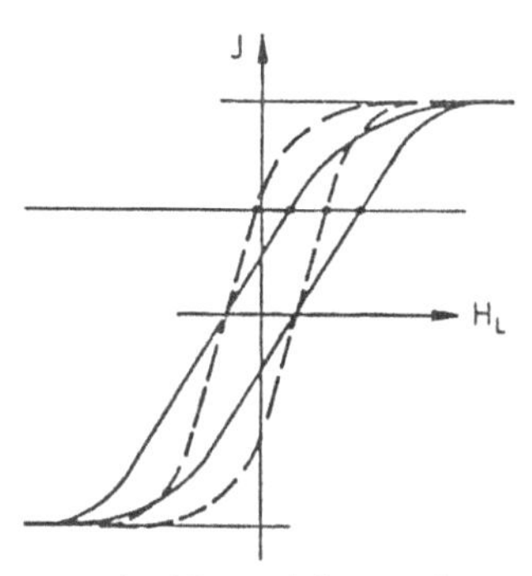

Bild 7.3: Scherung der Magnetisierungskurve infolge eines entmagnetisierenden Feldes

Zur Erreichung einer magnetischen Induktion B von 2 Tesla ist im gleichen Solenoid für ein Seil von 50 mm eine um ca. 50 % größere Leerlauffeldstärke notwendig als für ein Seil von 15 mm. Der am IFT verwendete Elektromagnet in Hauptschlussbauweise besteht im Wesentlichen aus einem klappbaren Körper aus Polyamid mit einer Spule aus sichelförmigen Aluminiumlamellen. Die niedere Anzahl von 30 Windungen wird durch eine hohe Stromstärke von 300 A (bei 2 Volt) ausgeglichen. Das Gewicht beträgt nur ca. 15 kg.
Eine Nebenschlussanordnung für transportable Elektromagnete ist nicht sehr sinnvoll, da das erforderliche Eisenjoch zusätzliches Gewicht bedeutet und der größere Gesamtwiderstand des magnetischen Kreises eine höhere Leistung der Magnetspule erfordert.

7.1.3.2 Dauermagnet

Für die Aufmagnetisierung des Seiles durch Dauermagnete ist eine Nebenschlussanordnung üblich. Die Abmessungen und Gewichte dieser Magnetisierungseinheiten lassen sich durch den Einsatz von Seltenen Erden Magnete aus Kobalt-Samarium oder Neodym-Eisen-Bor erheblich verringern.
Für die Praxis ergab sich für verschiedene Anforderungen unterschiedliche Dauermagnetanordnungen als Nebenschluss (Tabelle 7.1, Bild V). Eine Entwicklung am Institut ist ein Prüfgerät für einen Seildurchmesser bis 40 mm in geschlossener Bauform. Bei diesem Gerät sind 4 Magnetisierungseinheiten rotationssymmetrisch zur

Seilachse ausgeführt. Zur Montage und Demontage kann das Gerät aufgeklappt werden.

Bild 7.4: Prüfgerät mit geschlossener Anordnung

Die zweite Entwicklung ist ein Prüfgerät zur Prüfung von Seilen bis zu einem Durchmesser von 60 mm. Die Magnetisierungseinheiten wurden speziell so angeordnet, dass Tragseile mit voller Magnetisierung in Stützenbereichen mit einer halben Spule geprüft werden können. Somit können auch Drahtbruchhäufungen im Stützen- und Kettensattelbereich einer Seilbahn detektiert werden.

Bild 7.5: Prüfgerät mit offener Anordnung zur Prüfung von Kettensattelbereichen

7.1.4 Messprinzip (Drahtbrüche, lokale Fehlstellen)

Ist ein Drahtseil entlang seiner Achse magnetisiert, verursachen Störungen im Seilverband, z. B. Drahtbrüche oder lokale Fehlstellen durch äußere Beschädigung, die Ausbildung eines Streufeldes. Die Änderung der radialen Streufeldkomponente induziert während der Messung in der radial angeordneten Induktionsspule eine Spannung, die verstärkt und aufgezeichnet wird. In Bild 7.6 ist das Messprinzip bei der magnetinduktiven Streufeldprüfung dargestellt.

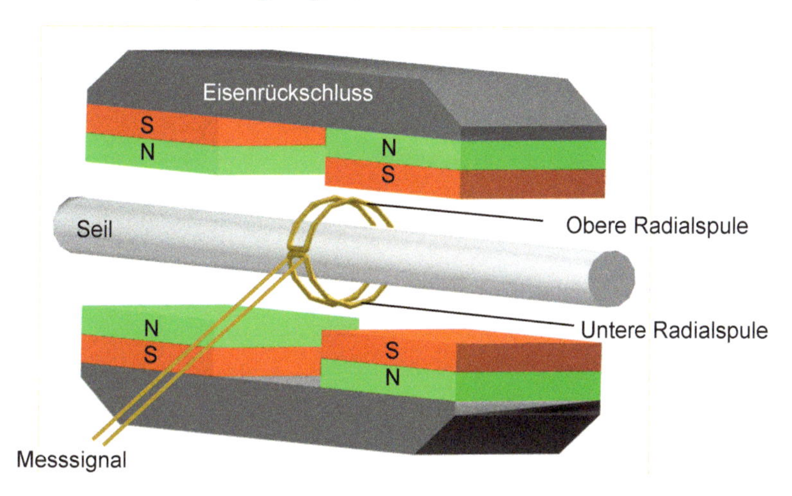

Bild 7.6: Messprinzip bei der magnetinduktiven Streufeldprüfung

Um eine komplette Umfassung des Seiles zu erreichen, werden zwei Radialspulen, die jeweils eine Hälfte des Seiles umfassen, benötigt. Als Ergebnis der Messung werden auf einem Messschrieb Drahtbruchsignale angezeigt, die sich aus dem bereits beim neuen Seil vorhandenen Grundsignal hervorheben. Damit sich eine möglichst hohe Fehlstellenerkennungsrate über den gesamten Seilquerschnittsbereich realisieren lässt, ist eine starke und homogene Magnetisierung des Seilquerschnittes im Messbereich notwendig.

Die Prüfgeräte sind sowohl hinsichtlich der Magnetisierungseinheit als auch in ihrer Bauform so dimensioniert, dass im jeweiligen zu prüfenden Seildurchmesserbereich verschiedenartige Fehlstellen optimal interpretiert werden können.

7.1.5 Registrierung

Für die Auswertung der Daten wird ein am IFT speziell entwickelter Mess-PC eingesetzt. Dieser besteht aus einem Notebook mit elektronischer Datenerfassung und einer automatischen Auswertungssoftware. Die Komponenten des Mess-PCs sind in einem Messkoffer integriert. Das Gepäckvolumen und dessen Masse wurden somit auf ein Minimum reduziert.

7.1.5.1 Grundsignal

Die Prüfgeräte magnetisieren das Seil parallel zur Seilachse bis zur Sättigung auf. Durch die Wendelung der einzelnen Drähte wird durch die Unregelmäßigkeit eine Streufeldänderung verursacht, die das sogenannte Grundsignal produziert (Bild 7.7).

Die Amplitude des Grundsignals nimmt durch das Setzen des Seiles zunächst etwas ab. Danach wird das Grundsignal mit zunehmender Lebensdauer durch Verschleiß und Korrosion vergrößert.

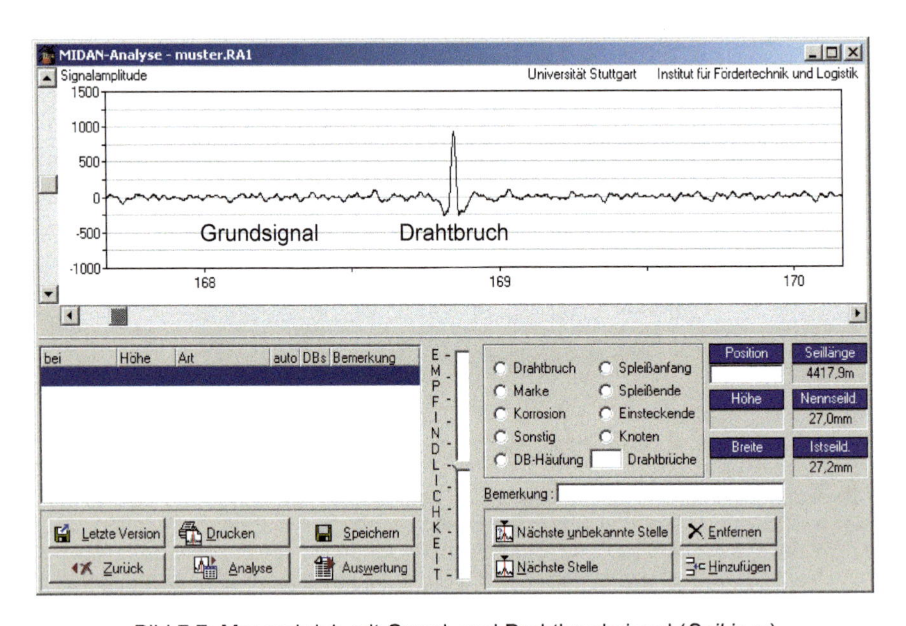

Bild 7.7: Messschrieb mit Grund- und Drahtbruchsignal (*Seil in m*)

Bei neuen Seilen ist zu beachten, dass das Grundsignal von verdichteten Litzenseilen größer und das von verschlossenen Seilen kleiner sein kann als das Grundsignal von unverdichteten Litzenseilen.

Drahtbrüche und andere Seilfehlstellen:

Bei kleinen Drahtbruchlücken ist die Signalamplitude klein, steigt mit größer werdender Lücke an und erreicht ein Maximum bei einer Lücke von 5 mm (Bild 7.8 und Bild 7.9). Das Drahtbruchsignal zeigt sich in der typischen W-Form.

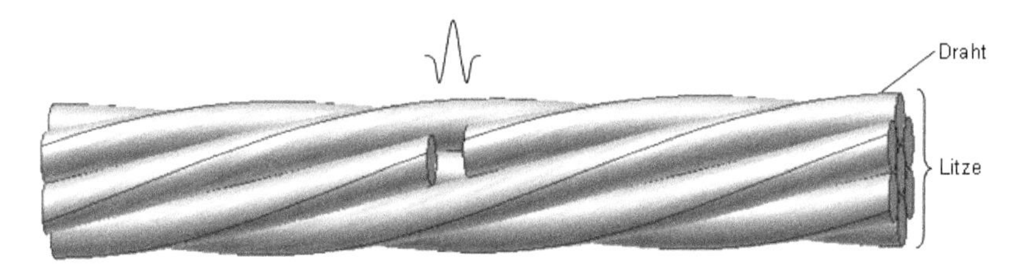

Bild 7.8: Kleines Drahtbruchsignal (Drahtbruchlücke 1 mm)

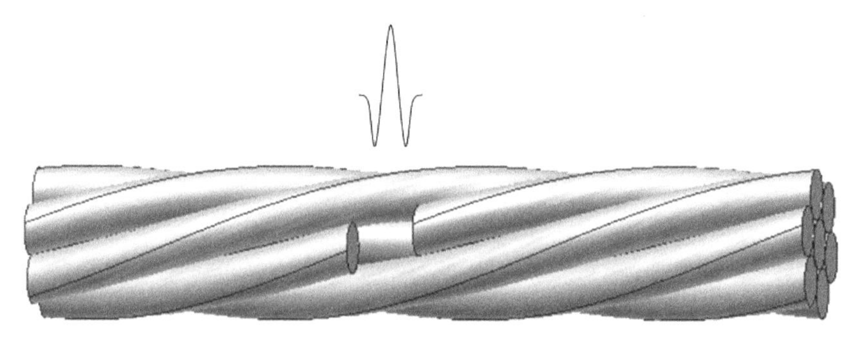

Bild 7.9: Größeres Drahtbruchsignal (Drahtbruchlücke 5 mm)

Bei weiter wachsender Lücke wird die Signalamplitude wieder kleiner und beginnt sich aufzuspalten. Diese Aufspaltung wird zunächst an einer Einsattelung sichtbar (Bild 7.9). Die Einsattelung wird mit wachsender Lücke immer größer und erreicht bei sehr großen Lücken asymptotisch die Nulllinie (Bild 7.11), so dass die ursprüngliche Signalamplitude in zwei einzelne Amplituden zerlegt ist. Diese beiden Signalamplituden entsprechen den beiden Drahtenden des Drahtbruches und haben einen gegensätzlichen Verlauf.

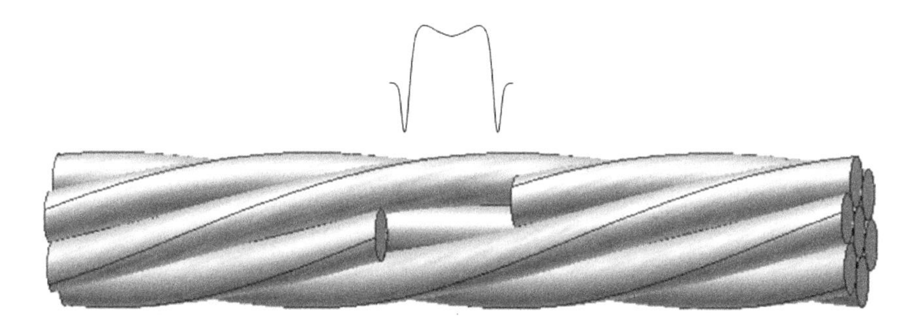

Bild 7.10: Drahtbruchsignal mit Einsattelung (Drahtbruchlücke 20 mm)

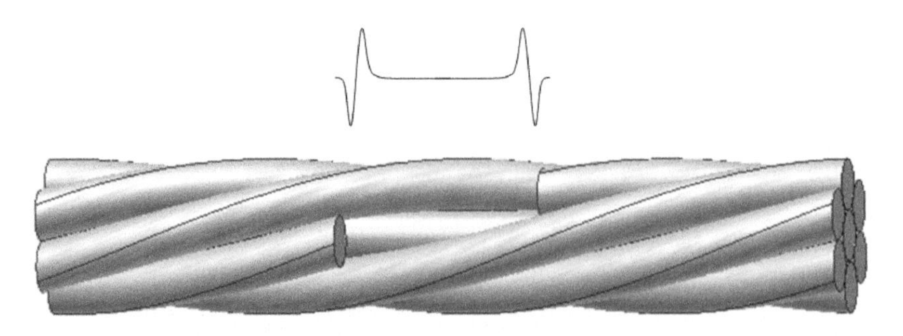

Bild 7.11: Drahtbruchsignal mit zwei gegensätzlich verlaufenden Einzelamplituden (Drahtbruchlücke 100 mm)

Besitzen zwei Drahtbrüche gleichlange Drahtbruchlücken und liegen in demselben Querschnitt, so zeigt sich zunächst nur eine dann aber etwas größere Signalamplitude. Mit zunehmendem Abstand in Längsrichtung zwischen zwei Drahtbrüchen spaltet sich die Signalamplitude auf, und es entstehen zwei Signalamplituden, die dann die beiden Drahtbrüche getrennt anzeigen.

Der magnetische Widerstand, d. h. der Widerstand, den ein gebrochener Draht der Magnetisierung entgegensetzt, ist proportional zur Querschnittfläche des Drahtes. Drähte mit größerem metallischen Querschnitt ergeben deshalb einen größeren Ausschlag des Messsignals als dünnere Drähte.

Außer den bereits behandelten Einflussgrößen, wie die Stärke des magnetischen Feldes, die Länge der Fehlstelle, die Überlagerung von Fehlern und der Größe der Querschnittsverminderung hängt die Güte der Messung noch von der Lage des Fehlers im Querschnitt (innen oder außen), von der Art des Fehlers und der Geometrie der Prüfspule ab.

7.1.7 Auswertung

Im Nachfolgenden ist das am IFT entwickelte System der elektronischen Datenerfassung und Analyse beschrieben. Mit dem neuen Messdatenerfassungssystem können beispielsweise zwei Messsignale simultan registriert werden. Diese Messsignale werden im Mess-PC, entsprechend den Prüfbedingungen Vorort, mit einer für diesen Einsatz angepassten Signalkonditionierung vorverarbeitet. Zusätzlich wird mit Hilfe einer Längenmesseinrichtung ein geschwindigkeitsäquivalentes Signal aufgezeichnet und die im Notebook implementierte Messdatenerfassungskarte angesteuert. Die Ansteuerung und Datenaufnahme wird mit Unterstützung einer Datenerfassungssoftware aufgenommen und simultan protokolliert. Die aufbereiteten Messdaten werden anschließend von der neu entwickelten Software für die „MagnetInduktive DrahtbruchANalyse“ (MIDAN) als Grundlage verwendet (Bild 7.12).

Diese Software bietet ihren Anwendern weltweit erstmalig die Möglichkeit eine Messdatenanalyse auf höchstem Niveau durchzuführen. Eine Vielzahl grundlegender und zusätzlicher Funktionen, wie das Zusammenführen mehrerer Teilmessungen zu einer Gesamtmessung, die genaue Metrierung der Messschriebe, sowie die explizite Vergrößerung einzelner Seilabschnitte veranschaulichen die vereinfachte und unkomplizierte Handhabung des Systems (Bild 7.13).

Bild 7.12: Software MIDAN des Messdatenerfassungssystems

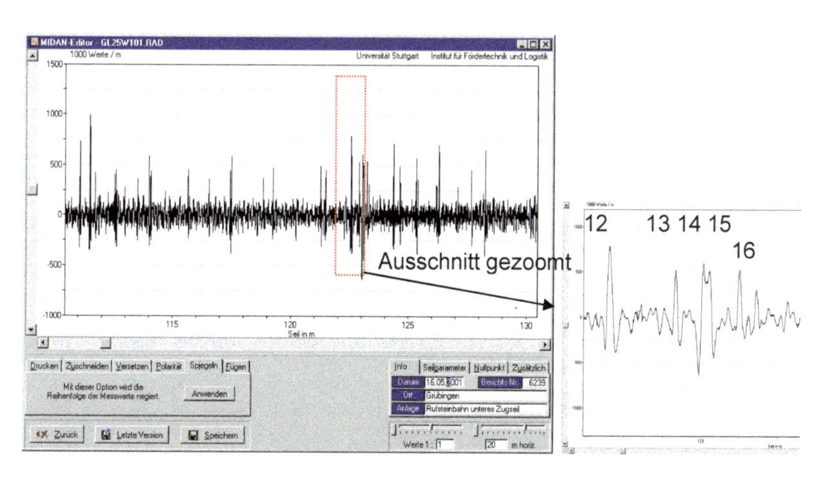

Bild 7.13: Editor der Messdatenerfassung „MIDAN“

Einzelne Drahtbrüche sind eindeutig und anschaulich zu beurteilen was unter Umständen eine verlängerte Betriebsdauer des Seils ermöglicht. Der Editor besitzt eine Vielzahl weiterer Funktionen, mit denen die Messungen effizient aufbereitet werden können. So sind beispielsweise die Anlagedaten, die Seilkonstruktion und der gesamte Messaufbau als Dokumentationssystem implementiert. Auch die Übermittlung der erfassten Messdaten per Internet stellt keine Grenze dar und lässt den Empfänger die Daten bequem und unkompliziert aufbereiten.

7.2 Automatisierte Formanalyse

Des Weiteren ist in der Software MIDAN eine Störstellenanalyse integriert, die es ermöglicht Messschriebe von Seilen automatisiert auszuwerten.

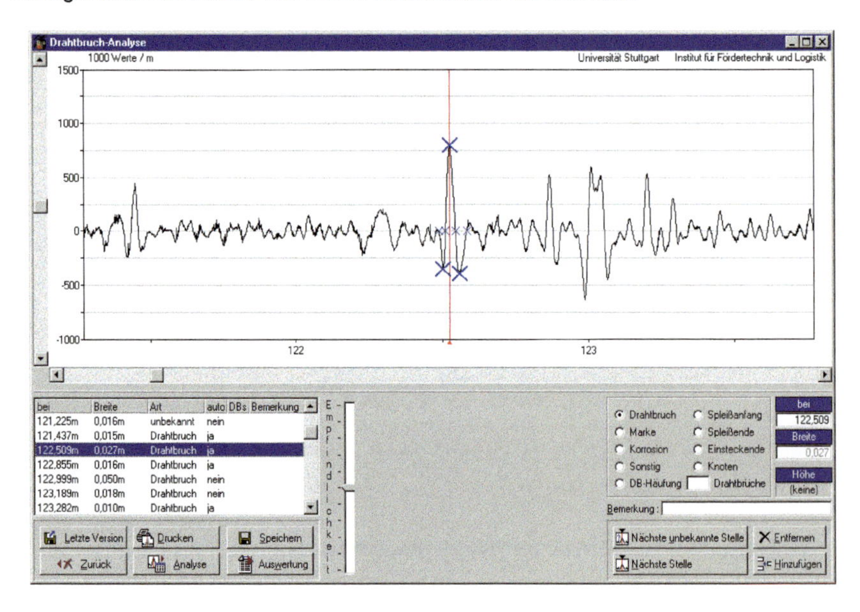

Bild 7.14: Störstellenanalyse Messdatenerfassung „MIDAN“

Mit Bild 7.14 wird anhand eines Drahtbruches die Funktion der Formanalyse beschrieben. Stimmen bei der Formanalyse die Erkennungsmerkmale einer Störstelle mit dem Messschrieb überein so wird diese Störstelle (z.B. Drahtbruch, Spleißanfang, etc.) in der Analysedatenbank übernommen. Hierzu werden bereits seit Jahren Untersuchungen zur Verbesserung der Drahtbrucherkennbarkeit und automatisierten Drahtbruchanalyse am IFT durchgeführt, [3], [4], [5], [6]. Im Beispiel in Bild 7.14 wird ein Drahtbruch auf unterschiedliche Merkmale hin untersucht. Dabei spielt die Form des Drahtbruches und der Vergleich von „up´s“ und „down´s“ eine große Rolle (Bild 7.14, Kreuzmarkierung). Zudem werden die Abstände der „up´s“ und „down´s“ kontrolliert. Treffen die von IFT vordefinierten Kriterien zu, wird in der Analysedatenbank der Eintrag „Drahtbruch“ an Stelle „x“-Meter vorgenommen. Sind nicht alle definierten Kriterien eindeutig erfüllt, und der Ausschlag unterscheidet sich vom eigentlichen Grundsignal, so wird in der Analysedatenbank der Eintrag eines unbekannten Signals vorgenommen. Der Anwender hat nun die Möglichkeit, die Beurteilung dieser einzelnen Schadstellen von Hand durchzuführen. Diese Vorgehensweise garantiert eine schnelle und sichere Auswertung und somit die höchste Effizienz ohne Verlust von Sicherheit.

7.3 Hochauflösende Seilprüfung

Liegen Drahtbrüche sehr nahe beieinander, kann die Messspule die Einzelsignale nicht mehr getrennt auflösen. Es kommt zu einer Überlagerung der Fehleranzeigen. Die dabei entstehende Kurvenform kann nicht mehr eindeutig beurteilt werden, Bild 7.15.

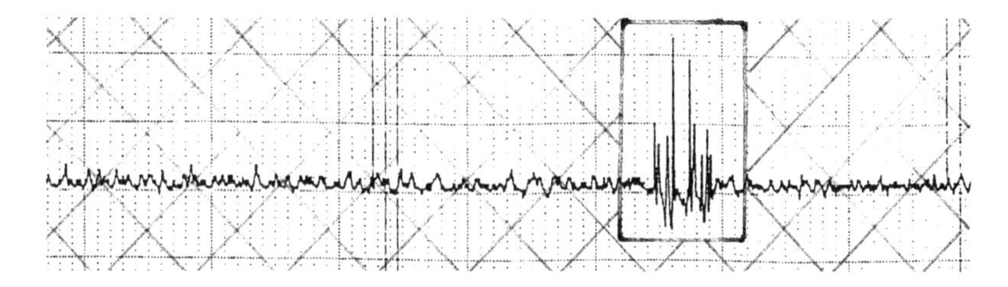

Bild 7.15: Diagramm einer konventionellen magnetinduktiven Seilprüfung

Eine Weiterentwicklung am Institut für Fördertechnik und Logistik der Universität Stuttgart [5] ermöglicht die direkte Messung des magnetischen Streufeldes an der Seiloberfläche und umgeht somit die Darstellungsproblematik bei einer Anhäufung mehrerer Drahtbrüche, [7] und [8]. Dabei ist die Messspule durch einen Messkopf mit vielen einzelnen Magnetfeldsensoren ersetzt worden. Der Sensor misst geschwindigkeitsunabhängig, so dass die Mindestprüfgeschwindigkeit bei der magnetinduktiven Seilprüfung von bisher 0,2 m/s unterschritten werden kann. Es kann sogar im Stillstand gemessen werden.

Mit dem hochauflösenden magnetischen Seilprüfverfahren kann eine Schadstelle mit einer Genauigkeit von einem Millimeter eingemessen werden. Zusätzlich zur genauen Lage von Drahtbrüchen in Seillängsrichtung kann die Lage der Drahtbrüche in Seilumfangsrichtung auf drei Winkelgrad genau bestimmt werden.

Das Einmessen einer Drahtbruchhäufung geschieht in zwei Schritten. Nach Lokalisierung der Schadstelle mit dem herkömmlichen magnetinduktiven Prüfgerät, wird die Messspule gegen den Messkopf mit Magnetfeldsensoren ausgetauscht. Anschließend wird nach Anbringen einer dauerhaften Referenzmarkierung auf dem Seil (schnelltrocknende Lackfarbe) das Seil mit Schleichgeschwindigkeit abgefahren. Über ein Auswertprogramm werden die Messdaten an Ort und Stelle so verarbeitet, dass ausgehend von den Referenzmarken die genaue Lage jedes einzelnen Drahtbruches im Seilquerschnitt angegeben wird. Die zusätzliche Information über die Lage der Drahtbrüche am Umfang ist eine wertvolle Hilfe für die Durchführung der Durchstrahlungsprüfung, die dann zu einem späteren Zeitpunkt stattfinden kann.
Die am IFT entwickelte hochauflösende, magnetische Seilprüfmethode mit Magnetfeldsensoren kann auch ohne anschließende Durchstrahlungsprüfung zur direkten Diagnose von Schadstellen an Tragseilen eingesetzt werden.

In Bild 7.15 ist ein Ausschnitt eines Messschriebs der herkömmlichen magnetinduktiven Seilprüfung abgebildet. Die Störausschläge zeigen das übliche Bild von Einzeldrahtbrüchen ohne besonderen Hinweis auf eine Drahtbruchhäufung. Die Anzeigen einzelner Drahtbrüche überlagern sich, eine differenzierte Aussage ist hier schwer möglich. Dieser Seilabschnitt ist zusätzlich mit dem hochauflösenden magnetischen Seilprüfverfahren gemessen worden. Das Ergebnis zeigt Bild 7.16.

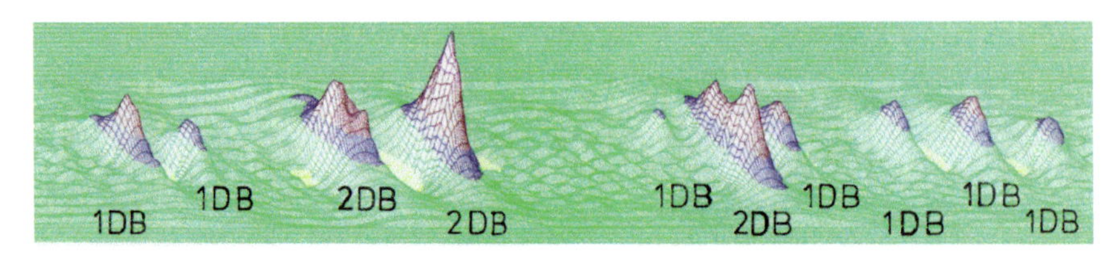

Bild 7.16: Streufeldverteilung der hochauflösenden magnetischen Seilprüfung

Die Größe und Lage eines Drahtbruches ist an der räumlichen Darstellung des Streufeldes gut erkennbar. Selbst dicht beieinander liegende Drahtbrüche sind einzeln erfassbar. In jeder Einzelanzeige in dem markierten Ausschnitt von Bild 7.15 verbergen sich in Wirklichkeit jeweils 2 Drahtbrüche. An einigen Seilbahnseilen konnten bereits Messungen mit höchster Genauigkeit erfolgreich durchgeführt werden. In einem Fall ist, begünstigt durch den relativ geringen Aufwand an Prüfzeit, eine Schadstelle in kurzen Zeitabständen wiederholt gemessen worden. Dabei konnte der Fortgang der Schädigung der Schadstelle verfolgt werden. Nach dem fälligen Ablegen ist das Seilstück im Bereich der Schadstelle aufgelöst worden. Die wirkliche Schädigung im Seilinnern und das Ergebnis der hochauflösenden Messung stimmten sehr gut überein.

7.4 Literatur

[1] Richtlinie 2000/9/EG des Europäischen Parlamentes und des Rates vom 20. März 2000 über Seilbahnen für den Personenverkehr

[2] DIN EN 1907:2015-02
„Sicherheitsanforderungen an Seilbahnen für den Personenverkehr – Begriffsbestimmungen“

[3] Rieger, W.: Ein Beitrag zur magnetinduktiven Querschnittsmessung von Drahtseilen. Dissertation Universität Stuttgart 1983.
Kurzfassung: Glückauf-Forschungsheft 45 (1984) 1, S. 24 – 28

[4] Woernle R. – Müller H.: Zweiteilige Messspule für mit Gleichstrom betriebene Vorrichtung zur magnetischen Prüfung von Stahldrahtseilen.
DRP 758 730 Kl. 42k Gr. 4603

[5] Nussbaum, J.-M.: Zur Erkennbarkeit von Drahtbrüchen in Drahtseilen durch Analyse des magnetischen Störstellenfeldes.
Dissertation Universität Stuttgart 1999

[6] Briem, U.: Verbesserung der Ablegereifeerkennung laufender Drahtseile durch Kombination von Ablegekriterien.
Dissertation Universität Stuttgart 1996

[7] Haller, A.: Bildgebendes Verfahren zur Drahtseilpruefung.
Internationale Seilbahnrundschau Heft 5. Wien 1995

[8] Haller, A.: First experience of wire rope tests using High Resolution Magnetic Induction. Compendium of Papers, OITAF 8th International Congress for Transportation by Rope, May 23-27, 1999, San Francisco CA

[9] DIN EN 12927:2017-07, Entwurf
„Sicherheitsanforderungen an Seilbahnen für den Personenverkehr – Seile“

8. Ergänzende Methoden der Seilprüfung

Dirk Moll

8.1 Visuelle Seilkontrolle

Überblick

Die visuelle Prüfung von Stahlseilen ist in vielen Anwendungen gesetzlich vorgeschrieben und wird meist von zwei Beschäftigten durchgeführt, die das Seil im Vorbeilaufen bei einer Revisionsgeschwindigkeit von weniger als 0,5 m/s kontrollieren.

Dabei treten Gefährdungen und Belastungen durch die unmittelbare Nähe zum bewegten Seil auf. Weitere Probleme erschweren die Prüfaufgabe:

- Unergonomische Arbeitshaltung
- Schlechte Beleuchtungsverhältnisse
- Witterungseinflüsse wie Kälte, Regen und Wind
- Hohe Konzentrationsbeanspruchung

Um diese Gefährdungen und Belastungen durch eine technische Unterstützung zu reduzieren wurde vom Institut für Fördertechnik und Logistik der Uni Stuttgart (IFT) ein Präventionsprojekt „Visuelle Seilprüfung", welches von der BG BAHNEN gefördert wurde, durchgeführt.[16]

Dabei hat das Institut für Fördertechnik und Logistik der Uni Stuttgart (IFT) unter fachlicher Begleitung durch den VDS e.V. einen praxisgerechten Prototyp entwickelt. Durch schrittweise Optimierung der Technik bietet Winspect GmbH unter Lizenz des IFT nun ein robustes System für die genaue, sichere und wirtschaftliche Prüfung Ihrer Drahtseile.

Funktion

Der Seilumfang wird unter starker, jedoch energiesparender LED-Beleuchtung vollständig von vier Kameras mit einer Auflösung von 0,1 mm/Pixel erfasst und digital gespeichert (Bild 8.1 und 8.2). Um Seilschäden wie z.B. Drahtbrüche zu erkennen, erfolgt eine teilautomatische Auswertung, die Abweichungen der Seilstruktur als Schadstellen detektiert und ausgibt.

Voraussetzungen für eine nutzbare Aufnahmequalität sind ein ruhiger Seillauf und eine trockene, einsehbare Seiloberfläche. Schmierfilme und Lackschichten hindern – bei der Kamera wie beim menschlichen Auge – die Sicht auf die Seiloberfläche.

Die aufgenommenen Bilddaten werden vom PC automatisch auf Abweichungen von der normalen Seilstruktur untersucht (Bild 8.3 und 8.4)). In Verantwortung des Betriebsleiters werden die detektierten Auffälligkeiten an einem Bildschirmarbeitsplatz bewertet und klassifiziert. Dieser Vorgang ist örtlich und zeitlich vollkommen getrennt von der Aufzeichnung der Daten und kann jederzeit unterbrochen bzw. auch wiederholt werden.

Der Prüfer muss demnach nicht die gesamte Seiloberfläche begutachten, sondern nur noch die Stellen, die von der Regelstruktur des Seils abweichen. Ergebnis der Prüfung ist ein Prüfprotokoll, in dem die detektieren und vom Bediener begutachteten und bewerteten Fehler mit Angabe der Seilmeterzahl aufgeführt sind.

Vergleich Magnetinduktive Prüfung – Visuelle Prüfung

Bei der visuellen Prüfung wird der Zustand der Seiloberfläche erfasst und bewertet, d.h. es werden außenliegende Drahtbrüche, Blitzschläge, Kerben, Klemmstellen und sonstige größere und kleinere Beschädigungen entdeckt (Bild 8.1). Zusätzlich kann der allgemeine Zustand bewertet werden: Sind Litzengassen oder Drahtlage verschoben, gibt es Korrosion? Zusätzliche werden die Verläufe von Durchmesser und Schlaglänge über die gesamte Seillänge ermittelt (Bild 8.6 und 8.7). All das sind (für den Fachmann) sehr interessante Informationen, mit denen Sie den Zustand Ihres Seils umfassend bewerten können. Wenn Sie geeignete Maßnahmen gegen die ermittelten Probleme ergreifen, führt das dazu, dass Sie die Lebensdauer Ihres Seils verlängern können!

Bei der magnetinduktiven Prüfung werden nur Drahtbrüche gesucht, innen- und außenliegende. Die magnetinduktive Prüfung wird in der Regel alle paar Jahre von Experten durchgeführt. Die Interpretation der Messergebnisse erfordert viel Erfahrung.

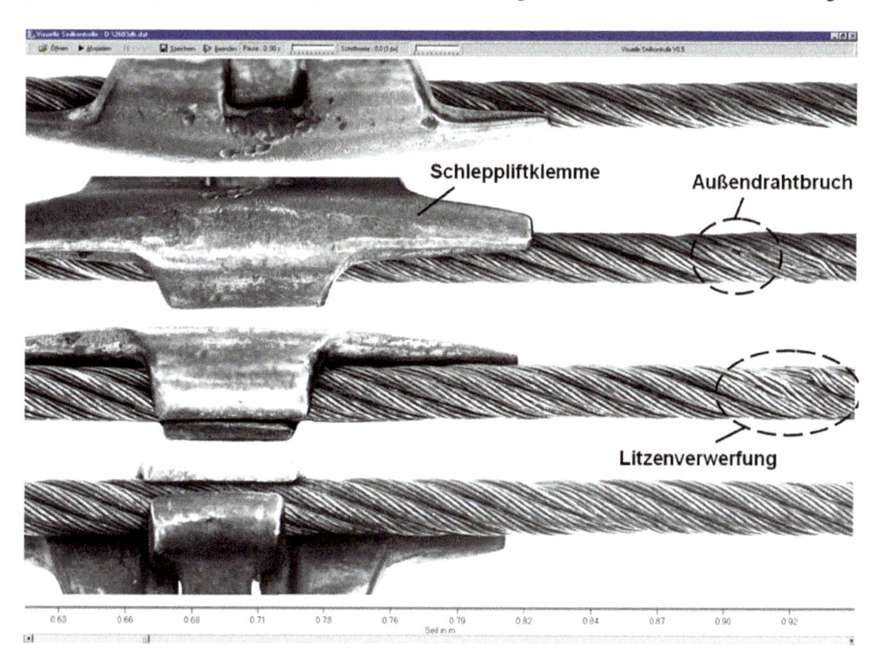

Bild 8.1: Darstellung der aufgenommen Bildsequenzen am Monitor

Im Gegensatz dazu dient die magnetinduktive Prüfung – siehe Abschnitt 7 – zur Ermittlung auch des inneren Seilzustandes, d.h. zur Feststellung von Seilschäden aufgrund von Materialermüdung und Verschleiß im Seilinneren. Seilschäden, wie beispielsweise Durchmesser- oder Schlaglängenänderungen, als auch breitflächige Blitzeinschläge oder Seilentgleisungen sind mittels magnetinduktivem Prüfverfahren oder Durchstrahlungsprüfung nur schwer zu detektieren und machen daher eine visuelle Seilkontrolle unverzichtbar.

Laut den geltenden technischen Regeln, wie z.B. der BOSeil (Vorschriften für den Bau und Betrieb von Seilbahnen) [1], der neuen DIN EN 12927 „Sicherheitsanforderungen an Seilbahnen für den Personenverkehr – Seile“ [2] oder der EN 81-1 „Sicherheitsregeln für die Konstruktion und den Einbau von Aufzügen – Elektrisch betriebene Personen- und Lastenaufzüge“ [3], ist in regelmäßigen Abständen ein visuelle Seilkontrolle vorgeschrieben.

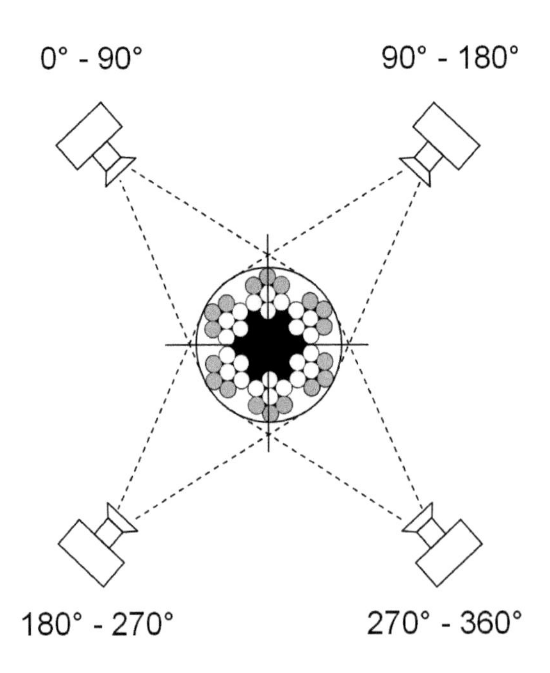

Bild 8.2: Schematische Kameraanordnung am Seilumfang

Bild 8.3: Visuelles Seilprüfgerät im Einsatz

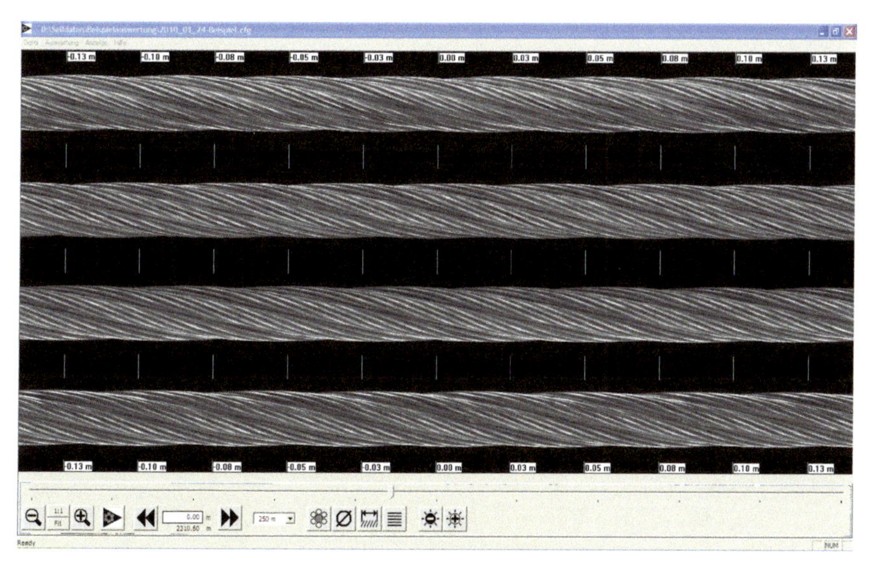

Bild 8.4: Darstellung der aufgenommen Bildsequenzen am Monitor

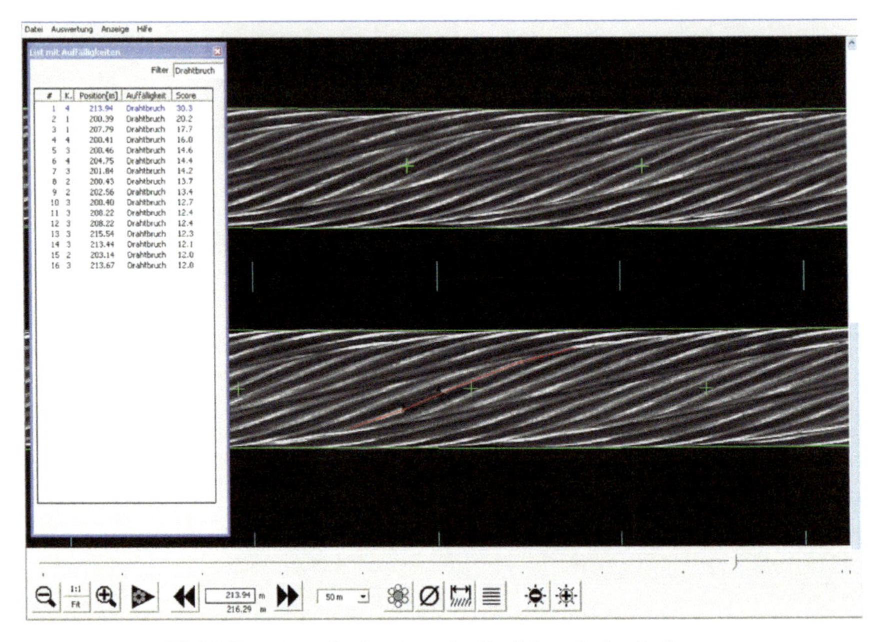

Bild 8.5: Automatisch erkannter Drahtbruch der Software

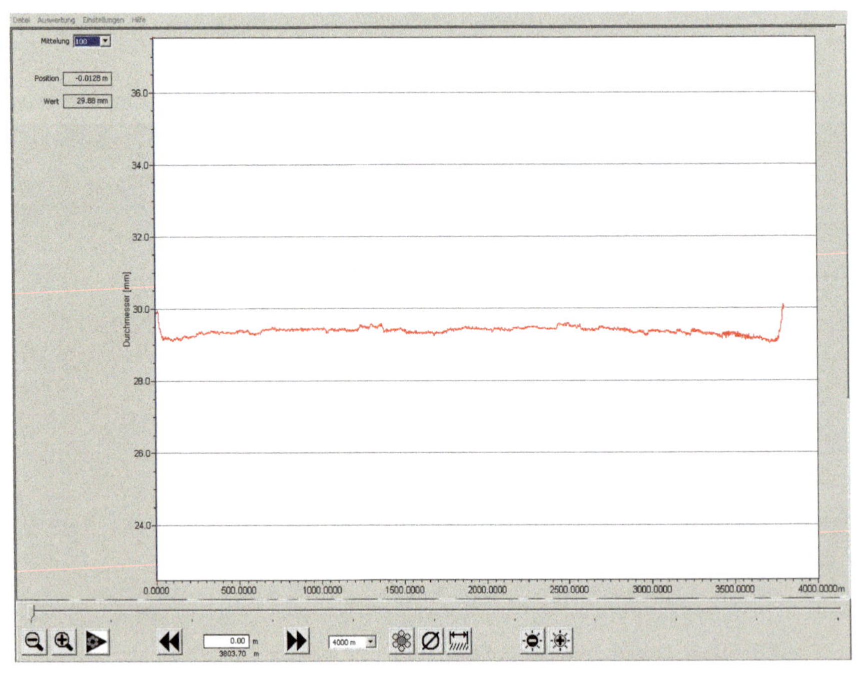

Bild 8.6: Automatische Ermittlung des Seildurchmessers über die gesamte Seillänge

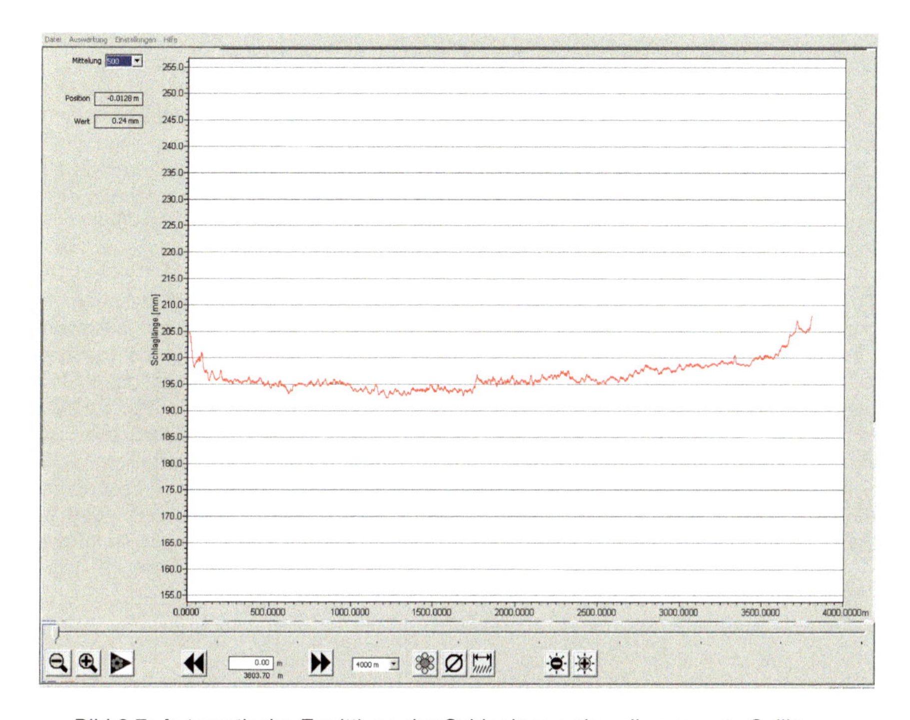

Bild 8.7: Automatische Ermittlung der Schlaglänge über die gesamte Seillänge

8.2 Verdrehung von Seilen

Zug- und Förderseile von Seilbahnen drehen sich während einer Umfahrt um ihre eigene Achse. Dies kann vielfältige Ursachen haben, von denen die beiden Folgenden am meisten bekannt sein dürften:

- die Drehung des Seils durch die wachsende Höhenspannung während der Fahrt zu Berg. Gleichzeit steigt das innere Drehmoment des Seils, es dehnt und verdreht sich.
- die Drehung des schraubenförmigen Litzenseils, während es mit leichten Reibungsverlusten – mitunter auch nicht ganz sauber fluchtend – in die mit Gummi gefütterte Rolle einläuft. [Literatur: Engel, Der Seildrall, ISR Nr.2/1966, Oplatka, Drall in Zug- und Förderseilen, ISR Nr.5/2004]

Eine grundsätzliche Drehung des Seils ist unvermeidbar.Häufig führt sie zu keiner markanten Verschlechterung der Seillebensdauer, und trotzdem verändert sich die Seilstruktur in der Art, dass die gefertigte Schlaglänge des Seils wächst oder gemindert wird. Mit der Schlaglänge ändern sich neben dem Vibrationsverhalten des Seils auch die innere Lastverteilung, die Spannungen in den Drähten und der Abstand der Litzen. In der Praxis verkürzt sich meist bei Zugseilen die Schlaglänge zum Teil bis zur ungewollten Litzenberührung, bei der sich erst der Zinkmantel der Drähte in der

Berührzone abreibt, nachfolgend eine Kerbung in Verbindung mit Korrosion entsteht und schließlich beschleunigt Drahtbrüche in der Litzengasse entstehen können.

Drehung kann im Seil gespeichert und bis zur Endbefestigung hin gewalkt werden, so dass hier eine bleibende Verdrehung entsteht. Dieser feste Punkt kann eine Gehängeklemme oder besonders der Verguss eines Zugseils sein. Oft kann man an Zweiseil-Pendelbahn- oder Standseilbahn-Zugseilen kurz vor den Fahrzeugen Anzeichen von Verdrehung ohne technische Hilfsmittel erkennen, wenn das Seilstück die Station oder eine Stütze erreicht.

Zum Teil sind Seile in verschiedenen Abschnitten unterschiedlich stark geschädigt, ohne dass man dies auf die Bahngeometrie oder Scheibenanordnung der Anlage übertragen könnte. Dies lässt vermuten, dass hier unter anderem eine Verdrehung aufgrund verschiedener kombinierter Umgebungsfaktoren in unterschiedlichen Stadien gespeichert wird. Dadurch kann in vorerst willkürlich erscheinenden Seilabschnitten die Drahtbruchentstehung im Vergleich zum restlichen Seil beschleunigt werden. In Realität kommt dieser Fall von ungewöhnlicher Drahtbruchverteilung nicht selten vor. Bei magnet-induktiven Seilprüfungen wird das Phänomen besonders deutlich – ein Beispiel dafür gibt Bild (8.7). Es zeigt das magnet-induktive Prüfergebnis eines über 3km langen Zugseils mit sichtbar ungleicher Drahtbruchverteilung (die Spitzen über dem Grundsignal des Seils werden – vereinfacht erklärt – als Drahtbrüche gewertet).

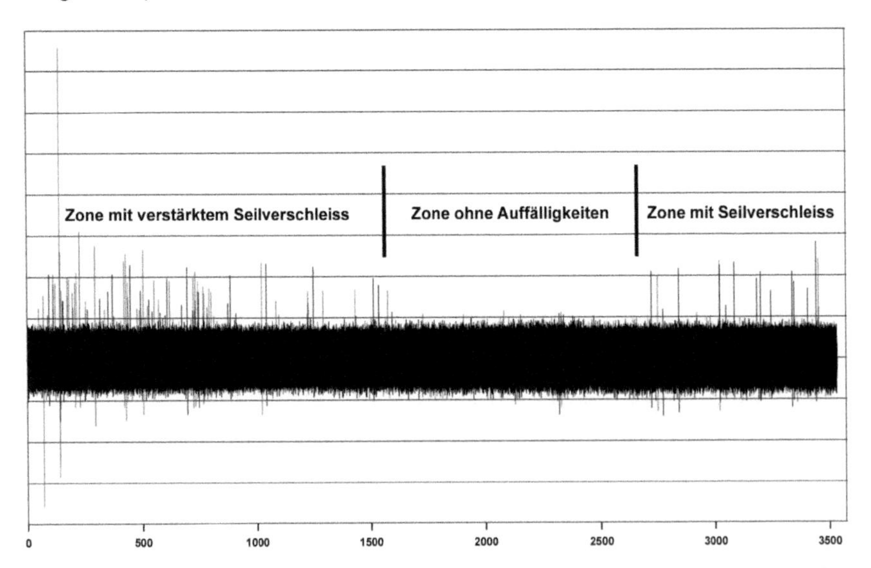

Bild 8.7: Magnetinduktives Prüfergebnis eins Zugseils mit ungleichem Verschleiß

In eindeutigen Fällen lokaler Schäden hat man bisher mit Hilfe von Klebebandfähnchen, einem aufgebrachten Faden oder einem Farbstrich entlang des Seils gemessen, wie oft das Seil sich während der Fahrt dreht. Doch dies war immer nur dort möglich, wo man das Seil auch sehen kann, z.B. in der Station, auf einer Stütze oder Nahe dem Fahrzeug. Das Verhalten auf der freien Strecke hingegen ist nur aufwändig messbar und daher eher unbekannt. Die Aufteilung der Drehung in den unvermeidbaren Anteil, der aus der Anlage und ihrer Topographie kommt, und in einen möglichen vermeidbaren Anteil, ist daher bis zum heutigen Tage nicht detailliert untersucht worden. Schließlich existiert noch kein Bezug zwischen dem Schädigungsverhalten von realen Seilbahnseilen und der eindeutig daran beteiligten Drehung dieser Seile. Seildrehung wurde und wird in der Theorie bis hin zum Labor untersucht, eine systematische Untersuchung der Seilbahn-Praxis mit ihren vielzähligen Umgebungseinflüssen existiert jedoch bis heute nicht.

Am Institut für Fördertechnik und Logistik der Universität Stuttgart wurde daher die Idee entwickelt, die Drehung eines Seils auf einfache Art und an einer beliebigen Stelle digital zu messen. In Zeiten, in denen Mobiltelefone Schritte zählen und Computer-Spielkonsolen jegliche Bewegung des Nutzers erfassen können, konnte ein kleiner, kostengünstiger und ausreichend genauer Sensor aufgesetzt werden, der den Drehungsgrad des Seils gegenüber der Erdbeschleunigung aufzeichnen kann. Die Messplatine befindet sich in einem stabilen, kleinen Gehäuse, das – ähnlich einer Gehängeklemme – mit Einlaufschrägen versehen ist und somit auch bei voller Fahrt leicht über Rollen auf- und ablaufen kann, ohne dass der Sensor, die Rollen oder gar die Seillageüberwachung beschädigt werden (Bilder (8.8 und (8.9).

Bild 8.8: Applizierter Sensor

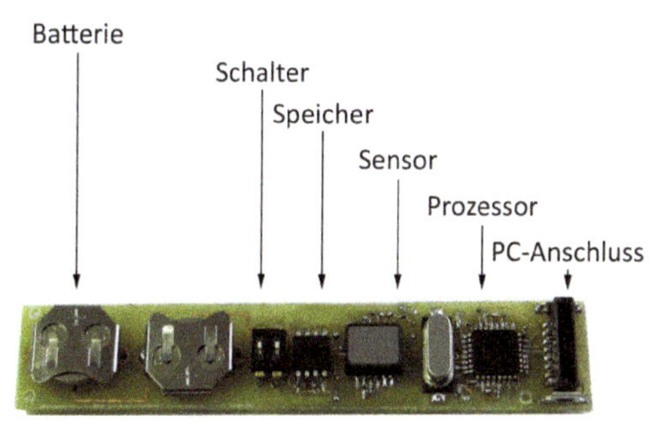

Bild 8.9: Schematischer Aufbau

Im Folgenden werden Messungen auf drei unterschiedlichen Anlagentypen dargestellt:

- die Standseilbahn zum Waldfriedhof in Stuttgart (*1929, Bild (8.10));
  Messung auf dem Zugseil ca. 5m bergwärts des Wagens
- die Pendelbahn zum Predigtstuhl in Bad Reichenhall (*1928, Bild (8.11));
  Messung auf dem Gegenseil ca. 20m talseitig der Kabine

- die kuppelbare Einseilumlaufbahn zum Jenner am Königssee, 2. Sektion (*1953, Bild (8.12)); Messung des Leerseils der 2. Sektion während einer Bergfahrt

Bild 8.10: Stuttgarter Standseilbahn

Bild 8.11: Predigtstuhlbahn

Bild 8.12: Jennerbahn

In Bild 8.13 sind die Ergebnisse der Drehmessung über dem jeweiligen Streckenprofil aufgezeichnet. Bereits ohne eine detaillierte Untersuchung sind Zusammenhänge zwischen Streckenprofil und Drehung dargestellt.

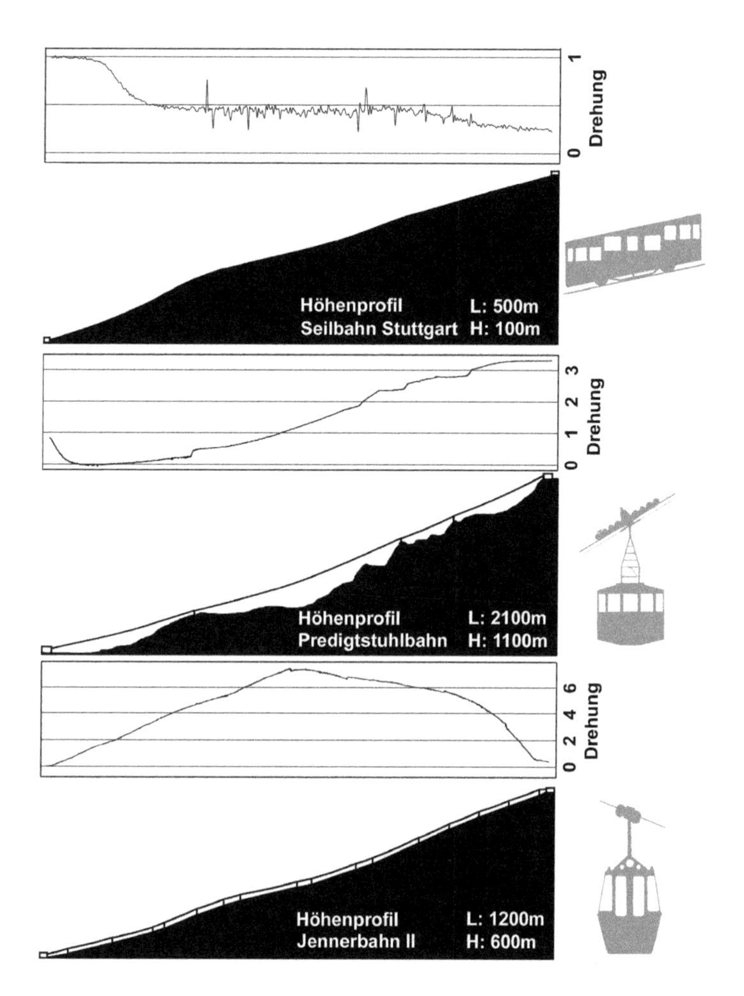

Bild 8.13: Drehmessung und Streckenprofile der Stuttgarter Standseilbahn, Predigtstuhlbahn und Jennerbahn, Sektion II

Zu erwarten ist, dass sich die gemessenen Seile tendenziell während ihrer Fahrt zu Berg in eine Richtung drehen, da die Änderung der Höhenspannung ΔS_h mit der Formel

$$\mathbf{\Delta S_h = \Delta h * q}$$

Δh Zunahme der Höhe im Seilfeld
q spezifisches Längengewicht des Seils

das innere Drehmoment M_t um den Betrag

$$\mathbf{\Delta M_t = \mu * \Delta S = \mu * \Delta h * q}$$

µ Verdrehungskonstante des Seils

ansteigen lässt. Mit Hilfe der Drehsteifigkeit D der Seilkonstruktion lässt sich der theoretische Drehwinkel nach [Engel, Der Seildrall, ISR Nr.2/1966] für das fest eingespannte Zugseil einer Pendelbahn sowie für das eher frei drehbare Förderseil einer Umlaufbahn berechnen.

Die Messungen lassen nun folgendes erkennen:
Die Zugseile der pendelnden Bahnsysteme mit fester Einspannung folgen in der Nähe der Fahrzeuge wie erwartet einem gleichbleibenden Drehsinn, während Überlagerungen aus den Stützen bzw. der Ausweiche erkennbar sind. Die Steilheit des Drehungsanstiegs scheint sogar den Steigungsabschnitten der Höhenprofile qualitativ zu folgen. Am Beginn und Ende der Messkurven sind Einflüsse aus dem Kraftanstieg beim Anfahren und dem Ein- und Ablauf in die Stationsumlenkungen zu berücksichtigen. Da bei diesen beiden Pendelbahnanlagen keine Verdrehungsprobleme bekannt sind, gilt es nun zu erforschen, wie sich eine Anlage mit vermuteten Problemen verhält, wie und vor allem wo die Kurve vom erwartbaren Weg abdriftet.
Das fahrzeugfreie Förderseil der Umlaufbahn ist ohne feste Einspannung und kann sich somit leichter drehen. Hier haben einzelne Felder, die Spur, Nieder- und Hochhaltestützen sowie deren Ablenkwinkel einen sichtbaren Einfluss auf das Drehbestreben. Wie groß der jeweilige Einfluss ist, gilt es noch herauszufinden. Während die Seile der Pendelbahnen am Berg und im Tal einen jeweils unterschiedlichen Zustand anstreben und halten, strebt das Seil dieser Umlaufbahn sogar nach anfänglichem Drehen in eine Richtung trotz stetig steigender Höhenspannung vor der Bergstation wieder zurück – fast ideal bis auf den Ausgangszustand. Es stellt sich die Frage ob ein solcher Effekt wünschenswert ist und eventuell bei der Planung einer Anlage konstruktiv provoziert werden kann.

Zusammenfassend bleibt zu sagen: mit dem neuen Drehsensor kann nun erstmalig eine Bahn vollständig vermessen und die Drehung in Bezug auf die Anlage an einem beliebigen Ort bestimmt werden. Durch Messung an mehreren Seilabschnitten kann das Drehverhalten einer Anlage regelrecht kartografiert werden. In der laufenden Forschung sollen die neuartigen Messdaten mit dem Anlagenprofil, mit der magnetinduktiven Prüfgeschichte eines Seils und den berechenbaren Seilspannungen in der Anlage kombiniert werden. In Zukunft ermöglicht dies, schädigende Drehung und ihre Ursachen zu erkennen. Die Seilsicherheit und Seillebensdauer können damit entscheidend verbessert werden.
Als positiver Nebeneffekt ist mit dem System die Spurmessung von Neu- und Bestandanlagen auf dem Leerseil möglich, da das Seil bei unzureichender Fluchtung wie oben beschrieben zu drehen beginnt.

8.3 Schlaglänge

Die Schlaglänge wird heutzutage noch meist von Hand mithilfe einer Messlatte bestimmt (Bild 8.14). Hierzu wird am stehenden Seil eine Länge von drei Schlaglängen gemessen, damit Messfehler möglichst gering gehalten werden. Anschließend wird die gemessene Länge auf eine einzelne Schlaglänge gemittelt. So wird an ca. drei verschiedenen Stellen des Seils stichprobenartig eine Messung durchgeführt, da die Messung am gesamten Seil (mehrere Kilometer lang) zu aufwendig wäre.

Leider ist diese Art der Messung sehr zeitaufwendig und arbeitsintensiv. Außerdem ist sie aufgrund ihrer Aufwendigkeit in der Praxis nur auf einzelne Stichproben am Seil beschränkt.

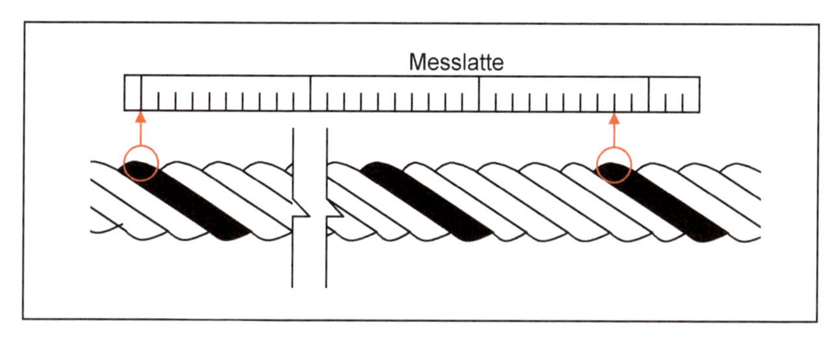

Bild 8.14: Messmethode mit Messlatte]

Am Institut für Fördertechnik und Logistik der Universität Stuttgart wurde daher eine kontinuierliche Messung entwickeln, die die Bestimmung der Schlaglänge am bewegten Litzenseil erlaubt.

Das Prinzip der Messung ist in Bild 8.15 dargestellt:

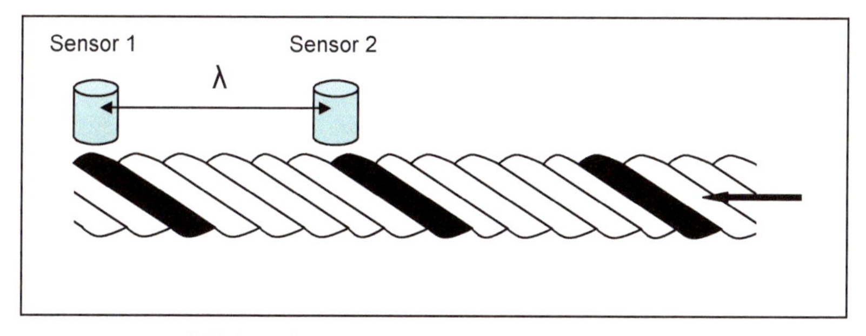

Bild 8.15: Messung mit 2 Abstandssensoren

Mit zwei einzelnen Sensoren, die sich im Abstand einer Schlaglänge befinden, werden die Litzenbuckel berührungsfrei registriert. Wenn das Seil durchläuft, erkennen beide Sensoren bei unveränderter Schlaglänge zur selben Zeit den nächsten Litzenbuckel. Auch wenn das Seil um die eigene Achse rotiert, hat dies hierauf keinen Einfluss, denn durch die Anordnung von zwei Sensoren werden die Probleme der Seilverdrehung kompensiert. Stellt sich nun bei der Messung eine Änderung der Registrierung von Litzenbuckeln ein, also misst Sensor 1 zu einem anderen Zeitpunkt als Sensor 2 einen Litzenbuckel, so lässt dies den Schluss auf eine veränderte Schlaglänge zu.

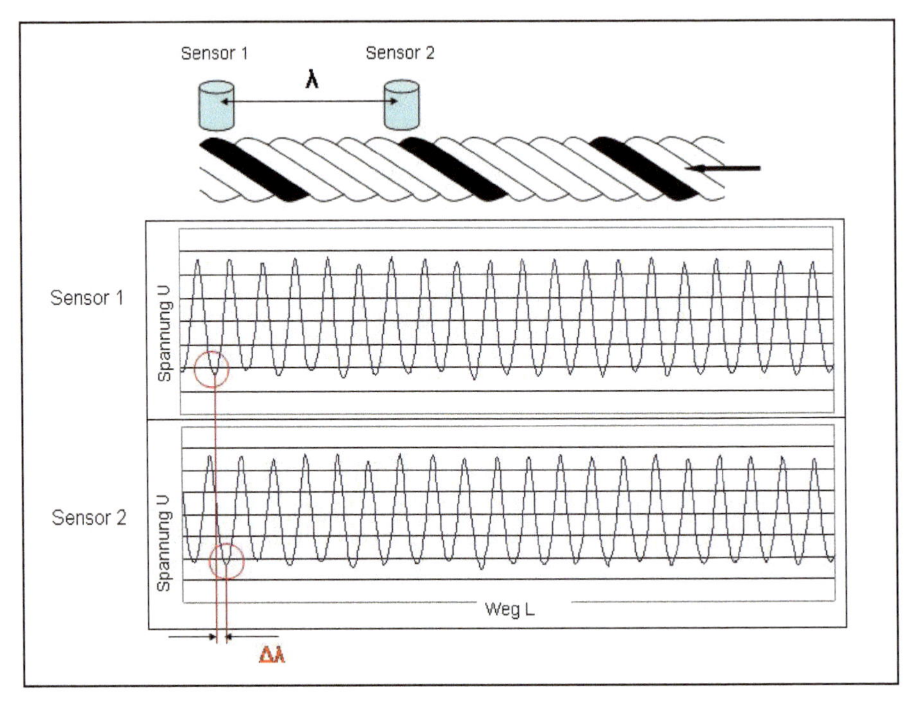

Bild 8.16: Messprinzip

Jedem Spannungswert lässt sich eine entsprechende Wegposition L zuordnen. Im Beispiel von Bild 8.16 registriert Sensor 1 früher einen Litzenbuckel, als Sensor 2. Die Differenz

L2-L1 = Δλ liefert die Schlaglängen*änderung*. So lassen sich immer die entsprechenden 2 Litzenbuckel miteinander vergleichen und eine Veränderung der Schlaglänge bestimmen.

In Bild 8.17 ist zu sehen, wie das Schlaglängenmessgerät an das magnetinduktive Seilprüfgerät des IFT mithilfe einer Deichsel angekoppelt wurde.

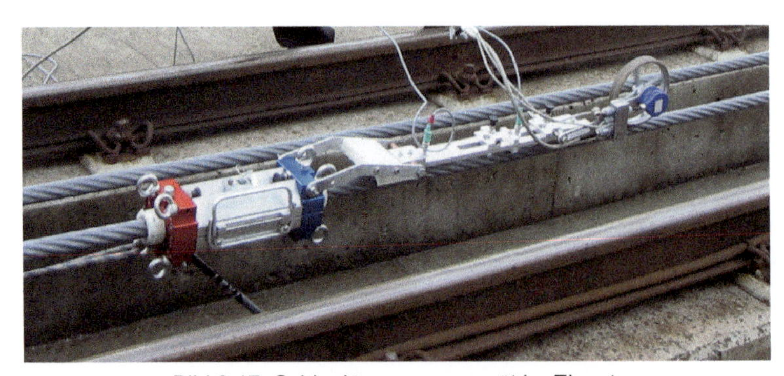

Bild 8.17: Schlaglängenmessgerät im Einsatz

Die Ergebnisse sind in Bild 8.19 dargestellt.

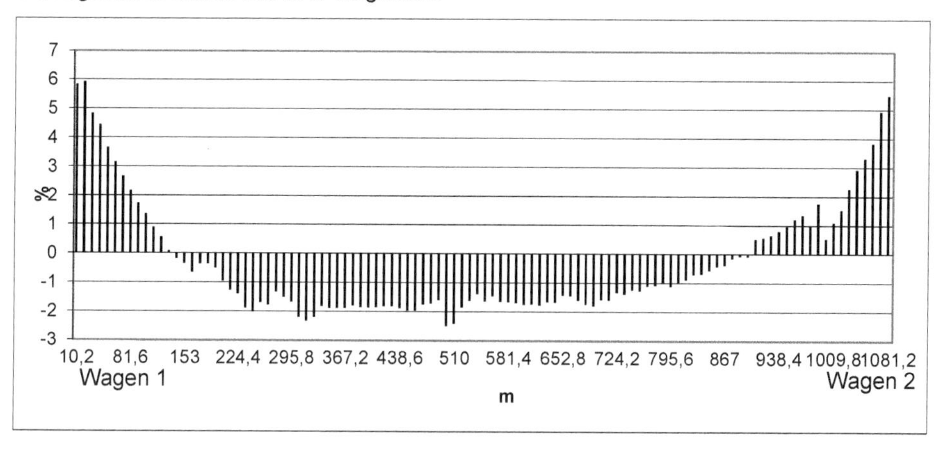

Bild 8.19: Beispiel für ein Ergebnisdiagramm der gemessenen Verdrehung

Jede Säule im Diagramm entspricht der Mittelung der Ergebnisse über je 10,2m. Deutlich sichtbar ist, dass im Bereich von Wagen 1 und Wagen 2 eine Verlängerung der Schlaglänge vorliegt. In der Mitte des Seils liegt hingegen eine Verkürzung der Schlaglänge vor. Die Veränderung der Schlaglänge hat zur Folge, dass Drähte bei dynamischer Beanspruchung vorzeitig brechen können. Gerade die Verkürzung der Schlaglänge stellt ein weiteres Problem dar, da sich in diesem Bereich die Enden von gebrochenen Drähten nicht mehr so stark auseinander ziehen. Die magnetinduktive Seilprüfung ist somit nur eingeschränkt möglich.

8.4 Seildurchmesser

Die Veränderung des Durchmessers eines im Betrieb befindlichen Seiles gibt ebenfalls Auskunft über den Gebrauchszustand des Seils. Bei zunehmender Beanspruchung durch Zugkraft oder Biegungen nimmt der Seildurchmesser ab.
Bei der Messung des Seildurchmessers, z.B. mit einer Seilschieblehre mit breiten Messbacken, ist darauf zu achten, dass der Seilhüllkreisdurchmesser gemessen wird. Der Seildurchmesser nach DIN EN 12385-1 [5] ist das Mittel von zwei aufeinander senkrecht stehenden Durchmessermessungen.
Bei laufenden Seilen kann der Seildurchmesser mit Hilfe von modernen laserbasierten Durchmesserprüfgeräten mit hoher Genauigkeit ermittelt und überwacht werden.
Bei Lasermessgeräten wird der Seildurchmesser berührungslos erfasst, indem das Seil von einem Laser beleuchtet und das resultierende Schattenbild von einem Bildsensor, z.B. einer CCD-Zeilenkamera aufgenommen wird. Der Bildsensor wandelt das Schattenbild in elektrische Signale, die anschließend mit einem Signalprozessor bzw. mit einer Software ausgewertet werden können. Aufgrund von extrem kurzen Belichtungszeiten sind auch bei vibrierenden bzw. schwingenden Seilen hochgenaue Messergebnisse sichergestellt.
Zur Durchmessermessung nach DIN EN 12385-1 [5] verfügen die Geräte über zwei aufeinander senkrecht stehende Messachsen in einer Seilebene. Durch anhängende

Schmiermittel- und/oder Schmutzpartikel kann das Messergebnis verfälscht werden. Ebenso kann es durch kleine Partikel in der Luft zu Fehlmessungen kommen. Zur Vermeidung solcher Fehlmessungen können Messwerte außerhalb eines vorab eingestellten Bereiches geräteintern unterdrückt werden.

In Bild 8.20 ist ein Lasermessgerät zur Durchmessermessung bei laufenden Seilen schematisch dargestellt.

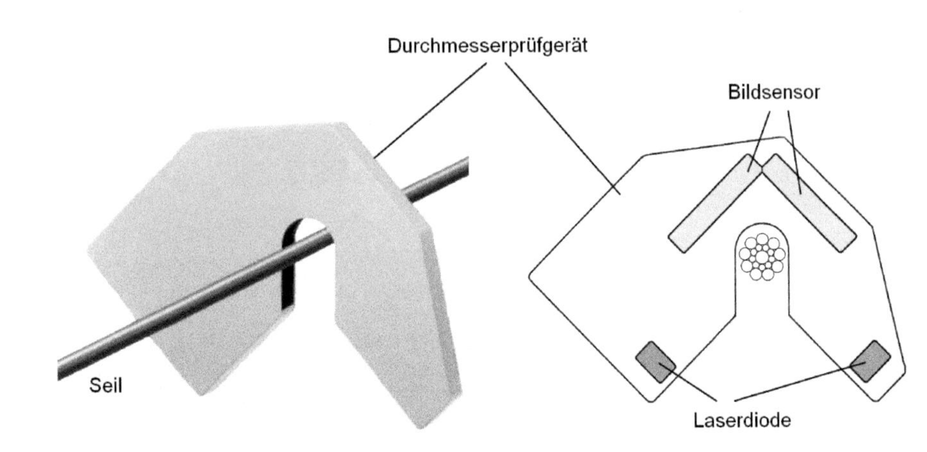

Bild 8.20: Schematische Darstellung eines Laser-Durchmesserprüfgerätes

Bei Litzenseilen mit einer geraden Anzahl von Außenlitzen liegen Litzenkuppen und -täler der oberen und unteren Seilseite in derselben Seilebene, d.h. im Schattenbild sind die einzelnen Litzen als „Wellen" an der Oberfläche erkennbar (Bild 8.4). Bei Seilen mit einer ungeraden Anzahl von Außenlitzen sind Litzenkuppen und -täler der oberen und unteren Seilseite um einen halben Litzenkuppenabstand verschoben, [6]. Als Seildurchmesser gilt der größte gemessene Wert aus vielen Messungen auf einem Seilstück definierter Länge. Wird die Länge des Seilstücks etwas größer als der Quotient aus der Schlaglänge und der Anzahl der Außenlitzen gewählt, wird der richtige Seildurchmesser während einer Speicherperiode tatsächlich erkannt. Es kann auch der Mittelwert aller gemessenen Durchmesser innerhalb einer Schlaglänge als fiktiver Seildurchmesser verwendet werden. Wenn ein in gleicher Weise ermittelter fiktiver Seildurchmesser einer intakten Seilzone als Referenz vorliegt, wird damit auch eine Änderung des Seildurchmessers sicher erkannt.

8.5 Durchstrahlungsprüfung

Für kurze Abschnitte von Drahtseilen insbesondere von verschlossenen Spiralseilen hat sich die Durchstrahlungsprüfung als zusätzliche Prüfmethode bewährt. Wenn bei der magnetischen Seilprüfung infolge von Drahtbruchhäufungen eine genaue Auflösung der einzelnen Drahtbrüche nicht mehr zuverlässig möglich ist, können durch eine Durchstrahlungsprüfung zusätzliche Informationen über die Lage der innenliegenden Drahtbrüche gewonnen werden. Drahtbrüche senkrecht zur Drahtachse werden sehr zuverlässig erkannt. Die Erkennung von Drahtbrüchen, die schräg zur Drahtachse verlaufen ist jedoch erschwert.

Da die verwendeten Filmstreifen nur ca. 40 cm lang sind und für jede Stelle in mindestens 2 verschiedenen Ebenen eingestrahlt werden muss, kann dieses Verfahren nur für sehr kurze Seilabschnitte wirtschaftlich eingesetzt werden. Die erforderlichen Strahlenschutzmaßnahmen sind zudem sehr aufwendig. Das Messprinzip bei der Durchstrahlungsprüfung ist in Bild 8.21 dargestellt und in Bild 8.22 ist beispielhaft die Aufnahme eines Tragseiles mit Durchmesser 55mm zu sehen.

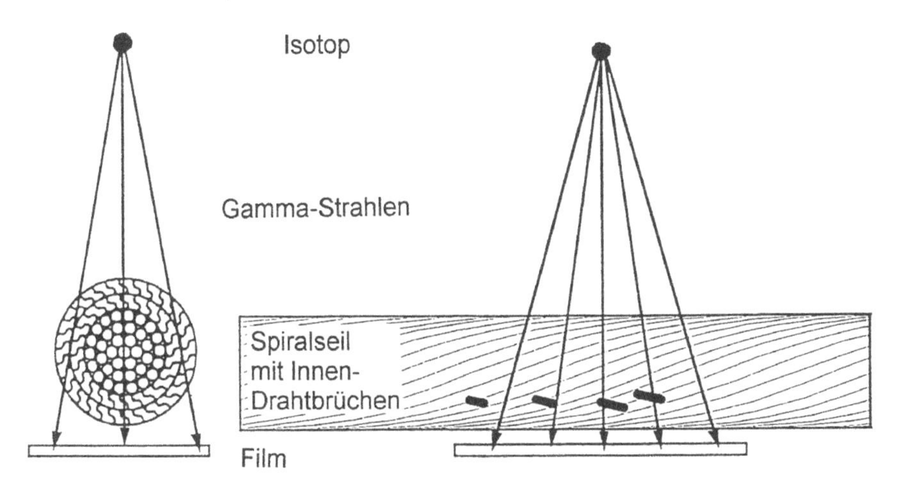

Bild 8.21: Messprinzip bei der Durchstrahlungsprüfung

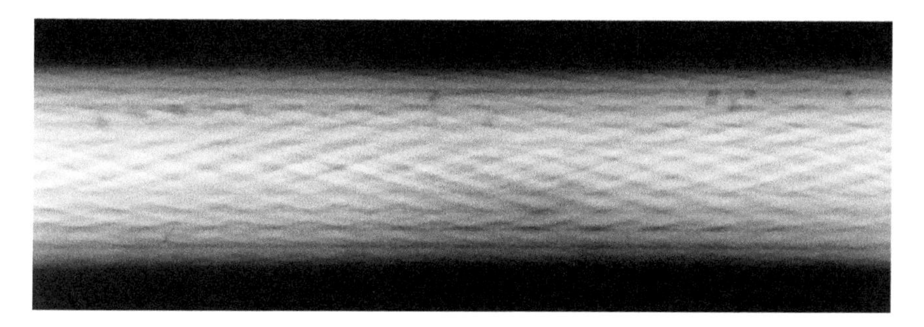

Bild 8.22: Aufnahme eines Tragseiles

8.6 Diagnosesystem

Die genaue Kenntnis aller für den Zustand eines Seiles relevanten Daten erleichtert dem Prüfer die Beurteilung des untersuchten Seiles. Die moderne Rechnertechnik ermöglicht die Kombination der vorgestellten Einzelprüfungen (Drahtbrucherkennung, metallischer Seilquerschnitt bzw. Querschnittsverlust, Schlaglänge und Seildurchmesser) zu einem weitgehend automatisch arbeitenden Diagnosesystem, [4, 7].
Die automatische Erkennung und Analyse von Drahtbrüchen mit der Angabe der maximalen Drahtbruchzahlen auf den vorgegebenen Bezugslängen erleichtert den Vergleich mit früheren Messungen deutlich (vergleiche Abschnitt 7). Mit der magnetischen Querschnittsmessung wird die in der Axialspule induzierte Spannung erfasst. Integration der Messwerte und Driftkompensation werden vom Rechner übernommen. Der Ort und die Größe des maximalen Querschnittsverlusts werden vom Rechner ebenfalls angegeben. Der Zusammenhang zwischen Querschnitts- und Bruchkraftverlust ist für gleichmäßigen Verschleiß am Seilumfang, für Verschleiß durch Litzenberührung und für einseitigen Verschleiß an der Seiloberfläche für die vorwiegend verwendeten Einfachlitzenseile und zwei- und dreilagigen Parallelschlagseile abgeleitet, [4, 7, 8]. Der Durchmesserverlauf wird entlang des Seiles bestimmt. Durch den Rechner werden der Ort und die Größe der maximalen Durchmesserabnahme angegeben. Es zeigt sich ein linearer Zusammenhang zwischen der Durchmesserabnahme und der verbrauchten Lebensdauer. Die Schlaglänge kann magnetinduktiv erfasst und ihre Änderung entlang des Seiles angegeben werden. Die Änderung der Schlaglänge korreliert mit der Abnahme des Durchmessers.

Als weitere Größe für die Inspektion wird die zu erwartende Lebensdauer betrachtet. Trotz der guten Übereinstimmung von berechneter und tatsächlicher Ablegereife werden Seile bei Erreichen der rechnerisch ermittelten mittleren Biegewechselzahl noch nicht abgelegt. Vielmehr ist die tatsächliche Drahtbruchentwicklung, und /oder ein anderes Ablegekriterium, für die Ablegereife maßgebend. Die rechnerische Ermittlung der Seillebensdauer ergibt aber zumindest einen wichtigen Anhaltspunkt für die zu erwartende Lebensdauer der Seile. Die zu erwartende Lebensdauer erhöht zudem die Zuverlässigkeit der Ablegereifeerkennung. Zusatzinformationen aus der Inspektion über Größen wie Umwelt- und Witterungsbedingungen, die den Querschnitts- bzw. Bruchkraftverlust oder die Lebensdauer des Seiles beeinflussen, aber schlecht quantifizierbar sind, werden durch pauschale Bewertungsfaktoren einer rechnerischen Behandlung zugänglich gemacht. Die Zusatzinformationen bilden außerdem ein eigenes Ablegekriterium, wenn sie Seilverformungen, hohen Verschleiß oder starke Korrosion beinhalten.
Für die Zusammenführung der Einzelinformationen über den Seilzustand wurde am IFT eine neuartige Methode erarbeitet. Darin wird die gemeinsame Zuverlässigkeitsfunktion der Ablegereifeerkennung für Drahtbruchzahl, Lebensdauer und Durchmesserabnahme formuliert.
In einem Beispiel steigt die Sicherheit die Ablegereife rechtzeitig zu erkennen, ausgehend vom Ablegekriterium Drahtbruchzahl, bei der zusätzlichen Verknüpfung mit der berechneten Lebensdauer auf das 5,2fache und bei der Verknüpfung des Ablegekriteriums Drahtbruchzahl mit der Ablegekriterium Durchmesserabnahme auf das 69fache. Bei Heranziehung aller drei Ablegekriterien steigt die Sicherheit auf das 187000fache. Damit ist außer der Bewertung der einzelnen Ablegekriterien auch eine Bewertung hinsichtlich ihres Beitrags zur Verbesserung der Ablegereifeerkennung im Kollektiv möglich. Ausgehend vom Ablegekriterium Drahtbruchzahl liefert das

Ablegekriterium Durchmesserabnahme einen 13mal größeren Beitrag zur Verbesserung der Ablegereifeerkennung als das Ablegekriterium berechnete Lebensdauer. In Bild 8.23 ist die Kombination von Ablegekriterien zur Bestimmung der Ausfallwahrscheinlichkeit eines Seiles schematisch dargestellt.

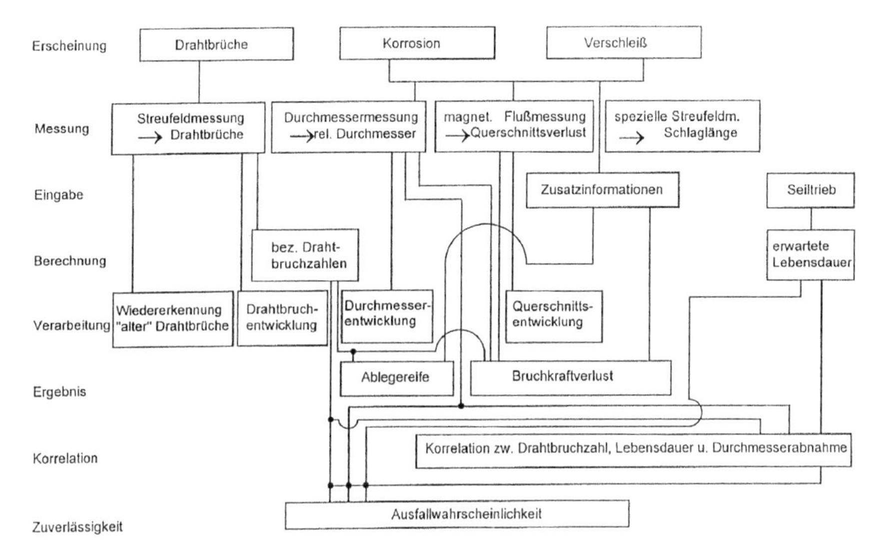

Bild 8.23: Kombination von Ablegekriterien, [4]

8.7 Literatur

[1] BOSeil (Vorschriften für den Bau und Betrieb von Seilbahnen und deren Ausführungsbestimmungen). Stand Nov. 2004. Bayerisches Staatsministerium für Wirtschaft; Infrastruktur, Verkehr und Technologie

[2] DIN EN 12927:2017-07, Entwurf
„Sicherheitsanforderungen an Seilbahnen für den Personenverkehr – Seile“

[3] EN 81-1
„Sicherheitsregeln für die Konstruktion und den Einbau von Aufzügen – Teil 1: Elektrisch betriebene Personen- und Lastenaufzüge“

[4] Briem, U.: Verbesserung der Ablegereifeerkennung laufender Drahtseile durch Kombination von Ablegekriterien, Diss. Universität Stuttgart 1996

[5] DIN EN 12385-1:2009-01
„Drahtseile aus Stahldraht – Sicherheit – Teil 1: Allgemeine Anforderungen“

[6] Briem, U., Vogel, W., Jochem, M.: Durchmessermessung an laufenden Drahtseilen. DRAHT 49 (1998) 2, S. 146-154

[7] Briem, U.: Drahtseildiagnosesystem unveröffentlichter Arbeitsbericht, Institut für Fördertechnik und Logistik, Universität Stuttgart 1995

[8] Rieger, W.: Ein Beitrag zur magnetinduktiven Querschnittsmessung von Drahtseilen, Diss. Universität Stuttgart 1983

[9] Wehking, K.-H., Kühner, K., Winter, S.: Dem Seildrall auf der Spur. Internationale Berg- und Seilbahnrundschau (ISR) (01/2013)

[10] Weber, T.: Beitrag zur Untersuchung des Lebensdauerverhaltens von Drahtseilen unter einer kombinierten Beanspruchung aus Zug, Biegung und Torsion, Diss. Universität Stuttgart 2013

[11] Kühner, K.: Research project digital measurement of rope rotation, OIPEEC Conference 2015 / 5th International Stuttgart Ropedays. Stuttgart, 24-26.03.2015. OIPEEC, S. 209–219

[12] Kühner, K.: Beitrag zur Beurteilung der Schädigung von Seilbahnseilen durch Drehung und Verdrehung im Betrieb, Diss. Universität Stuttgart 2017

[13] Härtel, M.: Entwicklung und Software-Konzeption zur Messdatenaufbereitung eines neuartigen Sensors zur Erfassung der Seildrehung, Bachelorarbeit Universität Stuttgart 2014

[14] Traub, S.: Entwicklung und Konstruktion eines Sensors für Seilverdrehung, Studienarbeit Universität Stuttgart 2011

[15] Hansch, M.: Entwicklung, Aufbau und Inbetriebnahme eines Prototypen Sensors zur Messung von Seildrehung bei senkrecht laufenden Seilen. Masterarbeit Universität Stuttgart 2016

[16] Endbericht des gemeinsamen Forschungsprojektes “Machbarkeitsstudie zur Unterstützung der visuellen Seilkontrolle“ der BG BAHNEN mit dem Institut für Fördertechnik und Logistik der Universität Stuttgart, Universität Stuttgart 2002

Stichwortverzeichnis

E

F

T

U

V

W

Z

Zum Buch

Laufende Seile sind Drahtseile und Faserseile, die über Seilrollen, Treibscheiben und Trommeln laufen. Sie werden eingesetzt in Kraftfahrzeugen, Flugzeugen, Kranen, Aufzügen und Seilbahnen und sind sicherheitsrelevant. Sie tragen zum Beispiel Personen oder Lasten, die über Personen geführt werden können. Wegen ihrer endlichen Lebensdauer ist ein sicherer Betrieb nur gewährleistet, wenn die Seile sorgfältig überwacht und beim Erkennen der Ablegereife rechtzeitig ersetzt werden.
Der Themenband informiert über Seile, insbesondere über Drahtseile, aber auch über Seile aus synthetischen Fasern. Das vermittelte Fachwissen erleichtert die Bemessung und Überwachung laufender Seile, vor allem die Bemessung laufender Seile nach Lebensdauer.

Das Buch führt Kriterien für die Ablegereife, für die Beurteilung von Seilschäden und deren Vermeidung vor dem Hintergrund eines sicheren Betriebes auf.

Das Buch ist Pflichtlektüre für Konstrukteure, Betreiber und Überwacher von Anlagen, die Seile enthalten.

Die Autoren:
Der federführende Autor, Prof. Dr. K.-H. Wehking, ist geschäftsführender Direktor des Instituts für Fördertechnik und Logistik an der Universität Stuttgart. Die Koautoren befassen sich in Forschung, Entwicklung und Praxis mit Themen rund um das Seil.

Autorenverzeichnis

Univ.-Prof. Dr.-Ing. Dr. h. c. Karl-Heinz Wehking
Institut für Fördertechnik
und Logistik
Universität Stuttgart

Dipl.-Ing. Stefan Hecht
Dr.-Ing. Gregor Novak
Institut für Fördertechnik
und Logistik
Universität Stuttgart

Dipl.-Ing. Dirk Moll
Rotec GmbH
Aspach
(ehemals Institut für Fördertechnik
und Logistik)

Dipl.-Ing. Roland Verreet
Ingenieurbüro für Fördertechnik
Aachen